ENCYCLOPÉDIE

DE

SCIENCE CHIMIQUE

APPLIQUÉE AUX ARTS INDUSTRIELS

PUBLIÉE SOUS LA DIRECTION DE

M. C. CHABRIÉ

Professeur à la Sorbonne,
Directeur de l'Enseignement de la Chimie appliquée.
Professeur à l'École des Hautes Etudes commerciales.

AVEC LA COLLABORATION DE

MM. AMAGAT (E.-H.), membre de l'Institut; BAUME (G.), privat-docent à l'Université de Genève
ANGLÉS D'AURIAC (P.), ingénieur en chef au corps des Mines
BINET DU JASSONNEIX (A.), docteur ès sciences, préparateur à la Sorbonne
BOUCHERON (H.), professeur honoraire à l'École Centrale des arts et manufactures
CARNOT (J.), ingénieur civil des mines
CARRÉ (P.), docteur ès sciences, professeur à l'École des Hautes Etudes commerciales
CHARABOT (Eug.), docteur ès sciences, inspecteur de l'Enseignement technique
CHESNEAU (G.), inspecteur général des Mines, professeur à l'École nationale des Mines
DAMOUR (Emilio), ingénieur civil des mines, lauréat de l'Institut
DÉCOMBE (L.), sous-dir. du Laboratoire d'enseignement de la Physique à la Sorbonne
DONY-HÉNAULT (O.), professeur à l'École des Mines et Faculté polytechnique de Mons
ETIENNE (G.), ingén. en chef au corps des Mines, professeur à l'École nationale des Mines
FERNBACH (A.), professeur à l'Institut Pasteur, maître de conférences à la Sorbonne
GALL (H.), ingénieur, administrateur délégué de la Société d'Electro-Chimie
GUYE (PH.-A.), correspondant de l'Institut, professeur à l'Université de Genève
HANRIOT (M.), direct. des essais à la Monnaie de Paris, membre de l'Académie de Médecine
HÉBERT (A.), docteur ès sciences, chef des travaux adjoint à l'École Centrale
des Arts et Manufactures.
LE CHATELIER (H.), membre de l'Institut, prof. à la Sorbonne, inspect. génér. des Mines
LETOMBE (L.), Professeur à l'École Centrale des Arts et Manufactures
MASSING (P.), ingénieur civil des Mines
PORTEVIN (A.), ingénieur des Arts et Manufactures, chef de service
aux usines de Dion-Bouton
RENGADE (E.), docteur ès sciences, chef des travaux de Chimie à la Sorbonne
SABATIER (P.), membre de l'Institut, doyen de la Faculté des Sciences de Toulouse
SEVEWETZ (A.), sous-directeur de l'École de Chimie industrielle de Lyon
SISLEY (P.), ingénieur, professeur à la Société d'Enseignement professionnel du Rhône
VENNIN (L.), ingénieur des poudres et salpêtres
VUIGNER (E.), ingénieur civil des Mines.

M. E. RENGADE, Secrétaire de la rédaction.

TOME TROISIÈME — LA CATALYSE EN CHIMIE ORGANIQUE

PARIS ET LIÉGE

LIBRAIRIE POLYTECHNIQUE, CH. BÉRANGER, ÉDITEUR

PARIS, 15, RUE DES SAINTS-PÈRES
LIÉGE, 21, RUE DE LA RÉGENCE

1913

ENCYCLOPÉDIE

DE

SCIENCE CHIMIQUE

APPLIQUÉE

AUX ARTS INDUSTRIELS

LA CATALYSE

EN

CHIMIE ORGANIQUE

PAR

PAUL SABATIER

Membre de l'Institut
Doyen de la Faculté des Sciences de Toulouse.

PARIS ET **LIÉGE**

LIBRAIRIE POLYTECHNIQUE, CH. BÉRANGER, ÉDITEUR

PARIS, 15, RUE DES SAINTS-PÈRES, 15

LIÉGE, 21, RUE DE LA RÉGENCE, 21

1913

TABLE DES MATIÈRES

CHAPITRE IV

INTRODUCTIONS DIVERSES DANS LES MOLÉCULES33

CHAPITRE V

HYDROGÉNATIONS46

CHAPITRE VI

HYDROGÉNATIONS (SUITE)   73

CHAPITRE VII

HYDROGÉNATIONS (SUITE)   99

CHAPITRE VIII

HYDROGÉNATIONS (SUITE)   105

CHAPITRE IX

HYDROGÉNATIONS (SUITE) 114

CHAPITRE X

ISOMÉRISATIONS, POLYMÉRISATIONS, CONDENSATIONS PAR ADDITION 128

CHAPITRE XI

SÉPARATIONS DIVERSES   140

CHAPITRE XII

DÉSHYDROGÉNATIONS   148

CHAPITRE XIII

DÉSHYDROGÉNATIONS (SUITE)   158

CHAPITRE XIV

CHAPITRE XV

CHAPITRE XVI

DÉSHYDRATATIONS (SUITE)   204

CHAPITRE XVII

SÉPARATIONS D'HYDRACIDES OU DE MOLÉCULES SIMILAIRES   212

CHAPITRE XVIII

DÉDOUBLEMENT DES ACIDES   221

CHAPITRE XIX

CHAPITRE XX

LISTE DES PÉRIODIQUES CITÉS DANS CE VOLUME

Am. Chem. J.	American chemical Journal, Baltimore.
Am. Chem. Soc.	Journal of the American chemical Society, New-York.
Ann. Chim. Phys.	Annales de chimie et de physique, Paris.
Ber.	Berichte der deutschen chemischen Gesellschaft, Berlin.
Bull. Soc. Chim.	Bulletin de la Société chimique, Paris.
Chem. Centr.	Chemisches Centralblatt, Leipzig.
Chem. News.	Chemical News (The), Londres.
Chem. Soc.	Journal of the chemical Society, Londres.
Chem. Week.	Chemisch Weekblad.
Chem. Zeit.	Chemiker Zeitung, Cöthen.
C. R.	Comptes Rendus des Séances de l'Académie des Sciences de Paris, Paris.
Gaz. Chim. Ital.	Gazetta chimica italiana, Palerme.
Jahresb.	Jahresberichte über die Fortschritte der physischen Wissenschaften (con J. Berzelius), Tübingen.
Journ. Chem. Ind.	Journal of the Society of chemical Industry (The), Londres.
« Pharm. Chim.	Journal de Pharmacie et de Chimie, Paris.
« Prakt. Chem.	Journal für praktische Chemie, Leipzig.
‹ Soc. Phys. Chim. Russe.	Journal de la Société physicochimique Russe, Saint-Pétersbourg.
Lieb. Ann.	Annalen der Chimie und Pharmacie (von J. Liebig), Leipzig.
Lincei.	Atti della Reale Academia dei Lincei ; Rendiconti, Rome.
Monatsh. Chem.	Monatshefte für Chemie, Vienne.
Nachr. Ges. der Wiss. Göttingen.	Nachrichten der königlichen Gesellschaft der Wissenschaften, Göttingen.
Phil. Mag.	Philosophical Magazine, Londres.
Proc. Roy. Soc.	Proceedings of the Royal Society, Londres.
Pogg. Ann.	Annalen der Physik und Chemie (Poggendorf), Leipzig.
Quart. J. of Science.	American Journal of Science (The), New-Haven.
Rec. Trav. Chim. Pays-Bas.	Recueil des travaux chimiques des Pays-Bas, Leyde.
Rec. G^le de chimie pure et app.	Revue générale de chimie pure et appliquée, Paris.
Rev. Sc.	Revue Scientifique, Paris.
Sitz. Akad. Wien.	Sitzungsberichte der mathematisch-naturwissenschaftlichen Klasse der kaiserlichen Akademie der Wissenschaften, Vienne.
Zeit. anorg. Chem.	Zeitschrift für anorganische Chemie, Hambourg.
Zeit. für Chem.	Zeitschrift für Chemie.
Zeit. physik. Ch.	Zeitschrift für physikalische Chemie, Leipzig.

ERRATA

Page 13, ligne 30, *au lieu de :* oxyde pur de plomb, *lire :* oxyde puce de plomb.

Page 39, ligne 6, *au lieu de :* $C^{16}H^{12}O^3$, *lire :* $C^{16}H^{22}O^3$.

Page 83, ligne 10, *au lieu de :* dissobutylcétone, *lire :* diisobutylcétone.

Page 117, ligne 35 (418), *au lieu de :* La *quinoléine* que le procédé Sabatier ne peut transformer qu'en *tétrahydrure* fournit d'abord ce dernier, *lire :* La *quinoléine* fournit d'abord le *tétrahydrure*.

Page 120, ligne 29, *au lieu de :* il n'y a pas d'hydrogénation du noyau aromatique, *lire :* mais il y a quelquefois hydrogénation du noyau aromatique.

Page 228, ligne 26, *au lieu de :* de cétones, *lire :* d'acétones.

Page 228, ligne 28, *au lieu de :* des cétones, *lire :* des acétones.

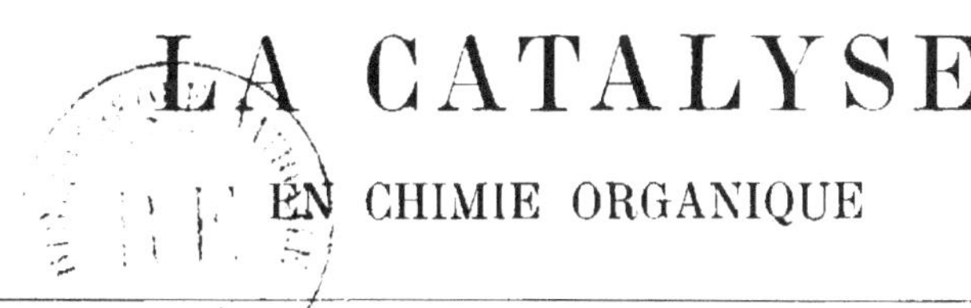

LA CATALYSE

EN CHIMIE ORGANIQUE

CHAPITRE PREMIER

GÉNÉRALITÉS SUR LA CATALYSE

1. La première observation scientifique d'une transformation catalytique semble due à Kirchhoff, qui en 1811 constata que les acides minéraux provoquent à chaud le changement de l'amidon en dextrine et sucre, sans être modifiés par le fait de cette réaction.

2. Peu de temps après, en 1817, Humphry Davy observait qu'une spirale de platine légèrement chauffée introduite dans un mélange d'air et d'un gaz combustible, hydrogène, oxyde de carbone ou acide cyanhydrique, y devient incandescente, et détermine l'oxydation lente de ce gaz. En 1820, Edmond Davy découvrait que le noir de platine peut enflammer l'alcool dont on l'humecte. La mousse de platine possède aussi cette faculté de provoquer les oxydations sans éprouver aucun changement appréciable, et dès 1831, Pélegrin Phillips, fabricant de vinaigre à Bristol, breveta en Angleterre l'emploi de la mousse de platine pour oxyder au moyen de l'air l'anhydride sulfureux fourni par le grillage des pyrites, et produire ainsi l'anhydride sulfurique. C'était le germe du procédé de contact que les efforts d'un demi-siècle devaient rendre pratique pour la fabrication industrielle de l'acide sulfurique.

3. Dans son magistral traité de Chimie[1], Berzélius rapprocha les phénomènes de ce genre, où la présence d'une matière en apparence inutile à la réaction peut cependant la provoquer. Reprenant une dénomination qui avait figuré, avec un sens d'ailleurs différent, au XVIIe siècle, dans les œuvres de Libavius[2], il les groupa sous le nom

---

[1] BERZELIUS, *Traité de Chimie*. I, 110, 1845.

[2] LIBAVIUS, *Alchemia*, Lib. II, t. 1, chap. XXXIX et XL. Francfort: 1611.

de phénomènes *catalytiques*. « La force catalytique paraît consister en ceci que les corps, par leur seule présence et non par leurs affinités, peuvent éveiller les affinités *assoupies à cette température*. »

4. Il semble donc que dans l'idée de Berzélius, l'action de présence soit équivalente à une élévation de température du système incapable de réagir sans ce secours. Mais elle n'en demeure pas moins mystérieuse, tout au moins quand on ne peut constater qu'il se produit réellement au contact du catalyseur un échauffement réel. L'expérience montre bien que, dans certains cas, celui-ci a lieu avec une très grande netteté : la spirale de platine de Davy devient incandescente dans le mélange d'air et de gaz combustible ; la mousse de platine est portée au rouge dans la lampe philosophique de Dœbereiner, avant d'enflammer l'hydrogène.

5. Beaucoup de chimistes [1] ne voulurent voir, dans les propriétés spéciales de la mousse de platine et les phénomènes analogues, qu'une conséquence de la compression et de l'échauffement consécutif auxquels donne lieu l'absorption de certains gaz par les matières poreuses.

Il restait seulement à expliquer pourquoi ces matières poreuses absorbent de la sorte certains mélanges gazeux ; c'était simplement reculer le mystère qu'on voulait supprimer.

6. D'ailleurs le nombre des phénomènes de catalyse s'est accru de plus en plus avec les progrès incessants de la chimie, qu'ils pénètrent actuellement tout entière, et l'explication simpliste de quelques-uns d'entre eux est devenue tout à fait impuissante à l'interprétation du plus grand nombre.

7. Selon Ostwald [2], la catalyse ne serait que l'accélération d'un phénomène chimique capable de s'accomplir tout seul avec lenteur, grâce à la présence d'une matière étrangère, qu'on nomme *catalyseur*.

C'est au fond la vieille opinion de Berzélius, assimilant l'action du catalyseur à l'accélération d'une réaction par élévation de température. Le catalyseur peut être regardé comme abaissant la température de réaction, et c'est là une conception qui est très fréquemment conforme à la réalité des faits. En l'adoptant sans réserves, on serait amené à admettre que tous les changements chimiques que les catalyseurs servent habituellement à accomplir pourraient également

[1] DITTE, *Encyclopédie Chimique*, I, fasc. I, 818, 824.
[2] OSTWALD, *Rev. Sc.*, 1902, I, 640.

avoir lieu sans leur concours, mais seulement à une température plus haute qui peut être quelquefois tellement élevée que les produits de la réaction y seraient instables, de telle sorte que pratiquement celle-ci n'est possible que par catalyse.

8. On peut admettre que le catalyseur diminue ou supprime le frottement chimique qui s'oppose à l'exercice spontané des affinités existant dans un système ou qui en ralentit la vitesse.

9. La présence d'une matière douée d'activité catalytique ne devra donc pas en général modifier essentiellement la nature d'une réaction, sauf en ce qui concerne sa vitesse. On constate effectivement que dans les réactions limitées, l'introduction d'un catalyseur ne change pas la valeur de la limite correspondant à une température déterminée, mais diminue dans d'énormes proportions le temps nécessaire pour atteindre cette limite.

10. C'est ce que Lemoine a constaté pour l'acide iodhydrique, où la présence de mousse de platine permet d'attendre *immédiatement* à 350° la limite de décomposition, soit 19 p. 100. En opérant sans catalyseur à la même température sous une pression de 2 atmosphères, la limite a été de 18,6, mais elle n'a été atteinte qu'après 250 à 300 heures de chauffe[1].

11. Berthelot est arrivé aux mêmes conclusions pour l'éthérification des alcools par l'acide acétique. Quand on l'effectue sans catalyseur à la température ordinaire à partir de molécules égales d'éthanol et d'acide, la limite de 66,6 p. 100 n'est atteinte qu'après plusieurs années de contact : au contraire, en présence de traces d'acide chlorhydrique ou sulfurique, quelques heures suffisent pour atteindre une limite identique[2].

12. Une conséquence immédiate de ce qui précède est que, dans les réactions limitées, la grandeur de la limite est également indépendante de la nature du catalyseur ; c'est ce qu'on a pu vérifier dans la condensation de l'*éthanal*. Quelle que soit la substance qui détermine sa transformation en *paraldéhyde* polymère (acide chlorhydrique, anhydride sulfureux, acide oxalique, sulfate de zinc, etc.), on arrive toujours à la même proportion de matière transformée[3]. Le dissolvant a au contraire dans ce dernier cas, comme dans beaucoup d'autres, une grande influence sur les conditions de l'équilibre.

[1] G. LEMOINE, *Ann. Chim. Phys.*, (5) **12**, 145 : 1877.
[2] BERTHELOT, *Bull. Soc. Chim.*, **31**, 342 ; 1879.
[3] TURBABA, *Z. phys. Chem*, **38**, 505, 1901.

13. Au fur et à mesure du développement de la chimie, le nombre des phénomènes catalytiques s'est extraordinairement accru, et on a reconnu que le rôle de catalyseur est dévolu, non pas à un petit nombre de corps, mais au contraire à une multitude de substances, appartenant à tous les genres.

14. La définition proposée par Ostwald : « *Un catalyseur est une matière qui, sans apparaître dans le produit final d'une réaction, en modifie la vitesse* », conduit à considérer comme catalyseurs une infinité de substances. Les *dissolvants*, quels qu'ils soient, sont des catalyseurs, lorsqu'ils n'interviennent pas dans l'équation de la réaction qu'ils permettent d'effectuer.

En l'absence de liquide qui les dissolve et réalise ainsi le contact indispensable à la combinaison, les corps solides ne possédant à froid aucune volatilité appréciable sont incapables de réagir les uns sur les autres.

Le mélange à l'état sec des cristaux d'acide oxalique et d'anhydride chromique peut être effectué à froid sans donner lieu à aucun changement chimique ; mais l'addition d'eau, qui établit le contact parfait entre les substances, détermine aussitôt l'oxydation de l'acide oxalique aux dépens de l'anhydride chromique. L'eau se retrouve intégralement non modifiée après la réaction. Elle agit en catalyseur.

15. La nature du dissolvant peut changer beaucoup la vitesse de la réaction qui y est effectuée, et l'influence qu'elle exerce est d'ailleurs absolument spéciale à chaque cas. La combinaison de la *méthylamine* avec l'*iodure d'éthyle*, en *iodure de tétréthylammonium* est à 100°, 720 fois plus rapide dans l'*acétophénone* que dans l'*hexane* [1].

16. Dans les réactions limitées, la *limite* ne sera pas modifiée par le changement du dissolvant, si celui-ci ne procure aucune intervention chimique avec les constituants du système final ou du système primitif ; cette limite sera habituellement modifiée dans le cas contraire : par exemple pour les réactions salines effectuées comparativement dans l'alcool ou dans l'eau, la dissociation électrolytique exerçant dans ce dernier dissolvant une influence très importante.

17. L'assimilation des dissolvants à de vrais catalyseurs n'est pas usitée dans la pratique habituelle, et le plus souvent cette dénomination ne sera appliquée qu'à des substances qui agissent à faible masse, et dont une petite quantité suffit pour provoquer la réaction de grandes quantités de matières.

---

[1] Mentschukine, *Z. phys. Chem.*, **1**, 611 : 1887 ; et **6**, 41 ; 1890.

18. Autocatalyses. — Ostwald a désigné sous ce nom les réactions dans lesquelles il se produit des matières dont la présence intervient pour accélérer ces mêmes réactions.

C'est ce qui a lieu dans la combinaison de l'hydrogène et de l'oxygène rigoureusement secs; elle n'a pas encore lieu à 1 000°; mais si elle est commencée, elle donne lieu à une formation de vapeur d'eau, dont la présence favorise beaucoup la réaction et la rend excessivement rapide et explosive.

La décomposition de l'*hydrogène sélénié*[1], celle de l'*hydrogène arsénié*[2], celle de l'*hydrogène antimonié*[3] sont des autocatalyses, parce que le sélénium, l'arsenic ou l'antimoine mis en liberté accélèrent par leur présence le dédoublement commencé.

19. L'acide nitrique pur n'agit que très lentement sur beaucoup de métaux purs, argent, cuivre, bismuth, cadmium, mercure; mais, une fois commencée, la réaction s'accélère parce qu'elle produit des *vapeurs nitreuses* qui rendent l'attaque facile, et elle devient même très violente[4].

20. Nous trouvons un autre exemple d'autocatalyse dans les altérations spontanées que subissent les dérivés nitrés organiques, par exemple les poudres à bases de *nitro-cellulose*, telles que la poudre B : ces altérations produisent des vapeurs acides, qui accélèrent la décomposition.

21. Catalyseurs négatifs. — Certaines matières exercent par leur présence dans un système chimique une action défavorable ou retardatrice; ce sont des catalyseurs négatifs, dont l'influence accroît, au lieu de le diminuer, le frottement chimique, et peut parfois paralyser complètement le jeu normal des affinités.

22. Il convient tout d'abord de ranger dans ce groupe les corps capables d'altérer les catalyseurs positifs, et d'empêcher de la sorte leur action efficace.

Déjà Turner en 1824[5] avait reconnu que des traces de diverses substances suppriment l'activité catalytique du platine divisé ; il indiquait, comme telles, le sulfure d'ammonium, le sulfure de carbone, l'acide sulfhydrique.

[1] BODENSTEIN, Z. *physik. Chem.*, **29**, 428 ; 1899.

[2] COHEN, Z. *physik. Chem.*, **20**, 303 ; 1896.

[3] STOCK et GUTTMANN, **37**, 901 : 1904. — BODENSTEIN, *Ber.*, **37**, 1361 : 1904.

[4] VELEY, *Journ. Chem. Indust.*, **10**, 204 ; 1891.

[5] TURNER, *Pogg. Ann.*, **2**, 210 ; 1824.

Dans le procédé industriel de fabrication de l'acide sulfurique par contact, la présence dans les gaz de vapeurs de mercure, de phosphore, et surtout d'arsenic, suffit pour affaiblir rapidement et faire disparaître toute action catalytique de l'amiante platinée.

23. Dans l'emploi du nickel divisé comme catalyseur d'hydrogénation directe, des traces de chlore, de brome, d'iode, de produits sulfurés, existant dans le métal, dans l'hydrogène ou dans la substance traitée, suffisent pour empêcher complètement la réaction, et constituent en quelque manière un véritable poison pour le ferment minéral qu'est le nickel [1].

24. Les catalyseurs négatifs, dont la présence stabilise un système chimique et en rend plus difficile la transformation, ont été moins étudiés que les catalyseurs positifs. On peut toutefois en donner des exemples assez nombreux. On sait depuis longtemps que l'eau oxygénée se conserve mieux au contact d'un peu d'acide.

L'oxydation spontanée du chloroforme en oxychlorure de carbone est empêchée par la présence d'un peu d'alcool.

L'acide cyanhydrique est stabilisé par des traces d'acide chlorhydrique ou sulfurique [2].

Dans l'oxydation des phénols par l'eau oxygénée en présence de chlorure ferrique catalyseur, la réaction est retardée par la présence d'acides minéraux, encore plus par celle des acides acétique, oxalique, citrique [3].

25. L'eau, qui agit si souvent comme catalyseur positif, peut au contraire parfois retarder les réactions, ou même les empêcher.

La décomposition de l'acide oxalique par l'acide sulfurique concentré chaud est entravée par l'addition de très faibles masses d'eau. Il suffit d'ajouter à l'acide sulfurique 0,05 p. 100 d'eau, pour que la durée du dédoublement dans les mêmes conditions de chauffe soit plus que triplée, tandis que l'addition de 1 p. 100 d'anhydride sulfurique rend la réaction tumultueuse [4].

Dans l'oxydation directe de composés organiques non saturés en présence de divers métaux catalyseurs, l'humidité retarde la fixation d'oxygène [5].

26. Dans les systèmes chimiques qui donnent lieu à des *autocata-*

[1] P. Sabatier, *Conférence*, Ber., **44**, 1984 ; 1911.
[2] Liebig, *Lieb. Ann.*, **18**. 70 : 1836.
[3] Colin et Sénéchal, *C. R.*, **153**, 76 : 1911.
[4] Bredig et Frenkel, *Ber.*, **39**, 1756 ; 1906.
[5] Fokin, *Z. anorg. Chem.*, **22**, 1451 ; 1909.

lyses (18), les matières présentes qui pourront fournir des combinaisons stables avec les éléments catalyseurs engendrés par la réaction empêcheront leur effet, et par conséquent seront des *stabilisateurs*, ou catalyseurs négatifs.

Dans l'action de l'acide nitrique pur sur les métaux, divers corps oxydants, eau oxygénée, permanganate de potassium, acide chlorique, sont des catalyseurs négatifs, parce qu'ils empêchent la production de vapeurs nitreuses en les oxydant en acide nitrique, et font ainsi au fur et à mesure disparaître le catalyseur positif de la réaction.

Vis-à-vis des poudres à base de dérivés nitrés organiques (poudre B, nitroglycérine, etc.), toutes les substances capables de fixer à l'état de sels ou d'éthers les produits acides qui sont engendrés par la dénitration lente spontanée de ces poudres et accélèrent leur décomposition, telles que l'*alcool amylique* ou la *diphénylamine*, sont des stabilisateurs.

DIVISION DE L'OUVRAGE

27. Nous passerons en revue, dans le chapitre II, la plupart des substances qui peuvent jouer le rôle de catalyseurs dans les réactions organiques. Nous examinerons ensuite successivement, dans les chapitres qui suivent, les catalyses qui se rapportent aux divers travaux.

Le chapitre III traite des *oxydations*. On a réuni dans le chapitre IV les *chlorurations* et *bromurations*, les fixations de *soufre*, de *métaux*, d'*oxyde de carbone*, d'*anhydride sulfureux*, et les *hydratations* ou *hydrolyses*.

Les chapitres V, VI, VII, VIII, IX sont consacrés à l'*hydrogénation* par catalyse : on y étudiera successivement l'hydrogénation pratiquée en système gazeux, soit sur le nickel (chap. V, VI et VII), soit sur d'autres métaux (chap. VIII), et ensuite l'hydrogénation pratiquée en milieu liquide (chap. IX).

Les réactions d'*isomérisations*, de *polymérisations*, et celles analogues de *condensations* par addition, font l'objet du chapitre X.

Nous passerons ensuite aux catalyses de dédoublement. Les séparations d'*halogènes*, d'*azote*, de *carbone*, d'*oxyde de carbone*, d'*hydrogène sulfuré* sont étudiées dans le chapitre XI.

Les deux chapitres XII et XIII sont consacrés à l'étude de la *déshydrogénation*.

La *déshydratation* fait l'objet des trois chapitres suivants, où nous envisageons successivement celle des *alcools* seuls (chap. xiv), puis celle des alcools associés à d'autres molécules (chap. xv), enfin celle d'autres composés (chap. xvi).

Le chapitre xvii est consacré aux réactions effectuées avec séparations d'*hydracides* ou de molécules similaires.

Le dédoublement catalytique des *acides* forme l'objet du chapitre xviii, le chapitre xix s'occupant de celui des *éthers-sels*.

Enfin dans le xxe et dernier chapitre, nous cherchons à définir le *mécanisme* des diverses réactions catalytiques.

CHAPITRE II

MATIÈRES DIVERSES POUVANT PRODUIRE LA CATALYSE

28. Le nombre des corps capables de produire des catalyses est très grand, et ne cesse de s'augmenter par suite des progrès de la chimie.

On y trouve les matières les plus variées : corps simples; oxydes; acides minéraux; bases ; chlorures, bromures, iodures, fluorures métalliques ; sels minéraux ; substances organiques diverses.

Corps simples catalyseurs.

29. Les corps simples qui sont par eux-mêmes de vrais catalyseurs, se maintenant sans changements pendant les réactions qu'ils provoquent, sont assez peu nombreux. Mais il convient d'y joindre ceux qui se transforment immédiatement en un composé catalyseur, qui agit dès lors pour son propre compte.

Tel est le cas du chlore, du brome, de l'iode, du tellure, du soufre, du phosphore, parmi les métalloïdes ; de l'antimoine, de l'étain, du thallium parmi les métaux.

30. *Chlore. Brome.* — Ils interviennent vraisemblablement par production immédiate d'hydracide, dans la transformation des aldéhydes en paraldéhydes polymères.

31. *Iode.* — L'iode agit de même dans des réactions identiques. Quand on l'emploie comme agent de chloruration, il se transforme de suite en *trichlorure* qui est le véritable facteur de la catalyse. Il sert également, dans la préparation des *organo-magnésiens* de Grignard, à amorcer la réaction, quand on veut les former à partir des dérivés chlorés ou bromés (133).

32. *Soufre. Tellure.* — Employés comme agents de chloruration, ils interviennent certainement par suite de la formation initiale de la dose équivalente de chlorure.

33. *Phosphore*. — On a indiqué le phosphore rouge, comme catalyseur de déshydratation des alcools, au-dessus de 200° (610). Le facteur principal de la catalyse nous paraît être la petite proportion d'acides du phosphore existant déjà dans le phosphore ou s'y produisant par action oxydante de l'alcool.

34. *Antimoine, étain, thallium*. — Leur emploi comme agents de chloruration est fondé sur la formation préalable du perchlorure.

35. *Carbone*. — Le *noir animal* est un catalyseur médiocre pour la déshydratation des alcools (609) ; mais il est avantageux pour réaliser la préparation de l'*oxychlorure de carbone* à partir de l'oxyde de carbone et du chlore (116).

Le *coke* peut servir de catalyseur d'oxydation (101).

Le *charbon de bois*, ou la braise de boulanger, possèdent vis-à-vis de beaucoup de gaz un pouvoir absorbant considérable, qui a fréquemment comme conséquence la production de réactions spéciales. Le charbon saturé d'oxygène peut produire des oxydations : l'éthanol est changé en acide acétique. Les carbures éthyléniques sont partiellement brûlés [1].

Le charbon chloré permet de chlorer à froid l'anhydride sulfureux, ainsi que l'hydrogène [2].

La *braise de boulanger* catalyse les alcools au-dessus de 380°, selon un mode mixte (590).

Le charbon préparé par calcination du sang avec du carbonate de potassium constitue un bon catalyseur de chloruration (116).

36. *Sodium*. — C'est un catalyseur de polymérisation de l'*acétonitrile* (485).

Magnésium. — La poudre de magnésium a été signalée comme très active pour décomposer à 600° les hydrocarbures (546).

Aluminium. — La même propriété a été indiquée pour l'aluminium, qui est aussi proposé comme catalyseur de chloruration, parce qu'il se change de suite en chlorure.

37. *Zinc*. — Les copeaux de zinc peuvent déterminer à 100° la condensation de l'éthanal en aldol, et en aldéhyde crotonique (718). Le même métal agit comme déshydrogénant sur les alcools vers 600°-650°, températures où le métal est fondu, ce qui est une condition peu favorable à la catalyse (578).

---

[1] CALVERT. *C. R.*, **64**, 1246 ; 1867.
[2] MELSENS. *C. R.*, **76**, 92 ; 1873.

38. *Nickel, cobalt, fer, cuivre.* — Ces quatre métaux employés à l'état divisé, tels que les fournit la réduction des oxydes par l'hydrogène ou l'oxyde de carbone, constituent des catalyseurs puissants, dont l'activité multiple a été établie par les travaux de Sabatier et Senderens à partir de 1897. C'est le nickel qui est le plus actif et généralement le plus avantageux comme emploi : il constitue un agent merveilleux pour l'hydrogénation des composés organiques. Mais ces métaux peuvent aussi réaliser des déshydrogénations ou des dédoublements, suivis ou non de condensations moléculaires. Les chapitres v, vi, vii, viii, ix, xi, xiii seront spécialement consacrés aux travaux de catalyse effectués avec leur concours.

Le *fer* a été indiqué comme agent de chloruration, mais il intervient seulement pour produire le chlorure ferrique qui est le catalyseur réel.

La poudre de *cuivre* a été employée pour réaliser, avec les sels diazoïques aromatiques, plusieurs des réactions de Sandmeyer (réactions avec élimination de l'azote) (494).

Elle agit puissamment pour provoquer la production de l'oxyde de phényle par action du bromure de phényle sur le phénate de sodium (761).

Des spirales ou des toiles métalliques de cuivre ont été employées avec avantage comme catalyseurs d'oxydation des alcools, des éthers, des hydrocarbures et des amines (98).

39. *Platine.* — Le platine est l'un des catalyseurs les plus anciennement définis. Inoxydable à l'air à toutes températures, il constitue un catalyseur d'oxydation très puissant, surtout quand il est extrêmement divisé. La mousse de platine provoque dès la température ordinaire la combinaison de l'hydrogène et de l'oxygène (lampe philosophique de Dœbereiner). Le noir de platine est encore plus actif et permet de réaliser immédiatement au contact de l'air l'oxydation de beaucoup de substances organiques.

Le platine compact, en lames ou fils, possède une aptitude similaire, à condition d'avoir été préalablement chauffé au-dessus de 50°. Une spirale de platine introduite encore chaude dans un mélange d'air ou d'oxygène et de vapeurs d'alcool y provoque la formation d'aldéhyde, et l'incandescence qui résulte de la chaleur dégagée par cette oxydation se maintient indéfiniment tant qu'on renouvelle le mélange : c'est la *lampe sans flamme* [1].

---

[1] HOFFMANN, *Lieb. Ann.*, **145**, 368 ; 1868.

Le platine est aussi un catalyseur actif d'hydrogénation directe (385 et 430).

40. *Rhodium, iridium, osmium, or, argent.* — Employés sous forme de métal pulvérulent ou de mousse, ou bien à l'état colloïdal, ils agissent à la manière du platine, tout au moins pour les réactions d'oxydation et de dédoublement. A l'état colloïdal, ce serait l'osmium qui posséderait l'activité maxima : des traces infimes de ce métal suffiraient pour décomposer énergiquement le bioxyde d'hydrogène[1]. Mais les échelles d'activité varient essentiellement avec la nature des travaux à accomplir. Dans les hydrogénations, l'osmium et l'argent colloïdaux se montrent très inférieurs au platine, l'or étant tout à fait inactif[2].

La décomposition de l'eau oxygénée par l'argent en poudre est bien connue : l'argent colloïdal possède la même propriété, que l'on trouve également dans l'or divisé ou colloïdal.

Le noir de rhodium ou d'iridium dédouble à froid l'acide formique en hydrogène et anhydride carbonique. Au contact d'alcool et de soude caustique, il dégage de l'hydrogène avec production d'acétate de sodium[3].

41. *Palladium.* — Le palladium jouit de la propriété d'absorber de très grandes quantités d'hydrogène, qui peuvent atteindre 930 fois le volume du métal[4]. Le palladium hydrogéné ainsi obtenu peut réaliser un grand nombre d'hydrogénations. Mais le métal peut aussi servir de support temporaire d'hydrogène, c'est-à-dire de catalyseur d'hydrogénation, sous forme de mousse ou de noir (397), et on a pu l'employer comme catalyseur de déshydrogénation (534), de dédoublement (577) ou de polymérisation (473).

Oxydes catalyseurs.

42. *Eau.* — L'eau paraît fréquemment intervenir comme catalyseur positif ; un assez grand nombre de réactions ne peuvent s'accomplir facilement qu'en présence de traces d'humidité. Les oxydations sont généralement plus difficiles à réaliser au moyen d'oxygène

[1] Paal et Amberger, *Ber.*, **40**. 2201 ; 1907.

[2] Paal et Gerum, *Ber.*, **40**, 2209 : 1907.

[3] Sainte Claire Deville et Debray, *C. R.*, **78**, 1782 ; 1874.

[4] Graham, *Phil. Mag.*, (4) **32**, 401 et 503 ; 1866, et **47**. 324 ; 1874. — *Proc. Roy. Soc.*. **15**. 223, 502 : 1867 : **16**, 429 : 1868 : **17**, 212 et 500 ; 1869. — *C. R.*, **63**, 471 ; 1866 et **68**. 110 : 1869.

rigoureusement sec [1]. On n'arrive pas à provoquer la détonation des mélanges absolument secs d'oxyde de carbone et d'oxygène. Une flamme d'oxyde de carbone s'éteint dans l'air tout à fait sec [2]. Le carbone et même le phosphore refusent de brûler dans l'oxygène parfaitement desséché [3]. L'hydrogène et l'oxygène exactement secs ne se combinent pas encore à 1 000°. Le mélange de gaz ammoniac et de gaz chlorhydrique rigoureusement privés d'humidité ne donne aucune formation de chlorure d'ammonium solide ; inversement le chlorure d'ammonium parfaitement desséché peut être vaporisé sans subir de dédoublement, et sa densité de vapeur est alors normale [4].

Une trace d'humidité suffit pour provoquer la transformation complète de l'anhydride arsénieux vitreux en son isomère octaédrique (porcelanique) [5].

Le fluor absolument sec n'attaque pas le verre (Moissan).

43. Cette intervention utile de l'eau comme catalyseur n'apparaît que tout à fait exceptionnellement dans les réactions de la chimie organique. Signalons toutefois que dans l'oxydation catalytique des vapeurs de méthanol sur une spirale de platine incandescente, la présence d'eau favorise la production d'aldéhyde formique. Avec l'alcool méthylique pur, l'incandescence ne se produit que lorsque la spirale a une température initiale d'au moins 400°, tandis qu'avec l'alcool additionné de 20 p. 100 d'eau, il suffit d'une température initiale de 175° [6].

44. *Anhydride sulfureux.* — De petites doses de ce gaz suffisent pour provoquer la polymérisation de l'éthanal en paraldéhyde ou en métaldéhyde (482).

45. *Oxydes métalliques anhydres.* — Le bioxyde de manganèse décompose rapidement l'eau oxygénée par catalyse, sans éprouver lui-même aucune modification. Il en est de même de l'oxyde pur de plomb, en liqueur alcaline.

Les études poursuivies en vue d'appliquer à la fabrication industrielle de l'acide sulfurique l'oxydation par catalyse de l'anhydride

[1] DIXON, *Proc. Roy. Soc.*, **37**, 56 ; 1884.
[2] TRAUBE, *Ber.*, **18**, 1890 : 1885.
[3] BAKER, *Chem. Soc.*, **47**, 349 ; 1886.
[4] BAKER, *Chem. Soc.*, **65**, 611 ; 1894.
[5] WINKLER, *Bull. Soc. Chim.*, (2), **45**, 546 ; 1886.
[6] TRILLAT, *Bull. Soc. Chim.*, (3), **29**, 35 ; 1903.

sulfureux, signalée en 1831 par Phillips, montrèrent qu'on peut substituer au platine divers oxydes métalliques pris à l'état de poudre fine. Dès 1852, Wœhler et Mahla indiquèrent pour cet usage les oxydes de fer, de chrome, de cuivre ; Pétrie, Plattner et Reich conseillèrent l'emploi de la silice pulvérisée. En 1854, Tornthwaite proposait l'emploi de l'oxyde de manganèse.

L'application des oxydes métalliques anhydres à la catalyse d'oxydation des composés organiques volatils a été proposée de nouveau en 1906, par Sabatier et Mailhe (103) et par Matignon et Trannoy (104).

Plusieurs oxydes métalliques anhydres sont doués d'aptitudes catalytiques très importantes vis-à-vis des alcools, et peuvent servir à les dédoubler en carbures éthyléniques (613) : ils peuvent procurer par catalyse la formation synthétique des thiols (658), des amines (643), des oxydes alcooliques ou phénoliques (605, 706, 710), et sont également des catalyseurs d'éthérification (687, 691). Employés comme catalyseurs des acides, ils conduisent à la préparation des acétones symétriques (779), des acétones mixtes (788), et des aldéhydes (794), et provoquent le dédoublement des éthers-sels (chap. xix).

Il convient d'ajouter que l'oxyde cuivreux est un catalyseur utile des sels diazoïques (494).

Acides minéraux.

46. Les acides minéraux forts jouent très fréquemment le rôle de catalyseurs dans les réactions chimiques.

L'acide chlorhydrique ou *l'acide sulfurique*, employés à doses peu élevées, permettent de réaliser rapidement l'éthérification directe des alcools par les acides organiques (667) ; l'acide chlorhydrique se montre également très efficace pour la production des acétals à partir des aldéhydes (730), ainsi que des composés similaires issus du glucose avec les alcools ou les thiols [1].

Ce sont encore des catalyses de déshydratations que fournit l'acide chlorhydrique dans la condensation des acétones (720) et dans d'autres formations analogues.

L'acide sulfurique se comporte de même dans la *crotonisation* des aldéhydes et dans diverses condensations.

---

[1] EMILE FISCHER, *Ber.*, **26**, 2400 ; 1893 et **27**, 675 ; 1894.

Les deux acides interviennent d'une manière analogue dans les acétylations d'amines, par exemple dans celle de l'urée. Le rendement fourni par l'action de l'anhydride acétique, sans intervention de catalyseur, est seulement de 19,3 p. 100 ; il s'élève à 73,3 p. 100 avec une molécule d'acide chlorhydrique, à 61 p. 100 avec une molécule d'acide sulfurique [1].

47. Mais le plus souvent c'est une catalyse inverse que déterminent les acides chlorhydrique et sulfurique, en réalisant des hydrolyses ou dédoublements par hydratation, et cette aptitude leur est commune avec tous les *acides minéraux forts* solubles, parce qu'elle est la conséquence de leur ionisation, et doit être considérée comme produite par les ions *hydrogène* qu'ils fournissent. Leur activité hydrolysante est proportionnelle à la valeur de leur dédoublement électrolytique.

C'est à ce mécanisme de dédoublement par hydratation que se rattachent les diverses catalyses des acides dans la saponification des éthers-sels et des graisses (146), dans l'hydrolyse des amides (168), des anilides, dans celle des dérivés sulfonés aromatiques [2], dans celle des acétals, enfin dans l'interversion du saccharose, et d'une manière plus générale dans le dédoublement des polysaccharides, tels que l'amidon ou la dextrine.

L'acide chlorhydrique constitue vis-à-vis des aldéhydes un catalyseur fort actif de polymérisation, soit qu'il produise une simple *aldolisation* avec conservation de la fonction aldéhydique (478), soit qu'il y ait cyclisation en molécules plus ou moins condensées, telles que le paraldéhyde (482).

L'acide sulfurique peut également à très faible dose procurer le changement de l'éthanal en paraldéhyde ; il provoque la polymérisation des carbures éthyléniques (472).

48. *L'acide iodhydrique* peut, en sa qualité d'acide fort, intervenir comme les précédents dans les réactions d'hydrolyse. Il convient aussi de signaler son intervention utile pour amorcer la réaction, dans la préparation des organo-magnésiens mixtes de Grignard, quand on l'effectue avec des éthers chlorhydriques (133).

L'acide azoteux provoque comme catalyseur la transformation de l'acide oléique en son isomère l'acide élaïdique (460).

[1] BŒSEKEN, *Rec. Trav. Chim. Pays-Bas*, **29**, 330 ; 1910.
[2] CRAFTS. *Ber.*, **34**, 1350 ; 1901.

Bases minérales.

49. Les bases alcalines ou alcalinoterreuses, potasse, soude, baryte, chaux, peuvent assez fréquemment intervenir catalytiquement dans les réactions. En chimie minérale, elles provoquent le dédoublement rapide de l'eau oxygénée et des persulfures d'hydrogène.

Les solutions aqueuses de ces diverses bases fortes, étant très ionisées, agissent activement pour l'*hydrolyse des éthers-sels*; pratiquée en présence d'un excès d'alcali, la saponification paraît, à première vue, être la conséquence unique de la production du sel alcalin fourni par l'acide de l'éther. En réalité, le phénomène comporte deux phases successives, d'abord une hydrolyse qui libère l'acide, puis la formation du sel.

50. Les solutions de *chaux* provoquent activement l'*aldolisation* des aldéhydes (481).

Le contact prolongé avec un lait de chaux d'un mélange de méthanal et de d'éthanal engendre une érythrol tétraprimaire, en même temps que de l'acide formique[1].

La *potasse solide* produit l'aldolisation de l'éthanal. La *potasse alcoolique* détermine la polymérisation de l'isobutanal (484).

Les alcalis caustiques produisent fréquemment des isomérisations (462).

Fluorures, chlorures, bromures, iodures.

51. *Fluorure de bore*. — Parmi les fluorures, celui de bore mérite seul une mention spéciale. Il détermine des polymérisations d'hydrocarbures: ainsi une partie de ce corps suffit à polymériser 160 parties d'essence de térébenthine[2].

52. *Chlorure d'iode*. — Le trichlorure d'iode ICl^3, que produit de suite l'action d'un excès de chlore sur l'iode, est un agent précieux de chloruration directe des composés organiques par le chlore gazeux (114).

53. *Chlorure de baryum*. — Le chlorure de baryum anhydre permet de dédoubler facilement les chlorures forméniques en acide chlorhydrique et carbure éthylénique (737).

---

[1] Tollens et Wigand, *Lieb. Ann.*, **265**, 317; 1891.
[2] Berthelot, *Ann. Chim. Phys.*, (3), **38**, 41; 1853.

54. *Chlorure d'aluminium.* — Le chlorure d'aluminium anhydre est un catalyseur d'emploi très fécond. Il peut être employé comme agent de chloruration ou de bromuration directe (122, 124).

Il provoque la fixation directe sur le benzène de l'oxygène (108), du soufre (128), de l'anhydride sulfureux (129).

Il peut déterminer le dédoublement des chlorures forméniques (738), ainsi que celui du thiophénol (519).

Dans l'acétylation de l'urée par l'anhydride acétique, il intervient comme catalyseur plus actif que l'acide chlorhydrique[1].

Le chlorure d'aluminium anhydre constitue la base d'une méthode générale fort importante de condensation des composés organiques, due à Friedel et Crafts[2], dont les principales applications ainsi que les conditions opératoires sont exposées dans le chapitre XVII.

Cette activité catalytique si précieuse pour la synthèse organique peut aussi s'appliquer à certaines réactions de chimie minérale[3].

55. *Chlorure ferrique.* — Le chlorure ferrique anhydre peut produire beaucoup des réactions catalytiques du chlorure d'aluminium. Il donne de bons résultats comme agent de chloruration ou de bromuration directe (120) et même d'ioduration (127).

Il peut servir de catalyseur dans la production des acétals (729, 731).

Il peut remplacer le chlorure d'aluminium pour l'application de la méthode de Friedel et Crafts (756), ainsi que pour des condensations analogues (759).

56. *Chlorure de zinc.* — Ce chlorure, très avide d'eau, est fréquemment employé comme déshydratant, et les réactions auxquelles il donne lieu dans ce sens peuvent assez souvent être considérées comme sortant du domaine de la catalyse. Un examen attentif conduit fréquemment à les y faire rentrer, les réactions étant généralement produites par de faibles doses du sel, qui seraient insuffisantes pour une action chimique simple.

Ainsi le chlorure de zinc est un catalyseur bien défini, dans l'acétylation de la glycérine par l'anhydride acétique (680), ainsi que dans la *crotonisation* des aldéhydes (715). Ce rôle est moins facile à définir et à distinguer d'une action purement chimique dans un assez grand nombre de réactions, telles que la condensation du benzylal

[1] Bœseken, *Rec. Trav. Chim. Pays-Bas*, **29**, 330 ; 1910.
[2] Friedel et Crafts, *Ann. Chim. Phys.*, (6), **1**, 489 ; 1884.
[3] Ruff, *Ber.*, **34**, 1749 ; 1901.

avec le nitrométhane [1] ; celle des amines aromatiques avec l'hydrate de chloral [2], avec l'orthoformiate d'éthyle [3], ou avec l'anhydride phtalique [4] ; celle des phénols ou des polyphénols avec les amines aromatiques [5], ou avec les acides forméniques [6].

Le chlorure de zinc anhydre peut remplacer le chlorure d'aluminium dans la méthode de Friedel et Crafts (757).

Il peut aussi produire des polymérisations et des déshydrogénations (593).

Chlorures de cobalt, nickel, cadmium, plomb. — Ils dédoublent les chlorures forméniques à la manière du chlorure de baryum (737).

56. *Chlorure stannique.* — Son rôle catalyseur est difficile à définir, comme il a été dit pour le chlorure de zinc, dans certaines condensations de molécules organiques, telles que celles des aldéhydes forméniques avec les phénols [7], ou dans la formation des phtaléines à partir des phénols et de l'anhydride phtalique [8] ; mais ce rôle est bien établi dans la condensation par addition des chlorures acides avec les carbures éthyléniques (492).

57. *Chlorures d'antimoine, de molybdène, de thallium, d'uranium.* — Ils peuvent être employés comme catalyseurs de chloruration (118,119).

58. *Chlorure, bromure, iodure cuivreux.* — Ils déterminent la transformation des sels diazoïques, par les hydracides, en dérivés halogénés aromatiques correspondants avec élimination d'azote (réactions dites de Sandmeyer) (494), et peuvent aussi provoquer le dédoublement de la phénylhydrazine (499).

L'iodure cuivreux permet de réaliser facilement la phénylation des amines aromatiques primaires (760).

59. *Bromure d'aluminium.* — Il est avantageusement employé comme catalyseur de bromuration. Il détermine rapidement la transformation du bromure de propyle en bromure d'isopropyle isomère (468).

60. *Iodure de potassium.* — Les dérivés chlorés organiques réagissent habituellement avec moins de facilité que les dérivés iodés ;

[1] PRIEBS, *Lieb. Ann.*, **225**, 321 ; 1884.
[2] BOESSNEK, *Ber.*, **19**, 367 ; 1886.
[3] FISCHER et KÖRNER, *Ber.*, **17**, 989 ; 1884.
[4] FISCHER, *Lieb. Ann.*, **206**, 86 ; 1881.
[5] CALM, *Ber.*, **16**, 2786 ; 1883.
[6] GOLDZWEIG et KAISER, *J. prakt. Chem.*, (2), **43**, 91 ; 1891.
[7] JANINYI, *Ber.*, **11**, 283 ; 1878.
[8] BAEYER, *Lieb. Ann.*, **202**, 608 ; 1880.

on peut faciliter beaucoup leur action par l'addition de $\frac{1}{10}$ d'iodure de potassium, qui agit visiblement en permettant la transformation progressive du composé chloré en composé iodé plus actif[1].

61. *Cyanure de potassium.* — Il agit comme catalyseur très actif d'aldolisation (479) et même de polymérisation proprement dite (485).

Le *cyanure double de potassium et de cuivre* a été employé comme catalyseur d'oxydation (109).

Oxysels minéraux.

62. Un grand nombre d'oxysels minéraux peuvent jouer le rôle de catalyseurs dans les réactions organiques.

Ceux qui proviennent d'acides faibles, de bases métalliques faibles, ou de l'ammoniaque aisément séparable par dissociation, exercent en général des actions analogues à celles que peuvent fournir leurs éléments séparés.

63. *Carbonates alcalins.* — Ils remplacent avantageusement la potasse caustique dans les réactions d'aldolisation, ou de condensations analogues (478, 487).

64. *Bisulfate de potassium.* — Il peut catalyser à la manière de l'acide sulfurique libre, soit dans les réactions d'éthérification ou de production directe d'acétals, soit dans des condensations réalisées avec élimination d'eau, par exemple dans celle de la diméthylaniline avec l'aldéhyde benzoïque[2].

Sulfate, nitrate, chlorhydrate d'ammoniaque. — Ils peuvent intervenir comme les acides libres dans l'éthérification ou les réactions analogues, telles que la production d'acétals (731).

65. *Carbonate de baryum, carbonate de calcium.* — Ils équivalent aux oxydes libres.

Sulfate de calcium. — Employé sous forme d'hydrate, ou desséché au-dessous de 400°, il possède une certaine activité pour déshydrater les alcools en carbures éthyléniques (636).

Sulfate d'aluminium, phosphate d'aluminium. — Ce sont des catalyseurs déshydratants analogues à l'alumine libre (635, 637).

66. *Silicates.* — L'*argile* ou le *kaolin*, silicates d'aluminium hydratés, catalysent les alcools par déshydratation à la manière de l'alumine (635).

[1] Wohl, *Ber.*, **39**, 1951 : 1906.
[2] Wallach et Wüsten, *Ber.*, **16**, 149 : 1883.

Le verre pilé, qui est un silicate mixte de composition variable, possède des propriétés qui changent avec cette composition. Dans le dédoublement de l'acide formique vers 300°, le verre d'Iéna fournit surtout de l'anhydride carbonique et de l'hydrogène, tandis que le verre blanc ordinaire donne principalement de l'eau et de l'oxyde de carbone, se rapprochant ainsi de la silice pure (770, 771).

La pierre ponce, malgré sa constitution poreuse, est un catalyseur peu actif, dont l'action se rapproche de celle de la silice..

67. *Sels ferreux et sels manganeux.* — En présence de l'eau, ils constituent des catalyseurs actifs d'oxydation (110). Ainsi la présence des divers sels manganeux provoque l'oxydation des solutions d'acide oxalique[1].

68. *Sulfates métalliques.* — Divers sulfates métalliques, surtout celui de *mercure*, permettent l'emploi comme oxydant de l'acide sulfurique concentré (111).

La présence de sulfate mercurique influe sur la nature des isomères fournis par la sulfonation directe des composés aromatiques (732).

Le même sel peut également provoquer des isomérisations (469).

Composés organiques.

69. *Ethers-sels.* — Une petite quantité d'iodure forménique, principalement *iodure de méthyle* ou d'*éthyle*, permet d'amorcer la préparation des organo-magnésiens mixtes, particulièrement à partir des dérivés chlorés (133).

L'éthanal chauffé à 100° avec de l'*iodure d'éthyle* se condense en paraldéhyde[2].

70. L'*oxalate d'éthyle* favorise par sa présence l'action de l'alliage de sodium et de zinc sur le bromure d'éthylène, pour le changer en bromure d'éthyle[3].

71. Le *nitrite d'éthyle* en solution alcoolique détermine la transformation de la thio-urée en isosulfocyanate d'ammonium.

72. *Ethers-oxydes.* — L'oxyde d'éthyle, ainsi que l'oxyde d'amyle, ou l'anisol $C^6H^5.O.CH^3$, jouent un rôle capital de catalyseur, dans la préparation des organo-magnésiens mixtes de Grignard (131).

[1] Jorissen et Reicher, *Z. physik. Chem.*, **31**, 142 ; 1900.
[2] Lieben, *Lieb. Ann. Supp. Band.*, **1**, 114 ; 1861.
[3] Michael, *Am. Chem. J.*, **25**, 419 ; 1901.

Aldéhydes. — L'éthanal provoque l'hydratation du cyanogène en oxamide (143).

73. *Acides organiques.* — L'*acide acétique* peut quelquefois intervenir à la manière des acides minéraux forts, pour déterminer des combinaisons avec élimination d'eau. C'est ce qui a lieu pour la production des acétals (731). Son rôle catalyseur peut être contesté dans la condensation de l'aldéhyde benzoïque avec l'acide malonique [1].

74. L'*acide oxalique* détermine dans les mêmes conditions que l'acide chlorhydrique ou l'acide phosphorique la condensation des aldéhydes en polymères.

75. *Acétates alcalins.* — L'*acétate de sodium* est un catalyseur déshydratant assez actif. Il provoque la crotonisation des aldéhydes (715), ainsi que leur polymérisation simple. On l'emploie comme catalyseur pour favoriser l'éthérification des alcools par l'anhydride acétique.

76. Un assez grand nombre de condensations de molécules organiques effectuées avec élimination d'eau ont pour base l'emploi de l'acétate de sodium ; mais il est employé d'ordinaire à doses élevées, qui masquent la réalité de son rôle catalyseur. Il en est ainsi dans la condensation du phtalide avec l'anhydride phtalique en diphtalyle [2].

De même l'*acétate de potassium* conduit à condenser l'anhydride phtalique avec l'acide acétique en acide phtalylacétique [3].

C'est dans des conditions analogues, c'est-à-dire employé en grande quantité, que l'acétate de sodium provoque l'action de l'anhydride acétique sur l'aldéhyde benzoïque, et fournit l'acide cinnamique [4].

77. *Cyanures forméniques.* — Les *cyanures de méthyle* ou d'*éthyle* sont des catalyseurs très actifs de la réaction du sodium sur les iodures forméniques ou sur les composés similaires (493).

78. *Fibrine.* — Il convient de rappeler que la *fibrine* exerce sur l'eau oxygénée une catalyse de destruction très active.

[1] CLAISEN et CRISMER, *Lieb. Ann.*, **218**, 135 ; 1883.

[2] GRÆBE et GUYE, *Lieb. Ann.*, **233**, 241 : 1886.

[3] GABRIEL et NEUMANN, *Ber.*. **26**, 952 ; 1893.

[4] PERKINS, *Jahresber.*, 1877. 789.

CHAPITRE III

OXYDATIONS

79. Les réactions de l'oxygène sur les diverses matières, ou *oxydations*, peuvent être divisées en trois groupes :

1° Les oxydations qui ont lieu spontanément aussitôt que dans certaines conditions de température ou de pression, la matière oxydable et l'oxygène sont mis en présence.

2° Les oxydations qui sont provoquées par l'oxydation simultanée de certaines substances dites *auto-oxydateurs*.

3° Les oxydations provoquées par la présence de matières en apparence non transformées, dites *catalyseurs d'oxydation*.

80. Au premier abord, ces dernières seules semblent devoir prendre place dans cet ouvrage. Il y a pourtant dans une certaine mesure à constater l'intervention de phénomènes catalytiques dans le premier groupe, avec une importance plus ou moins grande. On a déjà signalé plus haut (42) l'influence de l'humidité sur les réactions. Pratiquement les doses de vapeur d'eau contenues dans l'oxygène ou l'air même desséchés selon les conditions habituelles sont suffisantes pour permettre facilement l'oxydation suivant le premier mode.

81. Le cas des oxydations par entraînement, ou comme conséquences d'oxydations simultanées, mérite d'être examiné avec quelque attention, à cause des relations qu'il peut avoir avec celui des oxydations par catalyse, et de la lumière qu'il peut apporter sur le mécanisme de ces dernières.

Un grand nombre de corps directement oxydables par l'oxygène ou par l'air entraînent par leur oxydation celle de substances qui, sans cette circonstance, ne seraient pas directement oxydables.

82. Ainsi l'hydrure de palladium abandonné à l'oxydation spontanée dans une solution aqueuse, y détermine des oxydations intenses : l'indigo y est décoloré ; l'iodure de potassium est oxydé en potasse et iode. L'ammoniaque passe à l'état de nitrate d'ammoniaque. Le

benzène fournit du phénol. Le toluène donne de l'acide benzoïque. L'oxyde de carbone donne de l'anhydride carbonique, réaction que l'ozone et l'eau oxygénée sont incapables d'accomplir.

83. Des oxydations de même nature accompagnent l'oxydation spontanée du phosphore dans l'air humide, celle du pinène, des solutions aqueuses de pyrogallol, des sulfites alcalins, de l'hydrate ferreux, de l'oxyde cuivreux ammoniacal, de l'aldéhyde benzoïque, etc. On a nommé *autoxydateurs* ces divers corps, et l'expérience a établi que, dans tous les cas, ils rendent *active*, c'est-à-dire apte à oxyder directement des substances non oxydables sans leur secours, exactement la même quantité d'oxygène qu'ils fixent eux-mêmes en s'oxydant [1].

84. La cause du phénomène paraît être la production, aux dépens de l'autoxydateur, d'un composé peroxydé qui se détruit en oxydant la matière voisine.

Avec un autoxydateur considéré seul, on aurait :

$$A + \underset{\text{oxygène}}{\underline{O - O}} = A\!\!\begin{array}{c} O \\ | \\ O \end{array}$$

Puis au contact de la substance oxydable B :

$$\underset{\text{instable}}{\underline{A\!\!\begin{array}{c} O \\ | \\ O \end{array}}} + B = \underset{\text{stable}}{\underline{A : O}} + \underset{\text{stable}}{\underline{B : O}}.$$

D'ailleurs en l'absence de B, la seconde réaction peut être réalisée par la substance A elle-même :

$$A\!\!\begin{array}{c} O \\ | \\ O \end{array} + A = 2\,(A : O).$$

Toutes les fois que cette dernière réaction sera suffisamment lente, on pourra, par action de l'oxygène sur l'autoxydateur seul, isoler le peroxyde instable qui pourra être conservé quelque temps. Ainsi le pinène agité avec un grand volume d'air fournit un peroxyde capable ultérieurement, sans intervention d'oxygène extérieur, de décolorer l'indigo, de bleuir le gaïac, de libérer l'iode de l'iodure de potassium.

85. Supposons que dans le cas d'un autoxydateur A vis-à-vis

---

[1] ENGLER ET WILD, *Ber.*, **30**. 1669 ; 1897. — ENGLER, *Revue G^{le} de chimie pure et app*, **6**, 288 ; 1903.

d'une substance oxydable B, celle-ci puisse être oxydée par l'oxyde stable AO, on aura la succession de réactions :

$$A + O^2 = A\diagdown\genfrac{}{}{0pt}{}{O}{O}$$

$$A\diagdown\genfrac{}{}{0pt}{}{O}{O} + B = AO + BO$$

$$AO + B = BO + \underset{\text{régénéré}}{A}.$$

Alors l'autoxydateur sera régénéré tout entier, et il pourra de nouveau servir comme intermédiaire utile entre l'oxygène libre et la substance oxydable. Une dose limitée de **A** pourra servir à oxyder une quantité illimitée de **B** ; **A** sera un *catalyseur d'oxydation*.

86. Cette condition est par exemple réalisée par les sels *céreux*, vis-à-vis du glucose en solution alcaline. Les sels céreux dissous en présence de carbonate de potassium sont un autoxydateur incolore. On a :

$$Ce(OH)^3 + O^2 + Ce(OH)^3 = \underset{\text{peroxyde instable}}{Ce(OH)^3 - O - O - Ce(OH)^3}$$

L'eau réagit sur ce composé :

$$Ce(OH)^3 . O - O . Ce(OH)^3 + H^2O = \underset{\text{hydrate cérique}}{Ce(OH)^4} + \underset{\text{rouge sang}}{Ce(OH)^3 . O . OH}.$$

Le peroxyde rouge-sang mis au contact d'une matière oxydable par entraînement, par exemple d'arsénite de potassium, l'oxyde en revenant à l'état d'hydrate cérique jaune, stable. Il n'y a pas catalyse.

Mais si la matière présente est du glucose, l'hydrate cérique l'oxyde en revenant à l'état d'hydrate céreux, régénéré, qui peut recommencer la même série de réactions : c'est un catalyseur[1].

C'est par un mécanisme identique que les sels *manganeux* employés à faible dose peuvent provoquer l'oxydation directe de quantités illimitées de pyrogallol ou d'hydroquinone[2].

87. *Platine et métaux voisins.* — C'est sans doute à un mécanisme analogue qu'il convient de rapporter l'activité catalytique exercée dans les oxydations par le platine, et par les divers métaux de la même famille, dont le rôle catalyseur a été défini depuis longtemps, ainsi que nous l'avons indiqué plus haut (39).

[1] Job, *Ann. Chim. Phys.*, (7), **20**, 207 : 1900. — *C. R.*, **134**, 1032 ; 1902 et **136**, 43 ; 1903.
[2] Bertrand, *Bull. Soc. Chim.*, (3), **17**, 733 ; 1897. — Villiers, *Bull. Soc. Chim.*, (3), **17**, 675 ; 1897.

Au contact d'oxygène, il se produit sur la surface du métal une sorte de peroxyde, comparable à $A\!\!<\genfrac{}{}{0pt}{}{O}{O}$ des autoxydateurs; avec la substance oxydable B, il y a production de BO, et de AO qui instable lui-même oxyde une nouvelle proportion de la matière B. Le platine servirait dans ces conditions à rendre l'oxygène *atomique*, et comme il est régénéré par le fait de la réaction, celle-ci peut se renouveler indéfiniment.

88. En effet son emploi permet non seulement d'abaisser beaucoup la température nécessaire à certaines oxydations (hydrogène, oxyde de carbone), mais aussi d'en réaliser que l'oxygène *moléculaire* ne peut effectuer directement à quelque température que ce soit, par exemple la formation d'iode à partir d'iodure de potassium, que produit à froid le noir de platine aéré[1], ou celle d'acide azotique à partir de l'ammoniaque que fournit à chaud la mousse de platine.

89. C'est à la surface du métal qu'ont lieu ces fixations et enlèvements d'oxygène, et par suite la puissance catalysante est proportionnelle à l'étendue de cette surface, et est infiniment plus grande pour la mousse de platine, et surtout pour le noir, que pour le métal en lames ou en fils.

90. Le *noir de platine* peut être préparé, soit en réduisant par le zinc ou mieux par le magnésium les solutions acides de chlorure platinique[2], soit en traitant le chlorure de platine par l'alcool et les alcalis[3], soit en réduisant le sel de platine par le formiate de sodium[4], ou par le tartrate de sodium[5], ou bien par le glucose en solution alcaline, soit en effectuant la réduction à l'aide de glycérine et de potasse[6].

Un procédé avantageux est celui de Loew : 25 grammes de chlorure de platine dissous dans 30 centimètres cubes d'eau, sont additionnés de 35 centimètres cubes de formol, puis on ajoute peu à peu en refroidissant 25 grammes de soude caustique dissoute dans son poids d'eau. Après douze heures, on filtre, essore, et lave, jusqu'à ce

---

[1] ENGLER et WOCHLER, *Z. anorg. Chem.*. **29**, 1 : 1901.
[2] BÖTTGER, *J. prakt. Chem.*, (2), **2**, 137 ; 1870.
[3] ZEISE, *Pogg. Ann.*, **9**. 632, 1827.
[4] DŒBEREINER, *Pogg. Ann.*, **23**, 181 : 1833.
[5] COOPER, *Quart. J. of. Science*. **5**, 120.
[6] IDRAWKOWITCH, *Bull. Soc. Chim.*, (2). **25**, 198 : 1876.

que le liquide qui traverse le filtre se colore en noir assez intense. On arrive à une masse spongieuse, qu'on sèche à froid en présence d'acide sulfurique [1].

Le noir de platine retient toujours des traces des corps qui ont été en contact avec lui pendant sa préparation.

Les noirs préparés en liqueur alcaline sont plus actifs que ceux obtenus en liqueur acide.

91. L'emploi du noir de platine permet de réaliser diverses oxydations organiques. Quelques gouttes d'éthanol versées sur un peu de noir de platine, sont violemment oxydées avec production d'éthanal et d'acide acétique : le noir est parfois porté jusqu'à l'incandescence et l'alcool peut s'enflammer.

L'acide formique et l'acide oxalique sont brûlés en eau et anhydride carbonique [2].

92. Les alcools sont généralement oxydés en aldéhydes, et même en acides. Ainsi l'aldéhyde cinnamique peut être obtenu de la sorte à partir de l'alcool correspondant [3].

En oxydant la glycérine à l'air sur du noir de platine, on obtient à la fois de l'aldéhyde glycérique et de la dioxypropanone isomères [4].

$$CH^2OH . CHOH . CH^2OH + O = H^2O + COH . CHOH . CH^2OH$$
$$CH^2OH . CHOH . CH^2OH + O = CH^2OH . CO . CH^2OH + H^2O.$$

93. Les résultats fournis par le noir sont irréguliers parce que l'action qu'il exerce est trop violente, tout au moins au début de la réaction.

En lui substituant de l'*amiante platinée*, où la matière active se trouve diluée par une forte proportion de substance inerte, on arrive à oxyder régulièrement des vapeurs convenablement mélangées d'air ou d'oxygène. La fabrication de l'anhydride sulfurique n'est qu'une vaste application de cette méthode.

94. Le platine en fil fournit la meilleure solution pour l'oxydation régulière des alcools et d'autres matières organiques assez volatiles. Trillat a indiqué un mode opératoire qui permet de réaliser facilement ce but, à l'aide d'une spirale de platine qu'un courant électrique d'intensité réglée à volonté permet de porter à une température

[1] Loew, *Ber.*, **23**, 289, 1890.
[2] Mulder, *Rec. Trav. Chim. Pays-Bas*, **2**, 44 ; 1883.
[3] Strecker, *Lieb. Ann.*, **93**, 370 ; 1855.
[4] Grimaux, *Bull. Soc. Chim.*, **45**, 481 ; 1886.

convenable[1], et sur laquelle un courant d'air arrive en même temps que les vapeurs de la substance qu'on veut oxyder.

Dans ces conditions le *méthanol* est oxydé au-dessous de 200° avec production prépondérante de méthanal, accompagné d'une certaine dose de méthylal et d'eau, sans acide.

Celui-ci apparaît, quand la spirale atteint le rouge sombre, en même temps que les quantités de méthanal et de méthylal s'accroissent. Au rouge cerise, ces dernières diminuent, et au fur et à mesure que l'incandescence s'accroît, la proportion d'anhydride carbonique s'élève.

La présence d'eau dans l'alcool favorise l'oxydation, qui est plus facile avec du méthanol contenant 20 p. 100 d'eau.

95. L'*éthanol* est déjà oxydé à 225°, et l'est très fortement au rouge sombre, où on a recueilli 16,8 p. 100 d'éthanal et 2,3 d'acétal.

Les résultats sont de moins en moins avantageux au fur et à mesure que la molécule de l'alcool se complique.

La proportion d'aldéhyde obtenue avec le *propanol* 1 diffère peu de celle indiquée pour l'éthanol : elle s'abaisse à 12 p. 100 avec le *butanol* 1, et à 5 p. 100 avec le *méthyl 2 propanol* 1. Le *propanol* 2 fournit de même 16 p. 100 d'acétone. Quant au *triméthylcarbinol* tertiaire, il se scinde par oxydation en méthanal, propanone et eau.

L'*alcool allylique* a fourni 5,8 p. 100 d'acroléine, avec une certaine dose d'acide acrylique, de méthanal et de glyoxal.

Le *glycol* s'oxyde à 90° en rétablissant l'incandescence de la spirale. La *glycérine* donne surtout de l'acroléine et du méthanal.

96. Les alcools aromatiques donnent lieu de la même façon à une certaine production d'aldéhyde correspondant. L'*alcool benzylique* a fourni 4 p. 100 de benzylal ; l'*alcool cuminique* 5,7 p. 100 de cuminal. L'*alcool cinnamique* produit au rouge sombre du cinnamal, et plus haut de l'acide cinnamique et du benzylal.

97. L'*isoeugénol* peut aussi être oxydé au rouge sombre ; on obtient 2,9 p. 100 de vanilline mélangée au produit non transformé[2].

98. *Cuivre.* — La spirale de platine peut dans ces réactions être remplacée par un cylindre de toile métallique de cuivre porté au rouge sombre. Les résultats obtenus sont tout à fait semblables (Trillat). En opérant ainsi sur le méthanol, au moyen d'un courant

[1] Trillat, *Bull. Soc. Chim.*, (3), **27**, 797 ; 1902.
[2] Trillat, *Bull. Soc. Chim.*, (3), **29**, 35 ; 1903.

d'air de 2,3 l. à 2,7 l. par minute, entraînant par litre 0,5 gr. à 0,8 gr. de vapeur d'alcool, la toile de cuivre à 330° a fourni une production de 48,5 p. 100 de méthanal. Il y a en même temps élimination d'oxyde de carbone, d'anhydride carbonique et de vapeur d'eau[1].

Des conditions semblables ont permis d'oxyder les alcools éthylique, propylique, isobutylique, amylique[2]. De même l'oxyde d'éthyle est oxydé en éthanal et méthanal[3]. Divers hydrocarbures ont pu subir par le même procédé une oxydation régulière dont les produits n'ont pas été précisés[4].

99. Le même dispositif peut être appliqué à l'oxydation de l'ammoniaque ou des amines.

L'ammoniaque humide fournit du nitrite d'ammoniaque avec un peu de nitrate et très peu d'azote libre.

La *méthylamine* humide fournit du méthanal en même temps que du nitrite et du nitrate d'ammoniaque. De même l'*éthylamine* donne de l'éthanal.

La *diméthylaniline* produit du méthanal en même temps qu'une amine aromatique complexe[5]. L'aniline, la toluidine et la pyridine sont oxydées avec formation de produits huileux compliqués[6].

100. *Métaux divers.* — Ainsi qu'on vient de le voir, le *cuivre* en fils peut remplacer le platine comme catalyseur d'oxydation ; mais en réalité, ce métal étant transformé en oxyde par l'air ou l'oxygène à la température de la réaction, la catalyse est effectuée non par le métal, mais par l'oxyde qui en provient, et se rattache à l'activité catalytique des oxydes dont il est question un peu plus loin.

Il en est de même sans doute pour la plupart des divers métaux employés à l'état de poudres pour réaliser des oxydations, à la température ordinaire, sur des *huiles non saturées*, de poisson, d'héliotrope, d'amandes, ainsi que sur l'acide linoléique. L'expérience a conduit à les ranger par ordre d'activité croissante, comme il suit :

Cérium, plomb, palladium, platine, nickel, chrome, manganèse, cobalt.

Ici l'humidité retarde l'oxydation, tandis que la lumière l'accélère. Une élévation de température de 10° suffit pour doubler la vitesse

[1] ORLOFF, *J. Soc. phys. chim. Russe*, **39**, 855 et 1023 ; 1907.

[2] ORLOFF, *J. Soc. phys. chim. Russe*, **40**, 203 ; 1908.

[3] ORLOFF, *J. Soc phys. chim. Russe*, **40**, 799 ; 1908.

[4] ORLOFF, *J. Soc. phys. chim. Russe*, **40**, 652 ; 1908.

[5] TRILLAT, *Bull. Soc. Chim.*, (3), **29**, 873 ; 1903.

[6] ORLOFF, *J. Soc. phys. chim. Russe*, **40**. 659 ; 1908.

de la fixation d'oxygène, qui est également accrue par l'accroissement de pression de ce gaz [1].

101. *Charbon.* — Les charbons peu combustibles peuvent servir de catalyseurs d'oxydation.

Le *coke* à 200° permet de transformer le toluène en acide benzoïque [2].

102. *Oxydes métalliques.* — Un grand nombre d'oxydes métalliques agissent comme catalyseurs d'oxydation, et, pour la plupart d'entre eux, ce rôle peut être expliqué facilement grâce à l'aptitude qu'ils possèdent à être réduits par la matière oxydable à l'état de métal ou d'oxyde inférieur, que l'action directe de l'oxygène transforme de nouveau en oxyde primitif. Il en est ainsi avec les *oxydes de cuivre*, de *nickel*, de *cobalt*. Quand des vapeurs d'alcool arrivent seules sur de l'oxyde de cuivre modérément chauffé, celui-ci les oxyde en aldéhyde, et fournit du cuivre métallique : si les vapeurs d'alcool sont mélangées d'air, le cuivre chaud s'oxyde de suite en régénérant l'oxyde, qui recommence à transformer l'alcool en aldéhyde. Une explication semblable peut s'adapter à l'*oxyde ferrique*, qui oxyde en revenant à l'état d'oxyde inférieur, que l'air change de nouveau en peroxyde. Le mécanisme est moins facile à saisir pour les oxydes irréductibles qui ne peuvent au moins en apparence être suroxydés, tels que le *sesquioxyde de chrome*, lequel constitue cependant un excellent catalyseur d'oxydation [3].

L'industrie a utilisé l'activité catalytique du *sesquioxyde de fer*, tel qu'il est fourni par la calcination des pyrites, dans la fabrication de l'acide sulfurique par contact.

103. L'emploi des oxydes comme catalyseurs d'oxydation des composés organiques s'était jusqu'à ces dernières années restreint au cas de l'*oxyde de cuivre*, agent réel de l'activité du cuivre métallique, comme il a été dit plus haut. Sabatier et Mailhe ont montré que les oxydes de cuivre, de nickel, de cobalt [4], ainsi que ceux de chrome, de manganèse, d'uranium, etc., possèdent des propriétés catalytiques tout à fait comparables à celles du platine divisé. Ces oxydes chauffés à 200° dans un mélange d'oxygène et des vapeurs d'hydrocarbures forméniques (méthane, pentane, hexane, heptane) y devien-

[1] Fokin, *Z. anorg. Chem.*, **22**, 1451 ; 1909.
[2] Woog, *C. R.*, **145**, 124 ; 1907.
[3] Sabatier et Mailhe, *C. R.*, **142**, 1394 ; 1906.
[4] Sabatier et Mailhe, *C. R.*, **142**, 1394 ; 1906.

nent et s'y maintiennent incandescents, en donnant surtout de l'eau et de l'anhydride carbonique, mais aussi une certaine dose d'aldéhyde et d'acide.

104. Matignon et Trannoy, à peu près au même moment, signalaient de leur côté la possibilité de réaliser l'expérience de la *lampe sans flamme* dans la vapeur d'éther mêlée d'air, à l'aide de fils d'amiante imprégnés d'oxydes de fer, nickel, cobalt, chrome, cuivre, manganèse, cérium, argent [1].

105. L'emploi de l'oxyde ferrique entre 175° et 300° permet l'oxydation régulière du toluène, qui se transforme en benzylal : la température la plus favorable est 280°, où le rendement en aldéhyde atteint 20 p. 100. Au-dessus de 280°, l'oxyde devient incandescent, et il y a charbonnement partiel des produits.

L'oxyde de nickel, employé de même, fournit l'aldéhyde benzoïque, au-dessus de 150°; à 270° l'incandescence commence à se manifester.

Avec l'oxyde de cuivre (tournure oxydée), la réaction se poursuit entre 180° et 260°[2].

106. Le *pentoxyde de vanadium* constitue aussi un catalyseur fort actif d'oxydation, qui peut également transformer les vapeurs d'éthanol, mêlées d'air, en éthanal et acide acétique[3]. L'industrie utilise son activité dans la préparation du *noir d'aniline* par oxydation directe du chlorhydrate d'aniline; 1 partie de composé vanadique peut servir à oxyder 70 000 parties d'aniline.

107. Il peut intervenir d'une manière analogue en milieu humide, dans l'oxydation des sucres par l'acide azotique. La présence de traces d'oxyde vanadique (1 centigramme pour 5 grammes de saccharose et 50 centimètres cubes d'acide nitrique de densité 1,4) suffit pour procurer la transformation intégrale du sucre en acide oxalique, à froid en 10 à 20 heures, sans aucune production d'acides saccharique, mucique, tartrique, etc. Au-dessus de 70°, on obtient, au lieu d'acide oxalique, de l'anhydride carbonique et de l'eau[4].

108. *Chlorures métalliques.* — Le *chlorure d'aluminium* anhydre $AlCl_3$ réalise la fixation directe de l'oxygène de l'air sur les carbures aromatiques. La benzine fournit une certaine dose de phénol, le toluène donne du métacrésol[5].

[1] MATIGNON et TRANNOY. *C. R.*, **142**, 1210 ; 1906.

[2] WOOG. *C. R.*, **145**, 124 ; 1907.

[3] NAUMANN, MOESER et LINDENBAUM, *Journ. prakt. Chem.*, (2), **75**, 146, 1907.

[4] NAUMANN, MOESER et LINDENBAUM, *loc. cit.*

[5] FRIEDEL et CRAFTS. *Ann. Chim. Phys.*, (6), **14**, 435 ; 1888.

109. *Cyanures.* — Le cyanure double de cuivre et de potassium employé comme catalyseur permet l'oxydation par l'eau oxygénée, du chlorhydrate de morphine : on obtient avec un rendement d'environ 25 p. 100 la *déhydro-morphine* ou *pseudomorphine* [1].

110. *Sels manganeux.* — Ainsi que nous l'avons exposé plus haut, les *sels manganeux* constituent des facteurs actifs d'oxydation directe, principalement dans les dissolutions aqueuses : cette activité existe quel que soit l'acide qui entre dans la constitution du sel ; on la trouve dans les sels minéraux et dans l'acétate, le butyrate, le benzoate, l'oxalate : elle est seize fois plus grande dans le succinate que dans le nitrate. On peut admettre que dans la solution aqueuse, le sel manganeux est partiellement hydrolysé : l'hydrate manganeux qui en résulte s'oxyde en bioxyde de manganèse aux dépens de l'un des atomes de la molécule d'oxygène, l'autre atome se portant sur la matière organique. Le bioxyde naissant oxyde, de son côté, une autre proportion de cette matière en régénérant l'hydrate manganeux qui réitère sa fonction ; une faible trace de composé manganeux détermine ainsi le transport de l'oxygène de l'air sur une quantité illimitée de substance oxydable [2].

La présence des sels manganeux accélère beaucoup l'oxydation, c'est-à-dire la solidification des huiles siccatives [3].

Ainsi qu'il a été dit antérieurement, les *sels de cérium* pourraient agir dans beaucoup de cas comme les sels manganeux (85).

111. *Sulfates métalliques anhydres.* — L'acide sulfurique fumant peut être employé comme oxydant dans certaines réactions de chimie organique, par exemple dans la transformation de la naphtaline en acide orthophtalique, opération qui constitue l'une des étapes importantes de la préparation de l'indigo synthétique.

Cette réaction qui ramène l'anhydride sulfurique à l'état d'anhydride sulfureux, ne s'effectue bien qu'au contact de sulfates métalliques catalyseurs, et surtout de *sulfate mercurique* entre 200 et 300° [4]. Les sulfates de potassium, de magnésium, de manganèse, de cobalt, sont inefficaces ; ceux de nickel et de fer agissent faiblement. Seul le *sulfate de cuivre* peut remplacer pratiquement le sulfate mercurique, mais cette substitution est désavantageuse. Il convient d'ailleurs de signaler que le mélange des deux sulfates de cuivre et

[1] Denigès, *Bull. Soc. Chim.*, (4), **9**, 264 ; 1911.
[2] Bertrand, *Bull. Soc. Chim.* (3), **17**, 733 ; 1897.
[3] Livache, *C. R.*, **124**, 1520 ; 1897.
[4] Groebe, *Ber.*, **29**, 2806 ; 1896.

de mercure procure une activité supérieure à la somme des deux agents pris séparément[1].

112. Dans la méthode de Kjeldahl pour doser l'azote des matières organiques, on fait bouillir longtemps ces matières avec de l'acide sulfurique concentré et un peu de mercure, qui ne tarde pas à se transformer en sulfate : l'oxydation de la matière a lieu ainsi assez rapidement, tout l'azote passant à l'état d'ammoniaque retenue par l'acide sulfurique, sans être aucunement brûlée.

[1] Bredig et Brown, Z. phys. Chemie. **14**, 502 ; 1904.

CHAPITRE IV

INTRODUCTIONS DIVERSES DANS LES MOLÉCULES

§ 1. — CHLORURATIONS, BROMURATIONS, IODURATIONS

Chlorurations.

113. La présence de chlorures anhydres favorise beaucoup la substitution directe du *chlore* dans les composés organiques, soit qu'on se serve de ces chlorures faits à l'avance, soit qu'on ait recours à l'élément lui-même, que l'action du chlore transforme de suite en chlorure. Il n'y a pas lieu de distinguer l'un de l'autre ces deux modes.

114. *Iode* ou *chlorure d'iode.* — L'iode ou le proto-chlorure d'iode ICl, placés avec une matière organique, en présence de chlore gazeux, se changent en trichlorure, qui cède son chlore à la matière, en revenant à l'état de protochlorure qui recommence indéfiniment son action catalysante. En opérant ainsi l'action du chlore en présence de 2 à 12 p. 100 d'iode, on arrive à réaliser facilement la chloruration des carbures aromatiques, celle du sulfure de carbone, etc [1].

Les produits chlorés obtenus sont toujours mélangés de petites proportions de dérivés iodés, formés par entraînement.

115. *Soufre.* — La transformation immédiate du soufre par le chlore en chlorures de soufre, correspondant à plusieurs étapes de chloruration, en fait un bon agent d'activité modérée qui a donné parfois des résultats excellents, par exemple pour transformer l'acide acétique en acide monochloracétique [2].

116. *Charbon.* — Le *charbon de bois* réalise facilement et sans explosion la chloruration de l'hydrogène en acide chlorhydrique. En faisant passer dans un long tube rempli de fragments de charbon

---

[1] Müller, *Jahresber.*, 1862, 414. — Merz, *Ber.*, 8, 1296 ; 1875. — Kraft, *Ber.*, 10, 801 ; 1877. — Ruoff, *Ber.*, 9, 1483 ; 1876. — Klason, *Ber.*, 20, 2382 ; 1887.

[2] Auger et Béhal, *Bull. Soc. Chim.*, (3), 2, 145 : 1889. — Russanoff, *Ber.*, 25. Ref. 334 ; 1892.

le mélange à volumes égaux de chlore et d'oxyde de carbone, on obtient l'oxychlorure de carbone [1]. Le *noir animal* fournit des résultats encore meilleurs : un tube de 30 centimètres suffit [2].

Un charbon préparé en calcinant du sang avec du carbonate de potassium peut servir de catalyseur pour la chloruration des matières organiques entre 250° et 400°. On peut ainsi atteindre facilement la chloruration progressive et complète du chlorure d'éthyle [3].

117. *Chlorures métalliques.* — L'efficacité appartient surtout aux chlorures des métaux polyvalents, possédant en général plusieurs étapes de chloruration, tels que ceux de fer, de thallium, de molybdène, d'antimoine, d'étain, d'or, de vanadium, d'uranium, etc., et également au chlorure d'aluminium, et dans une certaine mesure au chlorure de zinc, mais non aux chlorures alcalins ou alcalinoterreux, non plus qu'à ceux de nickel, cobalt, manganèse, plomb [4].

L'humidité exerce généralement une action défavorable sur la réaction [5].

118. *Chlorures de molybdène.* — Le pentachlorure $MoCl^5$ constitue en *série aromatique* un excellent catalyseur, qui permet la réalisation des dérivés chlorés successifs. Mais son emploi n'est pas avantageux en série grasse [6].

119. *Chlorures d'antimoine.* — Les chlorures d'antimoine (qui peuvent être remplacés par un peu d'antimoine pulvérisé ou d'oxyde d'antimoine) sont fréquemment employés comme agents de chloruration. Plus actifs que l'iode, ils permettent d'arriver à la chloruration totale du benzène [7].

120. *Chlorure ferrique.* — Quelques grammes de chlorure ferrique, auquel on peut substituer un peu de limaille de fer, de sesquioxyde de fer, de sulfure de fer, de carbonate ferreux, ou même de sulfate de fer, suffisent pour procurer une chloruration active. Le même chlorure donne de bons résultats dans la production du chloral à partir de l'alcool.

121. *Chlorure d'étain.* — Le chlorure stannique (qui peut être remplacé par un peu d'étain métallique, ou d'oxyde d'étain) peut aussi

[1] Schiel, *Jahresber.*, 1864, 359.

[2] Paterno, *Gaz. Chim. Ital.*, **8**, 233 ; 1878.

[3] Damoiseau, *C. R.*, **83**, 60 ; 1876.

[4] Willgerodt, *J. prakt. Chem.*, (2), **34**, 264 et **35**, 391.

[5] Seelig, *Lieb. Ann.*, **237**, 178 ; 1886.

[6] Aronheim, *Ber.*, **8**, 1400 ; 1875 et **9**, 1788 ; 1876.

[7] Ruoff, *Ber.*, **9**, 1486 ; 1876.

donner de très bons effets [1]. Son action, comme sans doute celle de tous les chlorures utilisés comme agents de chloruration directe, est proportionnelle à sa masse [2].

122. *Chlorure d'aluminium.* — Le chlorure d'aluminium anhydre ou les copeaux d'aluminium peuvent aussi agir utilement comme les chlorures qui précèdent [3].

Bromurations.

123. Les bromures et les chlorures anhydres constituent des agents plus ou moins actifs de bromuration, à la manière des chlorures.

Iode. — L'iode, ou plutôt le bromure d'iode qui provient de sa transformation immédiate, est fréquemment employé, et son usage conduit spécialement à la bromuration sur le noyau aromatique.

124. *Chlorure d'aluminium.* — Une faible dose suffit pour procurer une bromuration régulière de la plupart des composés organiques. Ainsi 1 décigramme permet de bromer 120 grammes de benzène [4].

On peut ranger à côté des bromurations catalysées par le chlorure d'aluminium, la migration du brome qu'il provoque du *tribromophénol* sur le benzène [5], ou sur le toluène [6], qui sont ainsi transformés en bromobenzène et métabromotoluène, avec production de phénol.

125. *Chlorure ou bromure de zinc.* — Le chlorure de zinc, ou le zinc métallique (qui se change en bromure), peuvent être efficaces [7].

126. *Chlorure* ou *bromure ferrique.* — Le chlorure ferrique ou le fer divisé qui se transforme en bromure fournissent une bonne catalyse de bromuration [8].

Chlorure ou *bromure mercurique.* — Ils peuvent aussi servir d'agents bromurants [9].

---

[1] Petricou, *Bull. Soc. Chim.*, (3), **3**, 187 ; 1890.

[2] Goldschmidt et Larsen, *Z. physik. Chem.*, **48**, 424 ; 1904.

[3] Goldschmidt et Larsen, *loc. cit.* — Bornwater et Hollemann, *Rec. Trav. Chim. P. Bas.*, **31**, 221 ; 1912.

[4] Fittig, *Lieb. Ann.*, 1862, **121**, 361 ; 1862. — Leroy. *Bull. Soc. Chim.*, (2), **48**, 210 ; 1887. — Roux, *Ann. Chim. Phys.*, (6), **12**, 347 ; 1887.

[5] Kohn et Müller, *Monatsh. Chem.*, **30**, 407 ; 1909.

[6] Kohn et Bum, *Monatsh. Chem*, **33**, 923 ; 1912.

[7] Schiaparelli, *Gaz. Chim. Ital.*, **11**, 70, 1882.

[8] Schenfelen, *Lieb. Ann.*, **231**, 164 ; 1885.

[9] Lazarew, *J. Soc. phys. chim. Russe*, **22**, 287 ; 1890.

Iodurations.

127. L'ioduration directe des molécules organiques est fort difficile à réaliser. On peut toutefois l'atteindre quelquefois par le secours du *chlorure ferrique*, par exemple pour le benzène. Mais la dose de dérivé iodé qui prend ainsi naissance est fort peu élevée[1].

§ 2. — FIXATION DE SOUFRE

128. Le *chlorure d'aluminium* anhydre peut, par sa présence, déterminer la fixation de *soufre* par addition sur la benzine à 75°-80°. On obtient du thiophénol C^6H^5SH, en même temps que des produits issus de ce dernier, sulfure de phényle et sulfure de phénylène[2].

§ 3. — FIXATION D'ANHYDRIDE SULFUREUX

129. Le *benzène*, chauffé en présence de chlorure d'aluminium anhydre, absorbe vivement l'anhydride sulfureux, en donnant l'*acide benzène-sulfinique* $C^6H^5SO^2H$, qui n'est en réalité isolé que par l'action de l'eau. On ne peut donc affirmer que le chlorure métallique y agisse par une vraie catalyse[3].

§ 4. — FIXATION D'OXYDE DE CARBONE

130. Les fixations directes d'oxyde de carbone sur des hydrocarbures constituent une réaction chimique tout à fait exceptionnelle, qui n'a été réalisée que dans un très petit nombre de cas. L'emploi comme catalyseur du *chlorure* ou du *bromure d'aluminium* anhydres a permis cependant de la réaliser sur des carbures aromatiques. On fait agir à la fois de l'oxyde de carbone et du gaz chlorhydrique sur le benzène, en présence de *chlorure cuivreux* et de bromure d'aluminium. Grâce à la formation de la combinaison chlorhydrique de chlorure cuivreux, l'oxyde de carbone se dissout, et réagit ainsi su. la combinaison temporaire que le bromure d'aluminium donne avec le benzène. On a finalement formation d'aldéhyde benzylique[4] :

$$C^6H^6 + CO = C^6H^5 . CO . H.$$

[1] Lothar Meyer, *Lieb. Ann.*, **231**, 195 ; 1885.

[2] Friedel et Crafts, *Bull. Soc. Chim*, (2), **39**, 306 ; 1883.
Friedel et Crafts, *Ann. Chim. Phys.*, (6), **14**, 413 ; 1888.
Reformatski, *J. Soc. phys. chim. Russe*, **33**, 154 ; 1901.

Le rendement atteindrait 90 p. 100. De même à partir du toluène et de *chlorure d'aluminium*, on obtient l'aldéhyde paratoluique $C^6H^4\big\langle{}^{CH^3}_{CO.H}$ 1.4 avec un rendement de 73 p. 100[1]. L'*orthoxylène* fournit de la même façon le *diméthyl 1. 2 benzylal 4*.

Le paraxylène et le mésitylène donnent des résultats analogues[2].

§ 5. — FIXATION D'ATOMES MÉTALLIQUES

131. La production des dérivés organo-magnésiens mixtes à partir des *substitués halogénés* équivaut à une fixation par addition de l'atome métallique aux éléments de la molécule organique :

$$Mg + RBr = Mg\big\langle{}^{R}_{Br}$$

Cette réaction est habituellement réalisée au sein de l'*éther anhydre*, qui joue dans leur formation un rôle capital de catalyseur. On est parvenu à la réaliser en milieu *benzénique*, en présence d'une petite quantité d'éther. On a sans doute successivement :

$$RBr + (C^2H^5)^2O = {}^{C^2H^5}_{C^2H^5}\big\rangle O\big\langle{}^{R}_{Br}$$

puis :

$${}^{C^2H^5}_{C^2H^5}\big\rangle O\big\langle{}^{R}_{Br} + Mg = Mg\big\langle{}^{R}_{Br} + O\big\langle{}^{C^2H^5}_{C^2H^5}$$
$$\text{régénéré}$$

L'éther régénéré peut recommencer la première réaction.

132. L'oxyde d'éthyle catalyseur peut être remplacé par d'autres oxydes, *oxyde d'amyle*, *anisol* $CH^3O.C^6H^5$, ou même par une petite dose d'une *amine tertiaire*, telle que la *diméthylaniline*, la réaction ayant lieu au sein de benzène, de toluène, d'hexane, ou de ligroïne. La combinaison temporaire formée dans le dernier cas serait[3] :

$$\begin{matrix}C^6H^5\\CH^3\\CH^3\end{matrix}\big\rangle{}N\big\langle{}^{R}_{Br}$$

133. La formation des organomagnésiens mixtes est facile à partir des *substitués bromés* ou *iodés*, mais pour la réaliser à partir des substitués *chlorés* RCl, il faut s'aider d'un catalyseur convenable.

[1] GATTERMANN et KOCH, *Ber.*, **30**, 1623 ; 1897.
[2] BAYER et Co, *Chem. Cent.*, 1898, 952. — HARDING et COHEN, *Am. Chem. Soc.*, **23**, 594.
[3] TCHELINZEFF, *Ber.*, **37**, 4534 ; 1904.

Un peu d'*iode* ou d'*acide iodhydrique* agit très efficacement, sans doute parce que le dérivé chloré est en partie transformé en dérivé iodé, qui donne de suite la réaction. D'après Zelinsky, il se produirait au contact du magnésium, dans l'éther anhydre, une certaine dose du composé $MgI^2, 2 (C^2H^5)^2O$, qu'il a pu isoler, et qui servirait à amorcer la réaction [1].

134. Pour la préparation des composés *organo-zinciques* mixtes, Blaise emploie comme matière catalysante, au lieu de l'oxyde d'éthyle, l'*acétate d'éthyle pur*, et opère en solution toluénique ou pétrolique. Pratiquement on se sert de 1/3 molécule d'éther acétique pour 1 molécule d'iodure forménique [2].

§ 6. — HYDRATATIONS

135. On peut distinguer les réactions d'hydratation, selon qu'elles correspondent à une fixation d'eau par addition, sans aucune séparation, ou qu'elles donnent lieu à la scission d'une molécule primitive en deux ou plusieurs molécules nouvelles.

Le premier cas est réalisé dans la fixation d'eau sur les *hydrocarbures incomplets*, donnant naissance à des alcools ou des cétones, sur les *nitriles* ou les *imides*.

Le second cas, bien plus fréquent, correspond à la *saponification* des *éthers-sels*, au dédoublement des *acétals*, des *glucosides*, à l'hydrolyse des *amides* et des *oximes, hydrazones, semicarbazones*, etc.

136. Les *acides minéraux* plus ou moins concentrés constituent des agents très puissants pour réaliser ces diverses réactions d'hydratation, soit qu'ils donnent lieu, quand ils sont concentrés, à des composés temporaires instables, qui les régénèrent en même temps que les produits de l'hydratation, soit qu'ils agissent, quand ils sont dilués, par suite de leur décomposition électrolytique, les facteurs principaux étant alors les *ions hydrogène* libérés dans la dissolution.

137. Les *bases fortes* alcalines ou alcalinoterreuses en solution aqueuse peuvent aussi très souvent réaliser l'hydratation, que l'eau seule pourrait aussi habituellement produire, mais beaucoup plus lentement ou à des températures bien plus hautes.

138. **Fixations d'eau par addition.** — L'*acide sulfurique* moyennement concentré permet de fixer à froid une molécule d'eau sur l'*isobu-*

[1] ZELINSKY, *J. Soc. phys. chim. Russe*, **35**, 399 ; 1903.
[2] BLAISE, *Bull. Soc. Chim.*, 1911, Conférence, 7.

tylène $CH^3C = CH^2$, pour donner le *triméthylcarbinol* $(CH^3)^3COH$ [1].
$$|$$
$$CH^3$$

Il réalise aussi à 45° la fixation d'eau sur l'acide *isoléique* qui est changé en *acide oxystéarique* [2].

139. L'*acide azotique* dilué provoque l'hydratation rapide du *pinène* $C^{10}H^{16}$, en solution alcoolique à la température ordinaire, et le transforme en *terpine* $C^{10}H^{12}O^3$ [3].

140. L'*acide chlorhydrique* peut aussi réaliser des fixations d'eau. En laissant digérer trois heures à la lumière vers 25° un mélange d'*aldéhyde crotonique* $CH^3CH = CH.CO.H$ et d'acide chlorhydrique, on obtient l'*aldol* ou aldéhyde β. *oxybutyrique* $CH^3.CHOH.CH^2COH$ [4].

141. Les *nitriles*, dissous à une douce chaleur dans l'*acide sulfurique* dilué de 1/5 de son poids d'eau, se transforment en *amides*. La même transformation peut être réalisée par les solutions de *potasse* ou de *soude* ; mais, surtout si on opère en solution alcoolique au voisinage de 100°, l'hydratation se poursuit jusqu'au dédoublement en *ammoniaque*, et acide, au moins partiellement combiné à l'alcali.

142. Il en est de même pour les *imides* ; le *succinimide*
$$CH^2-CO$$
$$|\qquad\qquad NH,$$
$$CH^2-CO$$
chauffé avec une faible dose d'*eau de baryte*, fournit d'abord l'acide *amidosuccinique* [5] $CO^2H.CH^2.CH^2.CO.NH^2$. dont l'hydratation poursuivie fournit ensuite l'*acide succinique* lui-même.

De même l'*imide aspartique*, NH^2CH-CO
$$|\qquad\qquad NH,$$
$$CH^2-CO$$
chauffé à 100° avec de l'*ammoniaque* aqueuse, fixe une molécule d'eau et fournit l'*asparagine*, $CO^2H.CH^2.CH.NH^2.CO.NH^2$ [6].

143. L'*aldéhyde éthylique* en solution aqueuse provoque la fixation directe de deux molécules d'eau sur le *cyanogène* $CN.CN$, qui donne l'*oxamide* $CO.NH^2.CO.NH^2$ [7].

144. Hydratations par dédoublement. — Les hydratations qui donnent lieu à un dédoublement moléculaire sont généralement désignées sous le nom d'*hydrolyses*.

[1] BUTTLEROFF, *Lieb. Ann.*, **144**, 22 ; 1867.
[2] SAYTZEFF, *J. prakt. Chem.*, (2), **37**, 281.
[3] WIGGERS, *Lieb. Ann.*, **57**, 217 ; 1846.
[4] WURTZ, *Bull. Soc. Chim.*, (2), **42**, 286 ; 1881.
[5] TEUCHERT, *Lieb. Ann.*, **134**, 136 ; 1865.
[6] KÖRNER et MENOZZI, *Gaz. Chim. Ital.*, **17**, 173 ; 1887.
[7] LIEBIG, *Lieb. Ann.*, **113**, 246 ; 1860.

145. *Saponification.* — Quand on abandonne à froid des solutions aqueuses d'*acétate de méthyle* ou d'*acétate d'éthyle*, il y action lente de l'eau, et régénération d'alcool et d'acide libre :

$$\underset{\text{éther-sel}}{CH^3 . CO^2 . C^2H^5} + H^2O = \underset{\text{acide}}{CH^3 . CO^2H} + \underset{\text{alcool}}{C^2H^5 . OH}$$

La réaction inverse d'éthérification tendant à se produire simultanément, le dédoublement de l'éther-sel ne sera jamais total ; il tend vers une limite d'autant plus élevée qu'il y a plus d'eau opposée à l'éther ; mais cette limite ne serait atteinte à la température ordinaire qu'après plusieurs années : après deux ou trois jours, la dose libérée ne dépasse guère 1 p. 100. Au contraire si on ajoute au mélange une très petite proportion d'acide chlorhydrique, ou d'un autre acide fort, la réaction va bien plus vite, et la limite se trouve atteinte au bout de quatre à vingt heures.

D'ailleurs l'acide ajouté ne subit pas de modifications. Il est tout entier précipitable par le nitrate d'argent, ce qui montre qu'il ne s'est formé aucune proportion appréciable d'éther chlorhydrique. L'activité saponifiante de l'acide est, dans une certaine limite, proportionnelle à sa dose ; et pour les divers acides employés à même concentration moléculaire, elle varie comme la force de l'acide, qui est mesurée par la grandeur de sa décomposition électrolytique, et par conséquent cette activité est définie dans chaque cas par le nombre des *ions* H libres dans l'unité de volume de la dissolution. L'acide iodhydrique, l'acide bromhydrique, l'acide nitrique, l'acide chlorique, qui sont fortement ionisés, sont donc des catalyseurs puissants de saponification, et il en est de même de l'*acide sulfurique*, qui est le plus communément employé pour cet usage.

146. Cette action est générale, et s'applique aussi bien à la saponification des corps gras, ou éthers-sels de la glycérine avec les acides gras. 4 p. 100 d'acide sulfurique, chauffés à 120° avec de l'eau et une matière grasse, donnent une hydrolyse complète en douze heures : déjà après une heure, 42 p. 100 des acides gras sont libérés. Pour réaliser un résultat semblable avec l'eau pure, il aurait fallu chauffer en autoclave à 220°[1].

147. En liqueurs très diluées, la vitesse de saponification est la même avec les acides chlorhydrique, bromhydrique, iodhydrique, azotique, chlorique, et même méthylsulfurique, de même acidité, mais elle est proportionnelle à la dose d'acide.

[1] Lewkowitsch, *Confér. à la Soc. Chimique*, 1909, 12.

Elle est la même pour les éthers fournis par un même acide organique avec les divers alcools primaires forméniques [1].

148. Au contraire cette vitesse varie beaucoup quand on change l'acide organique de l'éther-sel. Ainsi dans la saponification des éthers éthyliques, la vitesse pour le *formiate* est environ 25 fois plus rapide que pour l'*acétate* ; elle est 50 fois celle de l'*isobutyrate*, 100 fois celle du *valérate*, 4 000 fois celle du *benzoate*.

149. La présence de sels métalliques neutres modifie la vitesse. Les chlorures métalliques accélèrent la vitesse de saponification des éthers-sels par l'acide chlorhydrique [2].

Les sulfates retardent la saponification par l'acide sulfurique.

La pression peut également modifier la vitesse : dans le cas de la saponification de l'*acétate de méthyle* par l'acide chlorhydrique, la pression accroît la vitesse.

150. Les *bases solubles, potasse, soude, baryte, chaux*, produisent des effets analogues, que l'on pourrait à première vue attribuer à l'affinité de ces bases pour les acides libérés, si la quantité d'acide ainsi dégagée de l'éther n'était disproportionnée avec la dose de base qui intervient. Le facteur actif de la saponification se trouve être encore fourni par le dédoublement électrolytique de la base en ions, dans la solution étendue.

La saponification des matières grasses a fourni sur ce point des indications très nettes. La dose de chaux qui serait nécessaire pour saturer tous les acides gras d'une graisse est d'environ 9,7 p. 100. Or l'expérience montre qu'avec 1 p. 100 de chaux, la saponification est complète dans l'eau à 190° ; sans le secours de la base qui catalyse, il faudrait atteindre 220° [3]. On voit par comparaison avec les résultats rapportés plus haut, que malgré l'énergie supplémentaire que la formation des sels apporte à la réaction dans le cas des bases, leur activité catalytique est moindre que celle des acides forts.

151. La vitesse de saponification par les diverses bases fortes, prises en solutions très diluées, est, à alcalinité égale, indépendante de la nature de ces bases, potasse, soude, chaux, baryte, mais proportionnelle à l'alcalinité.

Pour les éthers-sels issus d'un même acide, la vitesse change beaucoup avec l'alcool : ainsi la vitesse de saponification par la soude à

---

[1] Lœwenherz, *Z. phys. Chem.*, **15**, 395. — De Hemptine. *Z. phys. Chem.*, **13**. 516.
[2] Trey, *J. prakt. Chem.*, **34**, 353. — Euler, *Z. physik. Chem.*, **32**, 348 : 1900.
[3] Lewkowitsch, *loc. cit.*, 8.

froid est pour l'*acétate de méthyle* deux fois plus grande que pour l'*acétate d'isobutyle* [1]. L'influence de la nature de l'acide est moindre que dans la saponification par les acides forts. Ainsi dans la saponification des éthers éthyliques par la soude à 14°, la vitesse de l'*acétate* est à peu près double de celle de l'*isobutyrate*, sextuple de celle de l'*isovalérate*, quadruple de celle du *benzoate*.

Dans la saponification de l'acétate d'éthyle par les bases, la présence de *sels neutres* diminue la vitesse [1].

152. *Éthers-oxydes.* — L'eau seule peut très lentement hydrater les éthers-oxydes, en régénérant les deux molécules d'alcool [2]. L'addition de petites quantités d'acide sulfurique accélère notablement l'hydratation [3].

153. *Acétals.* — Les acétals peuvent être regardés comme les oxydes mixtes fournis par les alcools avec les diols instables dont les aldéhydes et les acétones sont les anhydrides. Leur hydratation ne peut être réalisée par l'eau seule, non plus que par les solutions alcalines même à l'ébullition. Elle est au contraire effectuée assez facilement par ébullition, soit avec de l'*acide chlorhydrique* dilué, soit avec de l'*acide sulfurique* étendu de quatre fois son volume d'eau, et fournit l'alcool avec l'aldéhyde ou l'acétone libre.

154 *Polysaccharides.* — Les *polyoses* et polysaccharides tels que le saccharose, le lactose, le maltose, le tréhalose, et aussi l'amidon, la dextrine et le cellulose, peuvent être regardés comme des éthers-oxydes ou des acétals, issus des fonctions multiples alcooliques et aldéhydiques ou acétoniques, qui appartiennent aux hexoses primitifs. Leur hydrolyse, régénérant ces derniers sucres, peut être réalisée plus ou moins facilement avec le secours de petites quantités d'acides agissant comme catalyseurs.

155. L'*interversion* du saccharose, c'est-à-dire son hydrolyse totale en glucose et lévulose, peut être provoquée par des traces d'acide minéral, et c'est peut-être la plus ancienne observation de réaction catalytique [4]. L'*acide chlorhydrique*, l'*acide sulfurique*, l'*acide oxalique* lui-même peuvent être employés, et la vitesse d'interversion est proportionnelle au nombre d'*ions* hydrogène libérés par le fait de la dissociation électrolytique de l'acide. Les solutions concentrées de

[1] Arrhénius, *Z. physik. Chem*, **1**, 110 : 1887.

[2] Lieben, *Lieb. Ann.*, **165**, 136 ; 1873.

[3] Erlenmeyer, *Zeit. f. Chem.*, **4**, 343, 1868.

[4] Clément et Desormes, *Ann. Chim. Phys.*, **59**, 329 ; 1806. .

sucre sont ainsi rapidement interverties par des traces d'acide. Une dissolution contenant 80 grammes de sucre pour 20 grammes d'eau, additionnée de 0,004 gr. d'acide chlorhydrique, est totalement hydrolysée par une ébullition d'une heure[1]. L'*acide carbonique* peut lui-même servir à effectuer la réaction, lentement à froid, rapidement à chaud. Une solution sucrée saturée de gaz carbonique, et chauffée en tube scellé, est intervertie totalement en une heure[2].

156. La vitesse d'interversion du saccharose en présence des acides est augmentée par l'addition de sels neutres[3].

Une forte pression diminue la vitesse d'interversion par l'acide chlorhydrique : la diminution est d'environ 1 p. 100, par 100 atmosphères[4].

157. L'hydrolyse du *maltose* est plus lente que celle du saccharose. Avec 3 p. 100 d'acide sulfurique, il faut au moins trois heures d'ébullition[5].

Le *tréhalose* chauffé avec un peu d'acide sulfurique est lentement hydrolysé en glucose[6].

158. L'*acide sulfurique* étendu de 33 fois son poids d'eau, est employé industriellement pour préparer le glucose par hydrolyse de l'amidon, au voisinage de 100°, pendant deux heures. L'addition à l'acide sulfurique d'une petite quantité d'*acide nitrique* semble abréger la durée de la réaction. Il y a production intermédiaire de *dextrine*, qui est elle-même hydrolysée par l'action de l'acide dilué.

159. *Glucosides.* — Les diverses matières désignées sous le nom de glucosides, qui sont si nombreuses parmi les produits végétaux, ont une constitution comparable à celle des polysaccharides. Leur hydrolyse par l'eau pure ne peut généralement être accomplie qu'à une température très haute en tubes scellés. Mais par ébullition avec des *acides minéraux étendus*, ils sont dédoublés en une matière sucrée (généralement du glucose) et une ou plusieurs substances de nature variée.

160. Ainsi l'*arbutine* bouillie avec de l'*acide sulfurique* dilué

[1] Wohl. *Ber.*, **23**, 2086 ; 1890.

[2] Lippmann, *Ber.*, **13**, 1823 ; 1880.

[3] Spohr, *Z. physik. Chem.*, **2**, 194 ; 1888. — Arrhénius, *Z. physik. Chem.*. **4**, 226 ; 1889. — Euler, *Z. physik. Chem.*, **32**, 348 ; 1900.

[4] Röntgen, *Wied. Ann.*, **45**, 98. — Rothmund, *Z. physik. Chem.*, **20**, 170.

[5] Meissl, *J. prakt. Chem.*, (2), **25**, 120.

[6] Müntz, *Jahresber.* 1873, 829. — Berthelot, *Ann. Chim. Phys.*, (3), **55**, 272 ; 1859.

s'hydrolyse en 1 molécule de glucose et 1 molécule d'hydroquinone [1].

L'*hélicine* traitée par les acides dilués s'hydrate en glucose et aldéhyde salicylique [2].

161. L'*amygdaline* est dédoublée par ébullition avec de l'*acide chlorhydrique* ou de l'acide sulfurique dilué : l'acide cyanhydrique dégagé est aussitôt hydraté en acide formique et ammoniaque :

$$C^{20}H^{27}NO^{11} + 2\,H^2O = \underset{\text{benzylal}}{\underline{C^6H^2 . CO . H}} + CNH + 2\,C^6H^{12}O^6.$$

162. Les acides dilués peuvent être remplacés par des *bases solubles* diluées, potasse, soude, ou eau de baryte, et même par une solution de *chlorure de zinc* (par exemple pour l'*helléborine* [3]).

163. *Dérivés amidés et analogues.* — Les dérivés issus par déshydratation simultanée d'une molécule organique et d'une molécule d'ammoniaque, d'amine, d'hydroxylamine, d'hydrazine, de phénylhydrazine, ou de semi-carbazide, peuvent plus ou moins aisément régénérer par hydratation les molécules primitives ; cette hydratation est réalisée par des acides minéraux capables de se combiner à l'ammoniaque ou corps analogues, ou bien par des alcalis aqueux, pouvant au contraire s'unir avec la première molécule.

Ainsi l'hydrolyse des *oximes* a lieu au contact d'acide chlorhydrique concentré chaud, qui fixe l'hydroxylamine, libérée en même temps que l'aldéhyde ou l'acétone.

164. Les *phénylhydrazones* sont hydratées à froid par une solution concentrée d'acide chlorhydrique, qui s'unit à la phénylhydrazine.

165. C'est par chauffe en tube scellé avec une solution concentrée d'acide chlorhydrique qu'on réalise l'hydratation des *éthers sulfocyaniques* :

$$CN . SR + 2\,H^2O = \underset{\text{thiol}}{\underline{R . SH}} + CO^2 + NH^3$$

ainsi que celle des *sénévols* ou *éthers isosulfocyaniques* :

$$CS . NR + 2\,H^2O = H^2S + CO^2 + \underset{\text{amine}}{\underline{NH^2R}} .$$

166. Au contraire, l'hydrolyse est réalisée par l'ébullition avec une solution aqueuse de potasse [4], ou une solution alcoolique de

[1] Kawalier. *Lieb. Ann.*, **84**, 356 ; 1852.
[2] Piria, *Lieb. Ann.*, **56**. 64 ; 1845.
[3] Husemann et Marmé, *Bull. Soc. Chim.*, **5**, 455, 1866.
[4] Wurtz, *Ann. Chim. Phys.*, (3), **42**, 43 ; 1854.

potasse [1], dans le cas des *éthers isocyaniques* ou *alcoylcarbimides* :

$$CO : NR + H^2O = CO^2 + \underset{\text{amine}}{NH^2R}$$

et on peut alors attribuer à la formation du carbonate alcalin l'activité de la base pour produire la réaction.

167. L'hydratation des *amides* et des *alcalamides* peut être indifféremment réalisée par les acides ou les bases dissoutes. Dans le cas des amides d'acides forméniques, la réaction est généralement effectuée en les chauffant avec une solution alcoolique de potasse ou de soude : elle n'a lieu que lentement et exige parfois plusieurs jours de chauffe. On a :

$$R . CO . NH^2 + H^2O = RCO^2H + NH^3$$

et on peut croire que la combinaison de l'acide avec la potasse détermine la réaction.

168. Dans la plupart des cas précédents, le rôle catalyseur des acides ou des bases n'est pas à première vue bien établi. On doit pourtant en admettre la réalité, sans doute générale, parce que pour les réactions qui ont été étudiées de près, comme l'hydratation des *amides*, de petites quantités d'acide, hors de proportion avec la dose de l'amide, accélèrent beaucoup la réaction. C'est ce qu'on a constaté pour l'hydrolyse de l'*acétamide* par les acides minéraux dilués : l'activité de l'hydratation est proportionnelle à l'ionisation de l'acide. et au nombre des ions qui sont présents dans le système [2].

[1] HALLER, *Bull. Soc. Chim* , (2), **45**, 706, 1886.
[2] OSTWALD, *J. prakt. Chem.*, (2), **27**, 1.

CHAPITRE V

HYDROGÉNATIONS

HYDROGÉNATIONS EN SYSTÈME GAZEUX. GÉNÉRALITÉS.
EMPLOI DU NICKEL

169. *Historique*. — Les propriétés catalytiques du platine divisé, mises en évidence par les observations de Davy et Dœbereiner, au commencement du XIXe siècle, avaient mis en lumière son aptitude à provoquer des oxydations. Quelques chimistes furent pourtant amenés à essayer d'appliquer la puissance spéciale de la mousse de platine à d'autres travaux chimiques, et particulièrement à la réaction directe de l'hydrogène sur divers corps. En 1838, Kuhlmann indiqua que l'oxyde azotique, ou les vapeurs d'acide azotique, chauffés avec de l'hydrogène en présence de mousse de platine, se changent en ammoniaque [1]. En 1852, Corenwinder observait que le même agent détermine *rapidement* entre 300° et 400° la combinaison partielle de l'hydrogène et de l'iode [2]. En 1863, Debus réalisa par le noir de platine la fixation de l'hydrogène sur l'acide cyanhydrique en méthylamine [3], et trouva que le nitrite d'éthyle est dans ces conditions transformé en alcool et ammoniaque. En 1874, de Wilde réussit à obtenir par le noir de platine la transformation dès la température ordinaire de l'acétylène en éthylène, puis en éthane [4].

170. Dans une série de travaux poursuivis depuis 1897, Sabatier et Senderens (1897 à 1905), puis Sabatier et Mailhe (1904 à 1908) et Sabatier et Murat (1912), ont établi et étendu à un grand nombre de cas une méthode générale d'hydrogénation directe des matières organiques volatiles, basée sur l'emploi de métaux divisés cata-

[1] Kuhlmann, *C. R.*, **17**, 1107 ; 1838.
[2] Corenwinder, *Ann. Chim. Phys.*, (3), **34**, 77 ; 1852.
[3] Debus, *Lieb. Ann.*, **128**, 200 ; 1863.
[4] De Wilde, *Ber.*, **7**, 352 ; 1874.

lyseurs, et particulièrement du nickel récemment réduit de son oxyde[1].

Dès 1902, la nouvelle méthode a été mise en œuvre dans beaucoup de laboratoires de France et de l'étranger, où de nombreux chimistes ont également contribué, en même temps que les auteurs, à en accroître les applications.

171. Le procédé consiste essentiellement à diriger les vapeurs de la substance en même temps que l'hydrogène sur une colonne de métal catalyseur, *noir de platine*, ou bien *nickel, cobalt, fer, cuivre*, réduits de leurs oxydes dans le tube même où aura lieu la réaction, le métal étant maintenu à une température convenable, qui est parfois la température ordinaire, mais qui est généralement comprise entre 150° et 200°. Une température voisine de 180° est très fréquemment la plus convenable.

Des cinq métaux indiqués plus haut, le nickel est le plus actif, et, avec le cobalt, le seul capable d'effectuer certaines hydrogénations, telle que celle du noyau benzénique. Le cuivre est le moins puissant. Le platine et le fer sont intermédiaires entre le cobalt et le cuivre.

APPAREILS EMPLOYÉS POUR LES HYDROGÉNATIONS

172. L'appareil employé par Sabatier et ses collaborateurs comprend :

1° Un générateur d'hydrogène ;

2° Un tube laboratoire contenant le métal qui doit déterminer l'hydrogénation ;

3° Un dispositif permettant d'introduire avec l'hydrogène, les vapeurs de la substance qui doit subir l'hydrogénation;

4° Un dispositif destiné à recueillir les produits de la réaction.

173. *Générateur d'hydrogène.* — L'hydrogène peut être préparé par l'action de la grenaille de zinc ordinaire sur l'acide chlorhydrique pur du commerce additionné d'un demi-volume d'eau : on se sert de

---

[1] Ces travaux ont été indiqués dans un grand nombre de notes originales dont plus de 40 aux Comptes Rendus de l'Académie des Sciences, ainsi qu'à divers mémoires d'ensemble dont les principaux sont : SABATIER, V° *Congrès de Chim. P. et app.*, Berlin, 1904, IV, 663. — SABATIER et SENDERENS. *Confér. Soc. Chim.*, Paris, 1905. — SABATIER. *Rev. Gén. Sc.*, **16**, 842 ; 1905. — SABATIER, *Rev. Gle Chim.*, **8**, 381 ; 1905. — SABATIER et SENDERENS, *Ann. Chim. Phys.*, (8), **4**, 319 ; 1905. — SABATIER, VI° *Congrès Chim. P. et App.*, Rome, 1906. X° *Sect.*, 174. — SABATIER et MAILHE, *Ann. Chim. Phys.*, (8), **16**, 70 ; 1909. — SABATIER, *Ber.*, **44**, 1984 ; 1911. — SABATIER, *Confér. à Stockholm pour la réception du prix Nobel*, *Rev. Scient.*, 1913, **1**, 289.

l'appareil continu de Sainte-Claire Deville, constitué par deux grands flacons de 10 à 15 litres, dont les tubulures inférieures sont reliées par un long tube de caoutchouc de gros diamètre. L'un des flacons est à peu près plein de grenaille de zinc, l'autre d'acide chlorhydrique. Le gaz dégagé traverse un laveur contenant une solution assez concentrée de soude caustique, puis un laveur à acide sulfurique concentré dont le tube de sûreté porte une graduation sur papier indiquant la pression atteinte par le gaz. Entre ces deux laveurs se trouve interposé un robinet à vis permettant de faire varier à volonté le débit du gaz. Au delà du laveur à acide sulfurique, le tube de caoutchouc qui emporte le gaz est muni d'une pince à vis qu'on serre plus ou moins de manière à régler la pression du gaz dans ce laveur. Il suffit, pour obtenir un débit constant, de maintenir toujours identique la hauteur de l'acide soulevé dans le tube de sûreté qui sert de manomètre. La grande dimension de l'appareil permet de conserver ce débit invariable pendant au moins six heures.

174. L'hydrogène doit être soigneusement débarrassé des impuretés qui peuvent provenir du zinc ou de l'acide (hydrogène sulfuré, hydrogène arsenié ou phosphoré, vapeurs d'acide chlorhydrique). Dans ce but il traverse un tube en verre d'Iéna rempli de tournure de cuivre, chauffé au rouge *sombre*, qui arrête la majeure partie des impuretés. La purification est achevée par le passage au travers d'un long tube rempli de fragments de potasse caustique un peu humide, qui arrête les vapeurs acides, ainsi que l'hydrogène sulfuré qui pourrait subsister. Le gaz pur et suffisamment desséché est dirigé vers le tube à réactions.

175. On peut également se servir avec beaucoup d'avantages d'hydrogène électrolytique, que le commerce livre comprimé sous fortes pressions dans des cylindres très résistants. Ces cylindres, munis d'un détendeur convenable, fournissent un gaz à peu près pur, dont les petites proportions d'oxygène sont facilement enlevées par le passage au travers d'un tube court rempli de cuivre chauffé au rouge, et suivi d'un tube à potasse qui arrête l'humidité.

176. *Tube à réactions.* — Dans un tube de verre plus ou moins long (0,65 m. à 1 mètre) de 14 millimètres à 18 millimètres de diamètre intérieur, on dispose sur une longueur plus ou moins grande (0,35 m. à 0,80 m.) une traînée peu épaisse de noir de platine, ou de l'oxyde qui doit servir à préparer le métal catalyseur. Le tube est chauffé sur une grille à gaz semblable à celles employées pour les

analyses organiques, mais où les becs Bunsen sont coiffés de sortes
d'éventails à petits trous, de manière à donner une série de petites
flammes égales entre elles et très rapprochées qui répartissent bien
la chauffe.

Le tube est couché dans une rigole de tôle hémicylindrique, où
il repose sur une couche assez épaisse de magnésie calcinée ou de
sable fin. La température est indiquée très simplement par un
thermomètre en verre, gradué jusqu'à 450°, qui est couché dans
la rigole à côté du tube, et dont on peut faire varier la position
pour vérifier l'uniformité de l'échauffement.

La température indiquée par le thermomètre est toujours un peu
inférieure à celle que fournirait un thermomètre couché dans l'intérieur du tube, la différence étant d'autant plus forte que la température est plus haute [1]. Pour des températures voisines de 180°-200°,
l'écart ne surpasse guère 10° à 15°, tandis qu'il peut atteindre 35°
vers 350°. Les limites de températures dont on dispose pour effectuer les réactions sont généralement assez écartées pour que cette
connaissance approchée des températures soit suffisante.

177. Si on veut effectuer des déterminations plus précises, on
se servira d'une étuve parallélipipédique en cuivre (0,65 m. × 0,15 m.
× 0,12 m.) dont le centre est traversé de part en part dans la
longueur par un tube horizontal de cuivre, à l'intérieur duquel on
dispose, à côté d'un thermomètre, le tube renfermant déjà la traînée
de métal réduit préparé auparavant par chauffe sur une grille. Un
régulateur métallique de température, placé dans un tube de cuivre
parallèle au premier à l'intérieur de l'étuve, agit sur le gaz qui
alimente la rampe de chauffage, et permet de maintenir à une température déterminée uniforme et invariable le liquide contenu dans
l'étuve et, par conséquent, le tube à réactions. Ce liquide peut être de
l'huile de lin cuite, jusqu'au voisinage de 270°, ou pour des températures plus hautes, le mélange à poids égaux de nitrate de potassium et de sodium qui est liquide à partir de 225°.

Sabatier et Murat emploient avec beaucoup d'avantages pour les
hydrogénations délicates, telles que celles des éthers benzoïques
(325), un bloc massif de bronze, ayant 0,65 m. de longueur, avec
une section rectangulaire à angles arrondis de 0,10 m. de largeur
sur 0,07 m. de hauteur. Ce bloc est percé de part en part par deux
tubulures de 25 millimètres placées symétriquement et parallèle-

[1] Sabatier et Mailhe, *Ann. Chim. Phys.*, (8), **20**, 296 ; 1910.

ment à son axe : l'une reçoit le tube à nickel, l'autre contient un régulateur de température agissant sur le gaz qui alimente la rampe de chauffage. On réalise ainsi une température déterminée, bien uniformisée par la grande masse du métal bon conducteur. A cause de cette conductibilité, l'élévation de température se produit vite. De petites cavités parallèles aux tubulures reçoivent de part et d'autre des thermomètres.

La température peut d'abord être portée à 350° pour préparer le nickel par réduction de l'oxyde, puis abaissée au degré voulu, tel que 180°, pour la réaction d'hydrogénation.

Dans le cas où l'on emploie comme catalyseur la ponce nickelée (192), un dispositif assez avantageux consiste à en remplir les deux branches d'un tube en **U** vertical, qui sert de tube à hydrogénation et qui peut tour à tour être chauffé vers 350° dans un bain d'air pour la réduction, ou plongé dans un bain d'huile réglé vers 180° (ou dans une étuve à aniline bouillante vers 185°).

Le chauffage sur la grille est moins régulier, et exige une surveillance plus attentive; mais il offre l'avantage de laisser voir dans l'intérieur du tube.

178. Le chauffage électrique par résistance peut également être employé commodément ; le tube à réactions est entouré d'un tube de carton d'amiante sur lequel s'enroule une spirale de ferro-nickel de 1 millimètre de diamètre, elle-même recouverte par un second cylindre de carton d'amiante. A l'aide de résistances convenables, on règle l'intensité du courant indiquée par un ampèremètre : des expériences préliminaires font connaître la relation entre les indications de ce dernier et les températures d'un thermomètre placé au centre du tube.

Ce procédé de chauffage a sur celui de la grille, l'avantage de chauffer uniformément le tube sur tout son pourtour ; il est alors avantageux d'employer, au lieu d'une traînée de métal catalyseur reposant sur le fond du tube, de la ponce imprégnée de métal, remplissant toute la capacité du tube[1].

179. *Introduction de la substance.* — Le mode d'introduction de la substance qui doit subir l'hydrogénation varie nécessairement selon son état physique.

Si c'est un *gaz*, le bouchon antérieur du tube à métal laisse passer deux tubes dont l'un amène l'hydrogène, l'autre le gaz qui doit être

---

[1] BRUNEL, *Ann. Chim. Phys.*, (8), **6**, 205 ; 1905.

transformé. Celui-ci est fourni soit par un appareil continu (acéty-lène, anhydride carbonique), soit par un gazomètre en métal ou en verre où on l'a emmagasiné à l'avance (oxyde de carbone, propylène, oxyde azoteux), soit même par un appareil discontinu de marche suffisamment régulière (éthylène, oxyde azotique). Un dispositif avec laveur indicateur de pression compris entre un robinet à vis et une pince à vis, permet, comme on l'a vu plus haut pour l'hydrogène, de débiter le gaz avec une vitesse constante bien réglée. Dans le cas où le gaz est fourni par un appareil discontinu, on ménage, à l'aide d'un tube plongeant à une certaine profondeur dans du mercure, une sorte de soupape de sûreté qui permet à l'excès de gaz de s'échapper.

180. Pour la plupart des *liquides*, Sabatier et Senderens ont

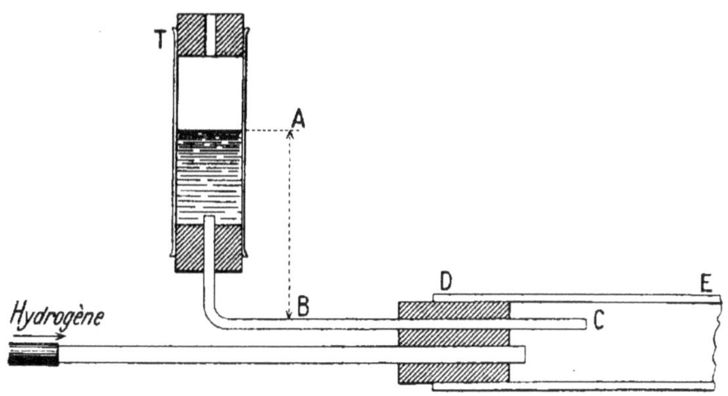

imaginé un dispositif d'une extrême simplicité. Le liquide est con-duit par un tube capillaire à l'intérieur du tube chauffé. Dans ce but, on le place dans un tube vertical **T** dont le fond est fermé par un bouchon que traverse la branche verticale d'un tube capillaire coudé, dont la branche horizontale s'engage dans le bouchon anté-rieur du tube à métal.

Pour un liquide donné, l'écoulement est d'autant plus rapide que le diamètre du tube capillaire est plus grand et que la hauteur **AB** du liquide est plus considérable. En maintenant cette hauteur cons-tante, on obtient un débit tout à fait régulier du liquide.

Il est bon de s'arranger de manière que le liquide ne *tombe* pas en gouttes dans le tube à son extrémité **C**, mais qu'il y fournisse un écoulement continu, soit parce que son extrémité **C** touche la paroi du tube, soit parce qu'elle affleure la paroi intérieure du bouchon de liège D, le long de laquelle glisse constamment le filet liquide.

181. Le choix du tube capillaire dépend de la viscosité plus ou moins grande du liquide : il doit être d'autant plus fin que ce dernier est plus mobile.

On voit qu'on dispose, pour régler la vitesse d'écoulement, de deux facteurs indépendants l'un de l'autre, le diamètre du tube, et la hauteur AB. Le tube capillaire peut d'ailleurs être alimenté par un vase de surface aussi large qu'on le veut; le tube T peut aussi, dans les expériences de longue durée, être mis en communication avec un flacon de grandes dimensions, où les variations de niveau sont très lentes.

Il convient qu'un certain intervalle sépare le bouchon D de la partie chauffée du tube : 3 centimètres à 4 centimètres suffisent dans la pratique. Il faut aussi que la traînée de métal ne commence qu'un peu plus loin, environ à 10 centimètres du bouchon. C'est dans la partie chauffée qui précède le métal que se vaporise régulièrement le liquide amené par le tube capillaire. Il est important de veiller à ce qu'il ne vienne pas baigner le métal qu'il peut généralement altérer plus ou moins par son contact.

182. On peut également opérer en faisant barboter dans le liquide le courant d'hydrogène qui s'y charge de vapeurs.

Si ce liquide est très volatil (éthanal, propanal, peroxyde d'azote, etc.), il convient de le refroidir pour que la dose des vapeurs entraînées ne soit pas trop grande.

S'il est peu volatil, il faut au contraire le chauffer plus ou moins, en choisissant une température telle que l'hydrogène demeure toujours, vis-à-vis de la vapeur, en proportion supérieure à celle qu'exige son hydrogénation totale.

183. Pour les substances *solides* dont le point de fusion ne surpasse pas 100°, on peut encore se servir du même dispositif à tube capillaire. Il suffit de placer toute la partie antérieure du tube laboratoire, y compris le tube capillaire avec le tube vertical T, dans une sorte de bain d'air cylindrique en métal, dont le fond peut être chauffé par un bec de Bunsen. Le courant d'air chaud qui circule autour des tubes et du bouchon suffit pour maintenir la matière à l'état liquide. Ce procédé peut s'appliquer au phénol, aux crésols, aux nitro-naphtalines, à la naphtaline.

On peut également se servir d'un tube capillaire en cuivre épais, brasé au fond d'un tube T vertical en cuivre, qui reçoit la substance et qu'on chauffe directement par une petite flamme de gaz.

184. Quand la matière fond au-dessus de 100°, on la dispose dans de longues nacelles de porcelaine placées dans la partie antérieure du tube, qu'il convient alors de choisir plus long : la volatilisation de la substance est réalisée par une chauffe ménagée, poursuivie de proche en proche à partir du métal déjà chauffé. La réaction est alors nécessairement intermittente et bornée à la dose que renferment les nacelles.

Pour les solides fondant au-dessous de 180°, on peut également opérer en entraînant les vapeurs du liquide qu'ils fournissent : l'hydrogène barbotera au travers du corps maintenu fondu à l'aide d'un bain d'air convenablement chauffé.

185. Quand le produit de l'hydrogénation est liquide, il suffit souvent de mélanger au solide primitif une petite proportion de ce produit, pour le maintenir à l'état liquide, ce qui permet de se servir du dispositif habituel. C'est ce qui a lieu pour le phénol, et les crésols *o* et *m*.

L'emploi de dissolvants inactifs vis-à-vis de l'hydrogénation, tels que l'eau, les carbures forméniques (hexane, heptane, etc.), donne des résultats généralement désavantageux, particulièrement dans le cas de l'eau.

186. *Dispositif pour recueillir les produits de la réaction.* — S'il y a production exclusive de *gaz*, ceux-ci sont recueillis à la sortie du tube à métal dans une cuve à eau, qu'on doit avoir soin dans certains cas de saturer de sel marin, pour diminuer la proportion des gaz dissous. Il est bon de mesurer avec un chronomètre la vitesse avec laquelle les gaz se dégagent dans une éprouvette graduée. Cette vitesse comparée aux vitesses initiales fournit souvent un élément précieux pour la connaissance exacte de la réaction.

187. Si les produits sont *liquides*, en totalité ou en partie, le tube abducteur issu du tube à métal, est mis en communication avec un appareil à condensation. Quand les matières sont peu volatiles, celui-ci peut être formé d'un simple flacon bitubulé. Quand la volatilité est importante à la température ordinaire, on emploie un tube en **U** vertical, muni à sa partie inférieure d'une tubulure qui s'engage dans un flacon où s'accumule le liquide condensé : le tube en **U** est disposé au centre d'une cloche tubulée qui reçoit de l'eau froide, de la glace, ou un mélange de glace et de sel marin. Les gaz qui sortent de la deuxième branche du tube en **U** sont recueillis sur l'eau, où on évalue leur vitesse.

188. Si parmi les produits de la réaction il y a des corps *solides* à la température ordinaire, ceux-ci sont condensés dans la partie postérieure du tube, maintenue froide, au delà du métal catalyseur. Le tube doit alors être très long, de manière à dépasser beaucoup la dimension de la grille, et il faut le maintenir incliné pour que les liquides condensés dans la partie froide du tube ne reviennent pas vers le métal.

HYDROGÉNATIONS SUR LE NICKEL

189. *Préparation du métal catalyseur.* — Le nickel catalyseur doit être préparé par réduction de son oxyde dans le tube même où aura lieu l'hydrogénation ; mais son activité est très inégale selon la nature de l'oxyde et les conditions de sa réduction. Le métal est d'autant plus actif que sa surface est plus grande, par conséquent qu'il provient d'un oxyde plus léger et qu'il a été réduit à température plus basse.

190. Le nickel réduit au rouge vif n'est plus pyrophorique, et il est à peu près inerte comme catalyseur. Au contraire celui qui provient de l'hydrate précipité du nitrate, séché et réduit vers 250°, possède une activité excessive, en même temps qu'une altérabilité maxima. On pourrait le comparer à un cheval fougueux, délicat, difficile à maîtriser et incapable de fournir un long travail.

Appliqué au phénol, il dépasse le cyclohexanol et le réduit en grande partie à l'état de cyclohexane.

191. On obtient un nickel d'excellentes qualités en dissolvant dans l'acide nitrique pur (sans acide chlorhydrique) les cubes de nickel du commerce, calcinant au rouge sombre le nitrate, et réduisant l'oxyde ainsi obtenu, au voisinage de 300°. Un tel nickel peut effectuer toutes sortes de travaux et maintient longtemps son activité.

Les nickels réduits au-dessus de 350° conviennent mal pour l'hydrogénation du noyau aromatique, que l'on atteint aisément avec le métal réduit vers 250° (Darzens)[1] ou vers 280° (Brunel)[2].

192. La ponce *nickelée* qui est employée par certains chimistes, dans le cas du chauffage électrique par résistances, se prépare facilement en incorporant de la ponce granulée dans une bouillie épaisse

[1] DARZENS, *C. R.*, **137**, 869 ; 1904.
[2] BRUNEL, *Ann. Chim. Phys.*, (8), **6**, 205 ; 1905.

d'hydrate de nickel pur, séchant à l'étuve, et réduisant ensuite dans le tube même, de 270° à 300°[1].

193. La présence de chlore, et surtout de brome ou d'iode dans le nickel, même à doses excessivement minimes, paralyse l'activité catalytique du métal. Il ne faut jamais s'adresser à un oxyde préparé par précipitation du chlorure. L'oxyde obtenu par calcination au rouge du sulfate peut au contraire donner de bons résultats.

194. *Durée de l'activité du nickel catalyseur.* — La catalyse par les métaux divisés est comparable dans une certaine mesure à celle des ferments figurés. Comme pour ces derniers, elle comporte trois phases, une période initiale où le catalyseur s'adapte à sa fonction, une période de fonctionnement normal, et une période de déclin. aboutissant à la mort du ferment.

La première période est un état variable qui est généralement de courte durée : elle correspond sans doute à la modification superficielle que subit le métal, lorsqu'à l'atmosphère d'hydrogène pur qui l'entoure, on substitue celle des vapeurs de la matière, mélangées à l'hydrogène.

La seconde période, fonctionnement normal, est habituellement très longue, et serait indéfinie s'il n'arrivait ou ne se produisait aucune trace de matières capables d'altérer la surface du métal. Ces matières peuvent provenir de l'hydrogène, de la substance soumise à l'hydrogénation, ou de la réaction elle-même.

195. Des traces de soufre, de chlore, brome, iode, dans l'hydrogène ou dans la substance, suffisent pour supprimer toute activité du nickel. Le benzène qui n'est pas absolument privé de thiophène refuse de se transformer en cyclohexane ; une proportion infime de brome rend le phénol inapte à être changé en cyclohexanol. Les insuccès dans certaines hydrogénations ont eu plusieurs fois des causes analogues[2].

196. Le plus souvent, en opérant avec de l'hydrogène bien purifié, sur des substances pures suffisamment volatiles, le même nickel peut servir pendant très longtemps, sans éprouver de fatigue appréciable. Sabatier et Senderens ont pu, dans le même tube à nickel, réaliser pendant plus d'un mois la transformation du benzène en cyclohexane, l'opération étant interrompue chaque soir, reprise le lendemain matin ; la légère oxydation qu'avait subie le métal pendant

---

[1] Brunel, *loc. cit.*
[2] P. Sabatier et Mailhe C. R., **153**, 160 ; 1911.

la nuit dans le tube refroidi, n'avait aucun inconvénient, parce que l'oxyde était de nouveau réduit par l'hydrogène au début de chaque reprise [1].

197. Pourtant, quelque soin que l'on puisse mettre à écarter tous les poisons nuisibles au *métal-ferment*, on constate après un temps plus ou moins long le vieillissement du catalyseur. Des traces imperceptibles de matières toxiques, apportées par l'hydrogène ou par la substance, s'accumulent sur le métal, et le plus souvent aussi de petites doses de produits très condensés, goudronneux ou charbonneux, se déposent sur les surfaces actives, et gênant leur contact avec les vapeurs et avec l'hydrogène, rendent de plus en plus lente la réaction qu'elles doivent accomplir. Ces formations nuisibles sont d'autant plus rapides que le métal est plus fougueux et c'est pour cela que les nickels trop actifs s'affaiblissent très vite. Le vieillissement du catalyseur est indiqué par une diminution dans la proportion de matière transformée.

Quand on dissout dans l'acide chlorhydrique dilué le nickel fatigué, on constate toujours, en même temps que la mise en liberté d'hydrocarbures fétides, le dépôt d'une certaine dose de matières brunes charbonneuses ou visqueuses.

198. On conçoit qu'un affaiblissement analogue ait lieu quand la réaction engendre une matière peu volatile à la température du tube, qui imprègne plus ou moins vite le métal, et s'oppose à son activité régulière. C'est ce qui a lieu dans l'hydrogénation de l'aniline en présence du nickel à 190°, parce qu'il se produit, en même temps que la cyclohexylamine bouillant à 134°, deux autres amines peu volatiles, la dicyclohexylamine et la cyclohexylaniline qui, ne bouillant qu'au-dessus de 250°, sont difficilement entraînées par l'excès d'hydrogène et demeurent en partie à l'état liquide au contact du métal.

199. C'est pour éviter des effets analogues qu'il faut veiller à ce que le métal ne soit jamais *mouillé* par un afflux excessif du liquide qu'on traite, ou par suite d'un abaissement accidentel de la température du tube. Dans la préparation du cyclohexanol et de ses homologues par hydrogénation du phénol ou des crésols, préparation réalisée à une température voisine des points d'ébullition de ces derniers corps, il arrive parfois que le nickel est mouillé, et aussitôt il devient à peu près inactif, parce que sa surface est sans doute altérée d'une

<hr>

[1] P. Sabatier et Senderens, *Ann. Chim. Phys.*, (8), **4**, 334 ; 1905.

manière permanente au contact du crésol ou du phénol liquide.

200. *Choix de la température de réaction.* — Une hydrogénation déterminée ne peut être réalisée que dans un intervalle bien défini de températures.

Pratiquement, une limite inférieure de la température est imposée par la nécessité de maintenir à l'état de vapeurs, dans le tube à réactions, les produits à transformer ainsi que ceux qui résultent de leur transformation.

201. Dans une certaine limite, l'élévation de la température accélère la réaction, et par suite peut accroître la proportion de substance hydrogénée pendant la traversée du tube.

Mais au delà d'une certaine limite, parfois assez rapprochée de la température où commence la réaction, il y a modification profonde du phénomène, qui peut être complètement renversé. Ainsi l'hydrogénation du benzène sur le nickel est déjà réalisable à 70°; la vitesse de la réaction s'accroît avec la température, et est maxima vers 180°-200°. Puis elle décroît à mesure qu'on s'approche de 300°, température où elle n'a plus lieu, le cyclohexane étant au contraire dédoublé en benzène et hydrogène, ou en benzène et méthane selon la réaction

$$3 \, C^6H^{12} = 2 \, C^6H^6 + 6 \, CH^4.$$

Effectuée au-dessus de 300°, l'hydrogénation se bornerait à une certaine transformation de benzène en méthane [1].

202. Lorsqu'un composé peut fixer successivement plusieurs molécules d'hydrogène, on peut parfois, par un choix convenable des températures, arriver à produire l'une après l'autre les diverses fixations [2]. Dans l'hydrogénation de l'anthracène sur le nickel, à 180° on obtient le perhydrure $C^{14}H^{24}$ en même temps que le dodécahydrure; à 200°, on prépare l'octohydrure, à 260° le tétrahydrure [3].

203. Les hydrogénations faciles sont celles où on dispose d'un très large intervalle de températures, par exemple le complément de la double liaison éthylénique, ou la réduction des dérivés nitrés. Les plus difficiles sont celles où l'intervalle utile est très étroit, par exemple l'hydrogénation du noyau aromatique, surtout dans le cas des diphénols ou du pyrogallol [4].

---

[1] P. Sabatier et Senderens, *Ann. Chim. Phys.*, (8), **4**, 334; 1905.

[2] P. Sabatier et Mailhe, *C. R.*, **137**, 240; 1903.

[3] Godchot, *Ann. Chim. Phys.*, (8), **12**, 468; 1907.

[4] P. Sabatier, *Ber.*, **44**, 1997; 1911.

204. *Mécanisme.* — Ainsi qu'on le verra plus loin (855), l'activité hydrogénante du nickel divisé est attribuable à la formation rapide d'un hydrure fourni directement par l'hydrogène gazeux sur la surface du métal. Cet hydrure est aisément dissociable, et s'il est mis au contact de substances capables d'utiliser de l'hydrogène, il le leur fournit très rapidement, régénérant le métal qui peut de nouveau produire l'hydrogène et recommencer indéfiniment les mêmes réactions.

205. L'impossibilité bien établie d'effectuer tous les travaux avec n'importe quel métal catalyseur, conduit à penser qu'il existe pour le nickel plusieurs stades de combinaison avec l'hydrogène. Le nickel issu de la réduction du chlorure, aussi bien que celui qui a été réduit à une température supérieure à 400°, ne peuvent sans doute fournir qu'un premier hydrure, comparable à celui que donne le cuivre, et capable d'agir sur les groupes nitrés ou sur la double liaison éthylénique. Seul le nickel sain, tel que celui que fournit la réduction à température basse de l'oxyde issu du nitrate, peut former un perhydrure capable d'hydrogéner le noyau aromatique (855).

RÉSULTATS OBTENUS PAR L'HYDROGÉNATION SUR LE NICKEL

206. Les résultats obtenus par hydrogénation sur le nickel réduit peuvent être classés en quatre groupes :

1° Simple réduction sans fixation d'hydrogène ;

2° Réductions effectuées avec fixation simultanée d'hydrogène ;

3° Fixations d'hydrogène par addition sur des molécules où existent des liaisons multiples entre divers atomes ;

4° Hydrogénations effectuées avec dédoublement de la molécule.

207. Le premier cas, simple réduction avec production d'*eau*, sans fixation d'hydrogène, est peu important : il ne comprend guère que l'*oxyde azoteux*, qui est ramené à l'état d'azote, dès la température ordinaire, sans aucune production d'ammoniaque, ni d'hydrazine. En accroissant dans le mélange avec l'hydrogène la proportion d'oxyde azoteux, la chaleur dégagée élève jusqu'à l'incandescence les premières portions du nickel ; il en résulte une destruction partielle de l'oxyde azoteux, où apparaissent les vapeurs rouges de peroxyde d'azote : l'hydrogénation de ces dernières étant réalisée par les portions voisines et chaudes du nickel, il en résulte un peu d'ammoniaque [1].

---

[1] P. SABATIER et SENDERENS, *C. R.*, **135**, 278 ; 1902.

RÉDUCTIONS EFFECTUÉES AVEC FIXATION SIMULTANÉE D'HYDROGÈNE

208. On peut considérer ces réductions comme de véritables *substitutions* de l'hydrogène soit à l'oxygène, soit dans un petit nombre de cas, aux halogènes, chlore, brome.

209. **Oxydes de l'azote.** — L'*oxyde azotique* NO est réduit facilement au-dessus de 180°, avec formation d'ammoniaque et d'eau, selon la réaction :

$$NO + 5H = NH^3 + H^2O.$$

Mais l'oxyde azotique réagit sur le gaz ammoniac d'autant plus fortement que la température est plus haute, et donne de l'azote et de l'eau :

$$2NH^3 + 3NO = 5N + 3H^2O.$$

En augmentant progressivement la dose d'oxyde azotique, on arrive à provoquer l'incandescence du métal, et on accroît beaucoup la production d'azote [1].

210. Si on dirige sur du nickel réduit froid de l'hydrogène ayant traversé une faible épaisseur de *peroxyde d'azote* liquide, refroidi un peu au-dessous de 0°, on constate un léger échauffement dû à la formation de *nickel nitré* [2].

Si on chauffe vers 180°, on voit apparaître des fumées blanches d'*azotate* et d'*azotite d'ammoniaque*, qui hydrogénées un peu plus loin fournissent de l'ammoniaque et de l'eau. On a finalement :

$$NO^2 + 7H = NH^3 + 2H^2O.$$

Si par réchauffement du vase qui contient le peroxyde d'azote, on accroît sa proportion dans l'hydrogène, les vapeurs blanches se produisent très abondantes, puis l'incandescence se manifeste au début de la traînée de métal, et ne tarde pas à déterminer une violente explosion [3].

211. Les vapeurs d'*acide azotique* mélangées d'hydrogène, arrivant sur du nickel à 200°, donnent lieu à beaucoup de nitrate d'ammo-

[1] P. SABATIER et SENDERENS, *C. R.*, **135**, 278 ; 1902.
[2] P. SABATIER et SENDERENS, *Ann. Chim. Phys.*, (7), **7**, 413 ; 1895.
[3] P. SABATIER et SENDERENS, *C. R.*, **135**, 278 ; 1902.

niaque. A 350°, il y a seulement production d'eau, d'ammoniaque et d'azote libre [1].

212. Dérivés nitrés gras. — Le *nitrométhane* est totalement hydrogéné entre 150° et 180°, en *méthylamine*, sans aucune réaction accessoire. Mais au-dessus de 200°, et surtout vers 300°, il y a hydrogénation partielle de la méthylamine en méthane et ammoniaque [2]

$$CH^3 . NO^2 + 4\,H^2 = CH^4 + NH^3 + 2\,H^2O$$

en même temps que production d'une certaine dose de diméthylamine et de triméthylamine formées à côté de l'ammoniaque, par une action identique à celle qui sera signalée dans l'hydrogénation des nitriles (276).

213. De même le *nitréthane* est facilement transformé sur le nickel à 200° en *éthylamine*, accompagnée d'une certaine proportion de *diéthylamine*, de *triéthylamine* et d'*ammoniaque*.

214. Dérivés nitrés aromatiques. — Au-dessus de 200°, le *nitrobenzène* est transformé rapidement en *aniline*; mais l'aniline produite subit en même temps l'hydrogénation du noyau, et fournit de la cyclohexylamine, etc. (321). Si on se sert de nickel peu actif, cette dernière hydrogénation n'a pas lieu, et on a seulement de l'aniline.

Au-dessus de 250°, une partie du nitrobenzène donne du benzène et de l'ammoniaque :

$$C^6H^5 . NO^2 + 4\,H^2 = C^6H^6 + NH^3 + 2\,H^2O.$$

Cette dernière réaction est encore plus développée au-dessus de 300° ; le benzène lui-même est atteint et changé en méthane :

$$C^6H^5 . NO^2 + 13\,H^2 = 6\,CH^4 + NH^3 + 2\,H^2O.$$

Les *nitrotoluènes* se comportent d'une manière analogue.

215. Le *nitronaphtalène* α fournit à 300° une formation de belles aiguilles blanches de *naphtylamine* α. Mais si on élève la température jusqu'à 330° et surtout 380°, il se dégage de l'ammoniaque, et on condense, à côté de la naphtylamine de moins en moins abondante, du *naphtalène* et du *tétrahydrure de naphtalène*, provenant de l'hydrogénation du naphtalène [3]. On a :

$$C^{10}H^7 . NO^2 + 4\,H^2 = C^{10}H^8 + NH^3 + 2\,H^2O.$$

[1] P. Sabatier et Senderens, *loc. cit.*
[2] P. Sabatier et Senderens, *C. R.*, **135**, 226 ; 1902.
[3] P. Sabatier et Senderens, *C. R.*, **135**, 226 ; 1902.

216. Les dérivés *dinitrés* sont transformés avec la même facilité. Les *dinitrobenzènes*, à 190°-210°, fournissent les *diamines* correspondantes. Si on opère à 250°, il y a départ d'ammoniac et production d'aniline[1]. De même les *dinitrotoluènes* donnent, à 175°-180°, les *crésylène-diamines*; mais au-dessus de 190°, il se sépare de l'ammoniac, et on obtient surtout les toluidines[2].

217. Les *nitrophénols*, soumis à l'hydrogénation sur le nickel à 160°-190°, se changent régulièrement en *amidophénols*, mais il y a en même temps production d'une certaine dose d'ammoniac, de phénol, et aussi d'un peu d'aniline[3].

218. Ethers nitreux. — On trouve indiqué dans tous les traités qu'une distinction fondamentale entre les dérivés nitrés des hydrocarbures et leurs isomères, les éthers nitreux, résulte de leur hydrogénation, les dérivés nitrés donnant des amines, tandis que celle des éthers nitreux n'a pas lieu, ou fournit de l'alcool et de l'ammoniaque, sans aucune production d'amine.

Gaudion a trouvé que les éthers nitreux sont régulièrement hydrogénés sur le nickel, en donnant des amines, exactement comme les dérivés nitrés isomères. L'auteur a opéré à 180° sur les *nitrites de méthyle* et d'*éthyle*, à 200° sur ceux de *propyle* et d'*isopropyle*, à 220° sur les *nitrites d'isobutyle et d'isoamyle*.

On obtient à la fois par suite de l'action secondaire indiquée plus loin (276), les trois amines primaire, secondaire, tertiaire, la secondaire étant toujours la plus abondante. Ainsi à partir du nitrite d'isoamyle, on a recueilli environ 31 p. 100 d'isoamylamine, 62 p. 100 de diisoamylamine, et 7 p. 100 de triisoamylamine.

La discussion des résultats obtenus a conduit Gaudion à les expliquer par une isomérisation des éthers nitreux en dérivés nitrés, réalisée au contact du métal à la température de la réaction[4].

219. Oximes. — En série grasse, la réduction des *aldoximes* ou des *acétoximes* par l'hydrogène gazeux en présence du nickel a lieu facilement à 180°-220°, et donne les amines primaires et secondaires, avec une petite quantité d'amines tertiaires. Avec l'*éthanoxime*, le produit dominant est la diéthylamine. Avec l'*œnanthaloxime* $C^6H^{13}CH = N.OH$, l'amine primaire est la plus abondante.

[1] MIGNONAC, *Bull. Soc. Chim.*, (4). **7**, 154; 1910.
[2] MIGNONAC, *Bull. Soc. Chim.*, (4), **7**, 823; 1910.
[3] MIGNONAC, *Bull. Soc. Chim.*, (4). **7**, 270; 1910.
[4] GAUDION, *Ann. Chim. Phys.*, (8) **25**, 129; 1912.

220. La *propanoxime* 2 issue de l'acétone ordinaire fournit, en même temps que l'*isopropylamine*, une dose double de *diisopropylamine*, et un peu d'amine tertiaire.

Un résultat analogue est obtenu avec la *butanoxime* 2 $\dfrac{C^2H^5}{CH^3}{>}CH$ = NOH, ainsi qu'avec la *pentanoxime* 2. On peut ainsi arriver à préparer avec de bons rendements les *amines secondaires des alcools secondaires*, généralement fort difficiles à obtenir [1].

221. La méthode peut également s'appliquer à la transformation de *acétoximes aromatiques*, malgré la difficulté de les réduire en vapeurs sans les décomposer. Il convient d'opérer avec un courant rapide d'hydrogène à une température aussi basse que possible. L'*acétophénonoxime* $C^6H^5.CNOH.CH^3$, ainsi entraînée sur le nickel à 250°-270°, fournit une petite quantité d'amine primaire $\dfrac{C^6H^5}{CH^3}{>}CH.NH^2$, une proportion plus importante d'amine secondaire, et une certaine dose d'acétone régénérée par effet de l'eau issue de la réaction.

222. Les résultats sont moins bons avec la *propiophénone-oxime*, où on recueille avec de petites quantités d'amines primaire et secondaire, une forte dose de *phénylpropène* et de *phénylpropane* : ils sont moins satisfaisants encore pour la *butyrophénonoxime*.

223. Au contraire, la méthode est assez avantageuse pour la *benzophénonoxime* $(C^6H^5)^2C{:}NOH$, dissoute dans l'alcool : on recueille jusqu'à 70 p. 100 d'amine primaire $(C^6H^5)^2CH.NH^2$, avec une certaine dose d'amine secondaire [2].

224. Les *acétoximes cycloforméniques* donnent lieu à des réactions analogues.

L'hydrogénation sur le nickel à 190°-200° de la *cyclohexanonoxime* fournit régulièrement de la cyclohexylamine, accompagnée d'un peu de dicyclohexylamine et d'aniline [3].

Les résultats sont moins satisfaisants avec les trois *méthylcyclohexanonoximes*, où le rendement en amines est faible.

225. La réaction marche mieux avec la *menthone-oxime*, qui fournit, avec un peu de menthone régénérée, l'amine primaire et l'amine secondaire [4].

[1] Mailhe. *C. R.*, **140**, 1691 et **141**, 113 ; 1905.

[2] Mailhe et Murat, *Bull. Soc. Chim.*, (4), **9**, 464 ; 1911.

[3] Amouroux. *Bull. Soc. Chim.*, (4), **9**, 214 ; 1911.

[4] Mailhe et Murat, *Bull. Soc. Chim.*, (4), **9**, 464 ; 1911.

L'hydrogénation sur le nickel de la *camphoroxime* peut également fournir l'amine correspondante avec un assez bon rendement [1].

226. Amides forméniques. — L'hydrogénation des vapeurs d'*acétamide* est facilement réalisée vers 230° par le nickel, avec production d'eau et formation d'*éthylamine*, accompagnée d'une certaine dose de *diéthylamine*, due à l'action de dédoublement effectuée par le métal sur l'amine primaire : on constate, en même temps, un dégagement de gaz ammoniac.

Le *propanamide* $CH^3.CH^2.CO.NH^2$ donne des résultats tout à fait analogues [2].

227. Acétylacétate d'éthyle. — L'acétylacétate d'éthyle, éther d'un acide-cétone β instable, donne lieu, par hydrogénation sur le nickel, à une triple réaction :

1° Une réaction d'hydrogénation par substitution

$$CH^3.CO.CH^2.CO^2.C^2H^5 \longrightarrow \underline{CH^3.CH^2.CH^2.CO^2C^2H^5.}$$
butyrate d'éthyle

2° Une scission de la molécule, en tronçons $CH^3.CO.CH^2$ et $CO^2C^2H^5$, qui sont hydrogénés chacun séparément, le premier en *propanone* puis *alcool propylique* (287), le second en formiate d'éthyle, détruit dans les circonstances où on opère en *alcool éthylique* et oxyde de carbone, qui peut être transformé en méthane (240) ;

3° Une condensation de la molécule avec formation d'*acide déhydroacétique* solide $(CH^2.CO)^4$ qui provient de l'action de la chaleur seule sur l'acétylacétate d'éthyle [3], et que la présence du nickel sans hydrogène permet d'obtenir à 250° [4] :

$$2(CH^3.CO.CH^2.CO^2.C^2H^5) = (CH^2.CO)^4 + 2(C^2H^5.OH).$$

229. Acétones aromatiques. — L'hydrogénation sur le nickel des acétones aromatiques, pratiquée avec un nickel d'activité moyenne, n'atteint pas le noyau aromatique, mais remplace l'oxygène acétonique par H^2. Ainsi l'*acétophénone*, $C^6H^5.CO.CH^3$, fournit l'*éthylbenzène* $C^6H^5.CH^2.CH^3$. La *phénylbutanone* 3 fournit le *butylbenzène* [5].

[1] ALOY et BRUSTIER, *Bull. Soc. Chim*., (4), **9**, 734 ; 1911.

[2] MAILHE, *Bull. Soc. Chim.*, (3), **35**, 614 ; 1906.

[3] GEUTHER, *Zeil. f. Chem.*, **2**, 8 ; 1866.

[4] P. SABATIER et MAILHE, *Bull. Soc. Chim.*, (4), **3**, 232 ; 1908.

[5] DARZENS, *C. R.*, **139**, 868 ; 1904.

230. De même l'*acétyl-α-naphtalène* fournit de l'*éthylnaphtalène* α ; l'*acétyl-β-naphtalène*, les *butyryl-naphtalènes* se comportent d'une manière analogue [1].

231. L'*hexahydroanthrone* $C^6H^{10} \diagdown^{CH^2}_{CO} \diagup C^6H^4$, hydrogénée à 200°, fournit l'*octohydrure d'anthracène* $C^6H^{10} \diagdown^{CH^2}_{CH^2} \diagup C^6H^4$ [2].

La *méthyl 1 cyclopentanone* 3 donne de même, sur le nickel à 250°, une transformation très avantageuse en *méthylcyclopentane* [3].

La *dihydrocamphorone* $CH^3.CH \diagdown^{CO}_{\qquad} CH{-}CH\,(CH^3)^2$, hydro-génée à 180°, fournit le *méthylisopropylcyclopentane* 1-3, qui bout à 132° [4].

232. Diones aromatiques. — Comme les acétones simples, les diones aromatiques subissent par l'hydrogénation sur le nickel une transformation en hydrocarbures [5].

Le *benzyle* ou *diphényléthanedione*, $C^6H^5.CO.CO.C^6H^5$, qui est une dione α, fournit par hydrogénation sur le nickel à 220° le *diphényléthane symétrique*, ou *dibenzyle* $C^6H^5.CH^2.CH^2.C^6H^5$, en beaux cristaux blancs, sans aucune action secondaire appréciable.

233. Le résultat obtenu est identique quand on part de la *benzoïne*, ou *diphényléthanolone*, $C^6H^5.CHOH.CO.C^6H^5$, qui donne aussi comme produit exclusif d'hydrogénation à 210°-220° le même diphényléthane.

234. La *phényl-1 butanedione* 1-3, ou *benzoyl-propanone*, $C^6H^5.CO.CH^2.CO.CH^3$, qui est une dione β, fournit par hydrogénation sur le nickel à 200°, une double réaction :

la plus importante, qui atteint au moins les $\frac{4}{5}$ de la matière, fournit le *butylbenzène* ;

la seconde, qui provient de la tendance générale que possèdent les diones β, est une scission en deux tronçons $C^6H^5.CO$ et $CH^3.CO.CH^2$, qui, s'hydrogénant séparément, donnent respectivement du

---

[1] Darzens et Rost, *C. R.*, **146**, 933 ; 1908.
[2] Godchot, *Bull. Soc. Chim.*, (4), **1**, 712 ; 1907.
[3] Zelinsky, *Ber.*; **44**, 2781 ; 1911.
[4] Godchot et Taboury, *C. R.*, **156**, 470 ; 1913.
[5] P. Sabatier et Mailhe, *C. R*, **145**, 426 ; 1907.

toluène et de la propanone qui fournit ensuite l'alcool isopropylique [1].

235. Anhydrides d'acides bibasiques. — Dans les divers cas examinés, les anhydrides d'acides bibasiques, soumis à l'hydrogénation sur le nickel à température peu élevée, ont fourni seulement les lactones d'acides alcools correspondants.

L'*anhydride succinique* $\begin{matrix} CH^2-CO \\ | \qquad\quad \\ CH^2-CO \end{matrix}\Big\rangle O$ a donné la butyrolactone [2].

$$\begin{matrix} CH^2-CH^2 \\ | \qquad\quad \\ CH^2-CO \end{matrix}\Big\rangle O.$$

236. De même l'*anhydride orthophtalique* $C^6H^4\Big\langle\begin{matrix} CO \\ CO \end{matrix}\Big\rangle O$ fournit quantitativement, sur le nickel à 200°, le *phtalide* $C^6H^4\Big\langle\begin{matrix} CH^2 \\ CO \end{matrix}\Big\rangle O.$

Même en opérant à 130° avec du nickel très actif, on n'a pu remplacer le deuxième carbonyle [3].

L'*anhydride camphorique* $C^8H^{14}\Big\langle\begin{matrix} CO \\ CO \end{matrix}\Big\rangle O$ est de la même manière changé exclusivement en *campholide* $C^8H^{14}\Big\langle\begin{matrix} CH^2 \\ CO \end{matrix}\Big\rangle O$ [4].

237. Phénols et polyphénols au-dessus de 250°. — Effectuée sur le nickel vers 250° à 300°, l'hydrogénation du *phénol* ne donne pas de cyclohexanol, mais seulement du *benzène* avec élimination d'eau :

$$C^6H^5 . OH + H^2 = H^2O + C^6H^6$$

Mais la réaction est lente, et beaucoup de phénol passe inaltéré ; si on essaie de l'accélérer par une température plus haute, le benzène est lui-même atteint avec formation de méthane. Les trois *crésols* se comportent de même et fournissent du toluène.

238. Les *diphénols* (pyrocatéchine, résorcine, hydroquinone) fournissent à 250° une réaction analogue : il y a remplacement successif des deux oxhydriles par l'hydrogène, et formation d'abord de *phénol*, puis de *benzène* [5].

[1] P. Sabatier et Mailhe. *C. R.*, **145**, 1126 ; 1907.

[2] Eykmann, *Chem. Weckblad*, **4**, 191 ; 1907.

[3] Godchot, *Bull. Soc. Chim.*, (4), **1**, 243 ; 1907.

[4] Eykmann, *Chem. Weckblad*, **4**, 191 ; 1907.

[5] P. Sabatier et Senderens, *Ann. Chim. Phys.*, (8), **4**, 429 ; 1905.

239. Alcool furfurolique. — L'alcool *furfurolique*,

$$
\begin{array}{c}
CH-CH \\
\| \quad \| \\
CH \quad C-CH_2OH \\
\diagdown \diagup \\
O
\end{array}
$$

soumis à une hydrogénation ménagée sur le nickel à 190°, peut fournir le *méthylfurfurane* [1]

$$
\begin{array}{c}
CH-CH \\
\| \quad \| \\
CH \quad C-CH_3 \\
\diagdown \diagup \\
O
\end{array}
$$

240. Oxyde de carbone. — L'hydrogénation directe de l'oxyde de carbone en présence du nickel fournit une méthode simple de synthèse du méthane.

$$CO + 3\,H_2 = H_2O + CH_4.$$

La réaction commence vers 180°-200°, et a lieu rapidement sans complications à 230°-250° : en opérant avec le mélange théorique de 3 volumes d'hydrogène et 1 volume d'oxyde de carbone, la réaction est sensiblement totale ; le volume gazeux est réduit au tiers et formé de méthane à peu près pur.

Le nickel n'est pas sensiblement altéré par la réaction pratiquée au-dessous de 250° : il peut servir à la provoquer indéfiniment. Après refroidissement, on le retrouve légèrement carburé, mais encore pyrophorique, et entièrement soluble sans résidu charbonneux dans l'acide chlorhydrique dilué.

241. Si on opère au-dessus de 250°, une complication intervient, due à l'action spéciale que le nickel divisé exerce alors sur l'oxyde de carbone, qu'il détruit en *charbon* et *anhydride carbonique* (503) :

$$2\,CO = C + CO_2.$$

L'anhydride carbonique ainsi engendré est d'ailleurs lui-même partiellement hydrogéné sur le nickel. Sa proportion est d'autant plus grande que la température est plus haute, parce que la vitesse de la réaction secondaire qui le produit croît très vite avec la température. Ainsi en opérant à 380° avec le mélange théorique qui don-

[1] PADOA et PONTI, *Lincei*, **15**, (2), 610 ; 1909.

nait à 250° une formation totale de méthane, on obtient un mélange qui contient pour 100 volumes :

Anhydride carbonique . . . . 10,5 vol.
Méthane. . . . . 67,9 —
Hydrogène . . . . 21,6 —

A cette même température, le *gaz d'eau*, volumes égaux d'hydrogène et d'oxyde de carbone, donne 52,6 p. 100 d'anhydride carbonique et 39,8 de méthane, avec 7 p. 100 d'hydrogène.

Quand on accroît encore davantage la proportion d'oxyde de carbone, l'hydrogénation est très affaiblie : beaucoup d'hydrogène demeure inutilisé, et la dose d'anhydride carbonique devient très forte[1].

242. Anhydride carbonique. — Comme l'oxyde de carbone, l'anhydride carbonique est facilement hydrogéné sur le nickel avec production de *méthane* :

$$CO^2 + 4\,H^2 = CH^4 + 2\,H^2O.$$

La réaction commence plus haut que pour l'oxyde de carbone, vers 230° : elle est rapide à partir de 300°, et ne présente jusqu'à 400° aucune complication appréciable.

Le mélange théorique comprend ici un volume d'hydrogène quadruple de celui de l'anhydride carbonique. En opérant sur des mélanges plus riches en hydrogène, le gaz carbonique disparaît à peu près totalement.

243. Pratiquée à 300° avec un excès d'hydrogène, la réaction peut constituer une méthode très avantageuse de préparation du *méthane pur*, si on dispose d'air liquide ou d'appareils réfrigérants capables de le fournir. Le refroidissement des gaz, débarrassés par un laveur à potasse des traces de gaz carbonique, et séchés, amènera le méthane à l'état liquide, l'hydrogène demeurant gazeux[2].

244. Application à la fabrication de gaz d'éclairage — La production du méthane par hydrogénation directe sur le nickel de l'oxyde de carbone et de l'anhydride carbonique, peut être utilisée pour la préparation industrielle d'un gaz riche en méthane, possédant un pouvoir calorifique élevé et capable d'être utilisé, soit pour le chauffage, soit pour l'éclairage à l'incandescence[3].

[1] P. Sabatier et Senderens, *C. R.*, **134**, 514 ; 1902.
[2] P. Sabatier et Senderens. *C. R.*, **134**, 680 ; 1902.
[3] P. Sabatier, *VI* Congrès Intern. Chim. Appl. Rome,* 1906, IV* Section, 188.

Si on dispose d'hydrogène (produit par voie électrolytique, ou par action du fer sur la vapeur d'eau au rouge), l'hydrogénation sur le nickel entre 300° et 400° de l'anhydride carbonique permet une préparation très avantageuse du méthane [1].

Mais la préparation de l'hydrogène est coûteuse, et grèverait trop lourdement la fabrication d'un gaz destiné à l'éclairage. On peut partir d'un gaz industriel de préparation économique, tel que le *gaz à l'eau*, le *gaz Riché*, le *gaz Siemens*, etc. Diverses méthodes peuvent être suivies.

245. 1er *Mode*. — Le *gaz à l'eau*, obtenu par l'action de la vapeur d'eau sur le charbon chauffé au rouge, possède une composition variable selon la température où il est produit.

Au rouge blanc, on a volumes égaux d'hydrogène et d'oxyde de carbone :

$$C + H^2O = CO + H^2.$$

A température basse (rouge très sombre), on a seulement de l'anhydride carbonique et de l'hydrogène :

$$C + 2 H^2O = CO^2 + 2H^2,$$

Si on opère à une température intermédiaire (rouge cerise), on aura une réaction moyenne :

$$2 C + 2 H^2O = CO + CO^2 + 3 H^2.$$

Si, dans ce dernier cas, on enlève l'anhydride carbonique par une méthode quelconque [absorption par une solution de carbonate de potassium, qui se change en bicarbonate qu'une ébullition peut ramener à l'état de carbonate), solidification par une réfrigération suffisante du mélange, absorption sous pression par un volume suffisant d'eau froide, etc.], il reste un mélange $CO + 3H^2$, qui, passant sur le nickel à 230°-250°, se change en méthane pur. 5 volumes du gaz à l'eau fournissent ainsi 1 volume de méthane. Une difficulté pratique provient de la nécessité de régler la température du métal entre 230° et 250° ; au-dessus de 250°, il y a charbonnement, qui inutilise une portion de l'oxyde de carbone, et enrobe la surface du nickel en diminuant rapidement son pouvoir catalyseur.

246. 2e *Mode*. — On opère en deux phases :

Le *gaz à l'eau* préparé à haute température, voisin de

---

[1] Brevet P. Sabatier, n° 356 471, 17 juin 1905.

$CO + H^2$, est dirigé sur du nickel chauffé de 400° à 500° : alors *tout l'oxyde de carbone disparait*, et se change soit en méthane par utilisation de l'hydrogène présent, soit en anhydride carbonique (503) avec dépôt simultané de charbon très divisé sur le nickel. Si dans le gaz obtenu on enlève l'anhydride carbonique, il reste un mélange gazeux très riche en méthane, qui, dans les conditions citées plus haut (241), renfermerait pour 100 volumes, 83,8 de méthane, et 15 d'hydrogène, et dont le pouvoir calorifique atteindrait 7 800 calories au mètre cube, alors que le gaz à l'eau primitif n'en développe que 2 880. C'est le *gaz de première phase*.

Si on dirige de la vapeur d'eau sur le mélange intime de charbon et de nickel, obtenu plus haut, maintenu vers 400°-500°, elle agit rapidement sur le charbon et tend à donner de l'hydrogène et de l'anhydride carbonique qui réagissent à l'état naissant pour donner une certaine proportion de méthane. On produit donc finalement un mélange d'hydrogène, de méthane et d'anhydride carbonique : si on enlève ce dernier, il reste une association d'hydrogène et de méthane utilisable comme gaz à pouvoir calorifique élevé. C'est le *gaz de deuxième phase*, moins riche en méthane que celui de la première. Cette formation a éliminé le charbon associé au nickel, et régénéré ce dernier, qui peut recommencer la première phase de réaction[1].

247. **3° Mode.** — On peut obtenir le *gaz de deuxième phase* seul, en préparant tout d'abord le mélange intime de charbon et de nickel, par l'action du nickel divisé de 400° à 500°, sur divers gaz riches en oxyde de carbone, tels que *gaz Siemens* ou *de gazogènes*. L'oxyde de carbone disparaît en donnant du charbon et de l'anhydride carbonique. Il suffit de diriger sur la masse charbonneuse obtenue, maintenue à 400°-500°, un courant de vapeur d'eau surchauffée, pour avoir un mélange de méthane, d'hydrogène et d'anhydride carbonique, qu'on utiliserait après l'élimination de ce dernier[2].

248. **4° Mode.** — Les deux phases de réaction qui viennent d'être décrites (246) peuvent être superposées dans la pratique. Il suffit de diriger à la fois sur le nickel divisé, maintenu entre 400° et 500°, un mélange en proportions convenables de *gaz à l'eau* (ou de *gaz Riché*[3]) et de vapeur d'eau surchauffée. Dans ces conditions, l'oxyde

---

[1] BREVET P. SABATIER, n° 355 900, 5 juillet 1905.

[2] BREVET P. SABATIER, n° 355 900, 1905.

[3] Le gaz Riché est un mélange d'oxyde de carbone, d'hydrogène, de méthane, et

de carbone disparaît et est remplacé par de l'hydrogène, du méthane et de l'anhydride carbonique, et si on sépare ce dernier gaz, on obtient du premier coup un mélange utilisable d'hydrogène et de méthane.

249. Ce mode opératoire paraît économique. Le poids de nickel capable d'effectuer la réaction est inférieur à 1 kilogramme pour une fabrication de 1 mètre cube à l'heure. D'ailleurs si les gaz carbonés introduits dans les appareils sont convenablement épurés, et si cette épuration est complétée par leur passage sur de la tournure de cuivre chauffée vers 600°, le nickel conserve pour ainsi dire indéfiniment son activité catalytique. En partant du gaz à l'eau, on arrive ainsi facilement à un gaz renfermant en moyenne 48 p. 100 de méthane et 52 d'hydrogène, et possédant un pouvoir calorifique supérieur à 5 800 calories au mètre cube. Ce gaz ne contient aucune dose appréciable d'oxyde de carbone, qui existe dans le gaz de houille en proportion notable (de 8 à 15 p. 100) et lui communique une toxicité redoutable.

250. En réalité les réactions qui ont lieu dans ces conditions entre le gaz à l'eau et la vapeur d'eau en présence du nickel, peuvent se ramener à l'équation :

$$\underset{\text{gaz à l'eau}}{5\,(CO + H^2)} + H^2O = 2\,CH^4 + 2\,H^2 + 3\,CO^2.$$

Théoriquement 5 volumes de gaz à l'eau parfait donneraient 2 volumes du mélange à 50 p. 100 de méthane. Dans la pratique, le gaz à l'eau ayant une certaine proportion d'acide carbonique, 3 volumes fournissent environ 1 volume du gaz moyen.

251. L'emploi de la réfrigération industrielle permet une modification très avantageuse du premier procédé (244). On fabriquera à aussi haute température que possible du gaz à l'eau, qui sera composé de $CO + H^2$, avec un peu d'anhydride carbonique et d'azote. Par refroidissement convenable, on peut y liquéfier les $\frac{3}{4}$ de l'oxyde de carbone, et obtenir ainsi un mélange $CO + 4H^2$, qui passant sur le nickel à 200-250° fournira précisément le gaz $CH^4 + H^2$, équivalent au gaz de houille. La réfrigération a pour effet de condenser toutes les matières toxiques pour le métal catalyseur que pouvait contenir le gaz à l'eau (gaz sulfureux, etc.) et par conséquent de garantir la longue durée du nickel employé pour la catalyse.

d'anhydride carbonique, obtenu à partir de matières ligneuses ou cellulosiques. (Voir le t. I de la présente Encyclopédie. p. 406).

L'oxyde de carbone liquéfié serait d'ailleurs après gazéification employé comme combustible pour les catalyseurs ou les moteurs[1].

252. Dérivés halogénés aromatiques. — La réduction directe des dérivés halogénés aromatiques par l'hydrogène en présence du nickel peut avoir lieu plus ou moins aisément : elle est aisée pour les dérivés chlorés, moins facile pour les dérivés bromés, difficile pour les dérivés iodés ; et la raison de ces différences est facile à trouver dans la décroissance considérable des affinités de l'hydrogène vis-à-vis du chlore, du brome ou de l'iode, pour la formation simultanée d'hydracide qui détermine la substitution d'hydrogène.

253. Le *monochlorobenzène* est à 270° assez rapidement changé en benzène, dont la formation est toujours accompagnée de celle d'une certaine dose de *diphényle*, issu de l'action directe du métal sur le dérivé chloré.

Les *dichlorobenzènes* donnent successivement du monochlorobenzène, puis du benzène.

Le *benzène perchloré* C^6Cl^6, ou *chlorure de Julin*, se comporte d'une manière analogue à 270°, et fournit un mélange de *trichlorobenzènes* (surtout le dérivé 1. 2. 4), de *dichlorobenzènes*, de monochlorobenzène et de benzène.

La présence de résidus forméniques ou d'oxhydriles sur le noyau aromatique facilite la réduction. Les *chlorotoluènes* sont plus vite réduits que les chlorobenzènes.

Le *trichlorophénol* 2.4.6 est facilement réduit à 270° et donne environ 70 p. 100 de *phénol* pur, accompagné de monochlorophénols (surtout l'ortho).

La réduction est encore plus aisée pour les dérivés amidés, tels que les *chloranilines*, qui à 270° fournissent du chlorhydrate d'aniline.

Les *chloronitrobenzènes* subissent simultanément la réduction du groupe nitré, et la substitution d'hydrogène au chlore : à 270°, ils fournissent du chlorhydrate d'aniline[2].

254. La substitution de l'hydrogène au chlore dans les cas qui viennent d'être examinés peut être expliquée en supposant qu'à 270°, le métal agit sur le dérivé chloré pour donner du chlorure de nickel, et un résidu que complète de suite l'hydrogène. Or à 270°, le chlo-

[1] P. SABATIER, 2ᵉ Congrès du Froid, I, 115, 1912.
[2] P. SABATIER et MAILHE, C. R., **138**. 245 ; 1904

rure de nickel est réduit facilement par l'hydrogène, à l'état de métal qui réitère indéfiniment la réaction.

255. On prévoit que la réduction sera plus difficile pour les composés *bromés*, parce que le bromure de nickel temporaire est moins aisément réduit par l'hydrogène. Pourtant la réaction se produit bien avec le *monobromobenzène* à 270°, ainsi qu'avec le *monobromotoluène* 1.4, les *bromanilines*, les *bromonitrobenzènes*, et le *tribromophénol* 2.4.6.

256. Les difficultés sont plus grandes pour les dérivés iodés. Le *monoiodobenzène* dirigé avec de l'hydrogène sur du nickel à 270°, ne donne pas un dégagement permanent d'acide iodhydrique : il y a formation d'un peu de benzène et de diphényle, mais l'action s'arrête parce que l'iodure de nickel n'étant pas réduit par l'hydrogène, le métal n'est pas régénéré et ne continue pas la réaction.

Si on envoie dans le tube de l'hydrogène pur, les fumées d'acide iodhydrique apparaissent ; donc l'iodure de nickel est réduit par l'hydrogène seul à 270° ; mais il ne l'est plus en présence d'iodobenzène, sans doute parce que l'activité iodurante de ce composé surpasse l'activité réductrice de l'hydrogène sur l'iodure. Pratiquement, le passage de l'iodobenzène au benzène pourrait à la rigueur être réalisé en faisant alterner l'action du mélange d'hydrogène et d'iodobenzène avec celle de l'hydrogène seul à 270° [1].

[1] P. SABATIER et MAILHE, *C. R.*, **138**, 245 ; 1904.

CHAPITRE VI

HYDROGÉNATION S *(Suite.)*

HYDROGÉNATIONS EN SYSTÈME GAZEUX
EMPLOI DU NICKEL *(Suite)*.

ADDITIONS D'HYDROGÈNE

257. Un grand nombre d'hydrogénations correspondent à une fixation d'hydrogène par addition sur des molécules où existent des liaisons doubles ou triples entre les atomes. On peut les classer comme il suit d'après la nature des liaisons multiples qui sont atteintes :

1° Double liaison entre deux atomes de carbone, dite double liaison éthylénique, $C = C$;

2° Triple liaison entre deux atomes de carbone, dite liaison acétylénique, $C \equiv C$;

3° Triple liaison entre un carbone et un azote, $C \equiv N$;

4° Quadruple liaison entre un carbone et un azote $C \equiv N$;

5° Double liaison entre un atome de carbone et un atome d'oxygène, $C = O$;

6° Noyau aromatique;

7° Noyaux variés.

1° DOUBLE LIAISON ÉTHYLÉNIQUE

258. La double liaison éthylénique est très facilement atteinte par l'hydrogénation directe sur le nickel; elle fixe deux atomes d'hydrogène. C'est un travail facile qui peut être accompli par un nickel réduit au-dessus de 300°, et même affaibli par l'action de quelques matières nuisibles.

259. Hydrocarbures. — L'*éthylène* est hydrogéné sur le nickel au-dessus de 30°; la réaction qui se poursuit indéfiniment avec dégagement de chaleur, fournit exclusivement de l'éthane. L'hydrogénation est plus rapide vers 130°-150°.

En présence d'un excès d'hydrogène, tout l'éthylène disparaît. Au contraire, si on opère avec un excès d'éthylène, c'est l'hydrogène qui est employé en totalité, et on recueille un mélange d'éthylène et d'éthane, d'où il est facile de séparer l'éthylène par action du brome, pour obtenir de l'éthane pur.

260. Au-dessus de 300°, le nickel exerce sur l'éthylène une destruction (537) qui conduit à un dépôt de charbon, ainsi qu'à une production de méthane et d'une certaine dose de carbures forméniques supérieurs condensables à l'état liquide[1].

261. Les autres carbures éthyléniques sont de la même manière transformés au-dessous de 160° en *carbures forméniques* correspondants sans aucune complication. Mais aux températures supérieures à 200° et surtout à 300°, il peut y avoir destruction partielle de la chaîne hydrocarbonée avec formation de carbures forméniques plus pauvres en carbone, et d'une petite proportion de carbures plus compliqués.

Avec le *propylène* $CH^3.CH:CH^2$, la réaction commence à froid, et jusqu'à 200°, quand l'hydrogène est en léger excès, il ne se produit que du *propane* $CH^3.CH^2.CH^3$. Quand le propylène est en excès, surtout au-dessus de 200°, on obtient production d'un peu de carbures supérieurs liquides d'odeur pétrolique, et plus haut, charbonnement de plus en plus abondant, avec scission du propane.

Le *triméthyléthylène* ou *méthylbutène* $1(CH^3)^2C:CH.CH^3$ est totalement transformé par un excès d'hydrogène à 150° en *méthylbutane* pur.

De même l'*hexène* 2 fournit l'*hexane* ; le *caprylène* ou *octène* 1 donne l'*octane*, sans perturbations au-dessous de 160°[2].

Par hydrogénation sur le nickel à 160° du *diméthyl 2.2 méthylène 3 pentane*, on obtient le *triméthylpentane* 2.2.3 qui bout à 110°,5, et de même à partir de l'*éthyl 2 méthyl 5 hexène*, on prépare le *diméthyl 2.5 heptane* qui bout à 135°[3].

Le *méthylpropyloctène* fournit le *méthylpropyloctane*. Le *cyclohexyl 4 heptène* est changé en *cyclohexylheptane*[4].

[1] P. Sabatier et Senderens, *C. R.*, **124**, 1359 ; 1897.

[2] P. Sabatier et Senderens, *C. R.*, **134**, 1127 ; 1902.

[3] Clarke et Jones, *Am. Chem. Soc.*, **34**, 170 et 54 ; 1912.

[4] Murat et Amouroux, *J. Pharm. Chim.*, (7), **5**, 473 ; 1912.

L'emploi d'un nickel un peu intoxiqué, et devenu incapable d'hydrogéner le benzène, permet de supprimer les doubles liaisons aliphatiques qui existent dans un carbure aromatique sans hydrogéner le noyau.

Ainsi le *styrolène* $C^6H^5.CH = CH^2$ fournit seulement l'*éthylbenzène* $C^6H^5.CH^2.CH^3$ (304).

Les trois *crésylpropènes* 2 *ortho*, *méta* et *para*, sont ainsi changés régulièrement en *cymènes*, *ortho*, *méta*, *et para* [1].

Le *phényl* 1 *propyl* 2 *pentène* fournit le *phényl* 1 *propyl* 2 *pentane* [2].

Les *diphénylpropènes* 1.1.1 et 1.2.1 donnent de la même manière les *diphénylpropanes* 1.1 et 1.2 [3].

262. L'*ocimène* de l'essence de basilic, ou *diméthyl* 2.6-*octatriène* 2.5.7, $(CH^3)^2C:CH.CH^2.CH:C.CH:CH^2$, hydrogéné sur le nickel à

$$\overset{\displaystyle |}{CH^3}$$

130°-140°, fournit le *diméthyl* 2.6 *octane* $(CH^3)^2CH.CH^2.CH^2.CH.CH^2.CH^3$, bouillant à 158° [4].

$$\overset{\displaystyle |}{CH^3}$$

263. **Alcools éthyléniques.** — La fixation d'hydrogène a lieu sans altération de la fonction alcoolique.

Le *propénol* ou *alcool allylique* $CH^2 = CH.CH^2OH$ est facilement hydrogéné sur le nickel à 130°-170°, en *alcool propylique* $CH^3.CH^2.CH^2OH$ à peu près pur, contenant seulement une faible dose d'aldéhyde propylique [5].

264. Le *géraniol*, ou *diméthyl* 2. 6-*octadiène* 2. 6-*ol* 8, $(CH^3)^2C = CH.CH^2.CH^2.C = CH.CH^2OH$, hydrogéné sur le nickel à 130°-140°,

$$\overset{\displaystyle |}{CH^3}$$

fournit le *diméthyloctanol* correspondant, en même temps qu'une certaine quantité du carbure saturé *diméthyloctane*.

L'hydrogénation du *linalol* ou *diméthyl* 2. 6- *octadiène* 2. 7- *ol* 6, $(CH^3)^3C:CH.CH^2.CH^2.COH.CH:CH^2.$, fournit les mêmes produits [6].

$$\overset{\displaystyle |}{CH^3}$$

[1] P. Sabatier et Murat, *C. R.*, **156**, 184 : 1913.

[2] Murat et Amouroux. *J. Pharm. Chim.*, (7), **5**, 473 ; 1912.

[3] P. Sabatier et Murat, *C. R.*, **155**, 386 : 1912.

[4] Enklaar, *Ber.*, **41**, 2085 ; 1908.

[5] P. Sabatier, *C. R.*, **144**. 879 : 1907.

[6] Enklaar, *Rec. Trav. Chim. Pays-Bas*, **27**. 411 ; 1908 et *Ber.*, **41**, 2085 : 1908.

Le *citronellol* $(CH^3)^2C = CH.CH^2.CH^2.CH — CH^2.CH^2.OH$ four-nit de même le *dihydrocitronellol*[1]. CH^3

265. Éthers-sels. — Les éthers-sels des *acides éthyléniques* subissent très aisément l'hydrogénation sur le nickel, quelle que soit la position de la double liaison.

Les éthers *acryliques* fournissent les éthers *propioniques*, sur le nickel à 180°.

Le *diméthylacrylate d'éthyle* donne de même l'*isovalérianate*; l'*undécylénate d'éthyle* fournit l'éther *undécylique*[2].

Il en est de même avec l'éther *œnanthylidène-acétique* $C^6H^{13}.CH = CH.CO^2.C^2H^5$.

266. La même fixation a lieu sans hydrogénation du noyau sur les éthers-sels des acides non saturés aromatiques. Le *cinnamate de méthyle* $C^6H^5.CH = CH.CO^2.CH^3$ fournit ainsi facilement le *phénylpropionate de méthyle*.

L'*éther phénylisocrotonique* $C^6H^5.CH = CH.CH^2.CO^2.C^2H^5$ se comporte d'une manière identique[2].

267. Oxydes alcooliques incomplets. — Les vapeurs d'*oxyde d'allyle*, entraînées par un excès d'hydrogène sur le nickel vers 130°-140°, se changent totalement en *oxyde de propyle*[3].

L'*isosafrol* $CH^3.CH:CH.C^6H^3$ $\langle \begin{smallmatrix} O \\ O \end{smallmatrix} \rangle CH^3$ subit sur le nickel l'hydrogénation de sa branche éthylénique, sans modification du groupement éther-oxyde, et donne le *dihydrosafrol*[4].

268. Aldéhydes. — Le *propénal* $CH^2:CH.COH$, hydrogéné sur le nickel à 160°, se change en aldéhyde *propylique*[5], qui peut ensuite par une hydrogénation moins rapide passer ultérieurement à l'état d'alcool propylique.

De même l'*aldéhyde crotonique*, sur le nickel à 125°, se change en *aldéhyde butyrique* avec un rendement voisin de 30 p. 100 : il y a

---

[1] HALLER et MARTINE, *C. R.*, **140**. 1298 : 1905.
[2] DARZENS, *C. R.*, **144**, 328 ; 1907 et *Bull. Soc. Chim.*, (4) **1**, 179, 1907.
[3] P. SABATIER, *C. R.*, **144**, 1879 ; 1907.
[4] HENRARD, *Chem. Cent.*, 1907 (2), 1512.
[5] P. SABATIER et SENDERENS, *Ann. Chim. Phys.*, (8), **4** 399 : 1905.

environ 20 p. 100 d'alcool butylique issu d'une hydrogénation consécutive de l'aldéhyde produit [1].

269. Acétones éthyléniques. — La fixation d'hydrogène sur les doubles liaisons éthyléniques est assez rapide pour pouvoir être accomplie avant la transformation du groupe acétonique CO en groupe alcoolique $CHOH$.

L'*oxyde de mésityle* $(CH^3)^2C:CH.CO.CH^3$ se transforme à 160°-170° en *méthyl 2- pentanone 4* [2], accompagnée d'un peu de l'alcool correspondant, et même de méthyl 2- pentane [3]. De même la *méthylhexènone* $(CH^3)^2C = CH.CH^2.CO.CH^3$ fournit la *méthylhexanone* correspondante, etc.

La *méthyl 3- heptène 3- one 5* est transformée à 180° en *méthyl 3- heptanone 5*, et de même la *triméthyl 2. 4. 8- nonène 4- one 6* fournit l'acétone saturée correspondante [4].

270. La *phorone* $(CH^3)^2C:CH.CO.CH:C(CH^3)^2$, hydrogénée sur le nickel à 160°-170°, se change totalement en *diisobutylcétone* ou *valérone* [5]. En opérant à 225°, cette dernière est accompagnée de l'alcool et du carbure saturé [6].

271. La branche éthylénique de la *pulégone*

$$(CH^3)^2C : C\!<\!\genfrac{}{}{0pt}{}{CO\ -\ CH^2}{CH^2\ -\ CH^2}\!>\!CH . CH^3$$

peut être également complétée, sans altération de la fonction acétonique, par une hydrogénation rapide sur le nickel à 140°-160°; on obtient ainsi la *pulégomenthone* $(CH^3)^2CH - CH\!<\!\genfrac{}{}{0pt}{}{CO\ -\ CH^2}{CH^2\ -\ CH^3}\!>\!CH\!-\!CH^3$ [7].

La *camphorone* $CH^3CH\!<\!\genfrac{}{}{0pt}{}{CO}{CH^2\ -\!-\!-\ CH^2}\!>\!C = C\,(CH^3)^2$, hydrogénée sur le nickel à 130°, fournit la *dihydro-camphorone*, qui bout à 182° [8].

[1] Douris, *Bull. Soc. Chim.*, (4), **9**, 922 ; 1911.

[2] Darzens, *C. R.*, **140**, 152 ; 1905.

[3] Skita, *Ber.*, **41**, 2938 ; 1908.

[4] Bodroux et Taboury, *C. R.*, **149**, 422 ; 1909.

[5] P. Sabatier et Mailhe, *Ann. Chim. Phys.*, (8), **16**, 79 ; 1909.

[6] Skita, *loc. cit.*

[7] Haller et Martine, *C. R.*, **140**, 1298 ; 1905.

[8] Godchot et Taboury, *C. R.*, **156**, 470 ; 1913.

272. Acides éthyléniques. — Leur hydrogénation est réalisée facilement, sur le nickel, sans aucun dommage pour le métal catalyseur.

Les vapeurs d'*acide crotonique* $CH^3.CH = CH.CO^2H$ à 190°, fournissent intégralement l'acide propionique. Les vapeurs d'*acide oléique*, entraînées par un violent courant d'hydrogène sur le nickel à 280°-300°, sont transformées rapidement en *acide stéarique* solide, et il en est de même de l'*acide élaïdique*, isomère[1].

2° Triple liaison acétylénique

273. Si on dirige sur du nickel réduit froid un mélange d'hydrogène avec une petite proportion d'acétylène, on constate un échauffement du métal, d'autant plus intense que la dose d'acétylène est plus importante. Avec **2** vol. d'hydrogène pour **1** vol. d'acétylène, l'échauffement spontané du début de la traînée métallique peut atteindre 150° ; le ralentissement des gaz est énorme, et plus grand que celui qui correspond à la formation d'éthane :

$$C^2H^2 + 2\,H^2 = C^2H^6.$$

Le volume est réduit au quart, quoiqu'il demeure un peu d'acétylène non transformé et d'*éthylène* dû à une hydrogénation incomplète, parce qu'il se produit en même temps une assez forte proportion de carbures forméniques supérieurs, dont une partie peut être condensée à l'état liquide.

Le nickel se charge un peu de charbon, facile à séparer par l'action des acides dilués.

En présence d'un excès d'hydrogène, la formation d'éthane est au contraire à peu près exclusive.

274. Inversement si on accroît dans le mélange la proportion d'acétylène, le métal s'échauffe davantage ; les liquides formés deviennent plus abondants et on peut y constater la présence de carbures hydroaromatiques et aromatiques. On peut finalement atteindre une incandescence semblable à celle que l'acétylène seul provoque sur le nickel (544)[2].

275. L'*heptine* α ou *œnanthylidène* est facilement hydrogéné sur le nickel en *heptane* normal[3].

[1] P. Sabatier et Mailhe, *Ann. Chim. Phys.*, (8), **16**, 73 : 1909.

[2] P. Sabatier et Senderens, *C. R.*, **128**, 1173 ; 1899.

[3] P. Sabatier et Senderens, *C. R.*, **135**, 87 ; 1902.

3° Triple liaison entre le carbone et l'azote

276. L'hydrogénation directe des *nitriles* $R . C \equiv N$, facile à réaliser sur le nickel, permet d'arriver aux *amines primaires* $R . CH^2 . NH^2$, qui en vertu d'actions secondaires du métal, sont accompagnées d'amines secondaires et tertiaires. Ces actions sont corrélatives de la formation d'ammoniac qui est éliminé, et il en résulte que le plus souvent c'est l'*amine secondaire* qui constitue la portion la plus importante du produit. On a :

$$\underset{\text{amine primaire}}{2 (R . CH^2 . NH^2)} = NH^3 + \underset{\text{amine secondaire}}{(R CH^2)^2 NH}$$

et

$$R . CH^2 . NH^2 + (R . CH^2)^2 NH = NH^3 + \underset{\text{amine tertiaire}}{(R CH^2)^3 N.}$$

277. Nitriles forméniques. — Le *méthane-nitrile*, ou *acide cyanhydrique*, n'est atteint par l'hydrogénation qu'au-dessus de 250°, et donne les 3 méthylamines et de l'ammoniaque.

L'*éthane-nitrile* est hydrogéné facilement à 200° et fournit un mélange contenant environ $\frac{3}{5}$ de *diéthylamine*, avec $\frac{1}{5}$ de *triéthylamine* et $\frac{1}{5}$ de *monoéthylamine*.

Avec le *propane-nitrile*, la *dipropylamine* forme près des $\frac{4}{5}$ du produit.

Le *méthyl 2- pentane-nitrile 5* (cyanure d'isoamyle) donne également une prédominance de l'amine secondaire, l'amine primaire étant la moins abondante : une petite proportion de *méthyl 2 pentane* accompagne les amines.

On voit que l'hydrogénation des nitriles forméniques sur le nickel fournit un moyen précieux et commode pour préparer spécialement les amines secondaires[1].

278. Nitriles aromatiques. — Les résultats sont beaucoup moins avantageux pour les nitriles aromatiques, où la réaction tend à fournir de préférence le carbure et de l'ammoniac.

Pourtant l'hydrogénation du *benzonitrile* à 250° fournit une certaine dose de *benzylamine* et de *dibenzylamine*, et il en est de même

---

[1] P. Sabatier et Senderens, *C. R.*, **140**, 482 ; 1905.

pour le *paratolunitrile*, qui donne un mélange des deux amines primaire et secondaire [1].

279. Dicyanures. — Le *cyanure d'éthylène*, hydrogéné sur le nickel, fournit une certaine proportion de *tétraméthylène-diamine* provenant de son hydrogénation régulière :

$$CN . CH^2 . CH^2 . CN + 4 H^2 = NH^2 . CH^2 . CH^2 . CH^2 . CH^2 . NH^2$$

Elle est accompagnée d'un peu d'ammoniac et de *pyrrolidine*

$$\begin{array}{l} CH^2{-}CH_2 \\ | \qquad\qquad \diagdown NH, \\ CH^2{-}CH^2 \diagup \end{array}$$ issus de son dédoublement [2].

4° QUADRUPLE LIAISON ENTRE LE CARBONE ET L'AZOTE

280. Carbylamines. — Les *isocyanures* forméniques ou *carbylamines* R. N $\equiv$ C, que les méthodes anciennes d'hydrogénation par voie humide étaient incapables d'hydrogéner, parce qu'elles donnaient lieu à leur dédoublement par hydratation, peuvent sur le nickel à 160°-180° fixer par addition H², et engendrer les *amines secondaires* R.NH.CH³.

Elles sont accompagnées d'une petite quantité de l'amine primaire NH² . CH² . R, et de l'amine secondaire NH(CH²R)², issues de l'hydrogénation du nitrile R . C $\equiv$ N, que produit une certaine transformation isomérique de la carbylamine.

La *méthylcarbylamine* se change avec un rendement de 80 p. 100, en *diméthylamine*. Le métal se recouvre peu à peu de matières brunes goudronneuses qui diminuent son activité.

L'*éthylcarbylamine* fournit principalement la *méthyléthylamine*, avec un peu de propylamine et de dipropylamine.

La *bisméthoéthylcarbylamine*, (CH³)³C . N $\equiv$ C, hydrogénée vers 170°-180°, fournit la *méthylbisméthoéthylamine* qui n'avait jamais été atteinte par d'autres voies.

Si la réaction est conduite vers 220°-250°, la molécule d'amine secondaire se disloque, avec séparation d'ammoniaque et d'hydrocarbure [3].

281. Carbimides forméniques. — Il convient de rattacher au cas des carbylamines, celui des *carbimides* ou *isocyanates forméniques*,

[1] FRÉBAULT, *C. R* . **140**, 1036 ; 1905.

[2] GAUDION, *Bull. Soc. Chim.*, (4), **7**, 824 : 1910.

[3] P. SABATIER et MAILHE, *C. R.*, **144**, 955 ; 1907.

$R . N : CO$ (bien que l'hydrogénation ne soit plus une simple fixation d'hydrogène, mais comporte aussi la substitution de l'hydrogène à l'atome d'oxygène), parce que le résultat est le même que pour les précédents composés.

On a surtout, sur le nickel à 180°-190° :

$$R . N : CO + 3 H^2 = H^2O + NH \begin{cases} R \\ CH^3 \end{cases}$$

Mais une perturbation résulte de l'eau que produit la réaction, et qui agit de suite sur une portion du carbimide pour donner une urée disubstituée $(R . NH)^2CO$ et de l'anhydride carbonique.

L'alcoylurée ainsi engendrée est aussitôt hydrogénée sur le nickel, en donnant :

$$(R . NH)^2 CO + 3 H^2 = H^2O + NH^2R + NH \begin{cases} R \\ CH^3 \end{cases}.$$

Il y aura par suite une certaine dose de l'amine primaire NH^2R, et, à cause des actions secondaires du métal, des amines secondaire NHR^2, et tertiaire NR^3.

Ainsi l'*isocyanate d'éthyle* fournit une dose importante de *méthyl-éthylamine*, un peu de *diéthylamine*, des traces d'*éthylamine* et de *triéthylamine*[1].

5° DOUBLE LIAISON ENTRE LE CARBONE ET L'OXYGÈNE

282. Le *carbonyle* CO qui entre dans la constitution d'une molécule peut fréquemment par hydrogénation sur le nickel être transformé en groupe CHOH, apportant la fonction alcoolique.

283. Aldéhydes forméniques. — L'hydrogénation sur le nickel au-dessous de 180° les transforme régulièrement en *alcools primaires* correspondants, sans productions accessoires de glycol bisecondaire ou d'acétals.

La transformation des vapeurs de *méthanal* a lieu activement sur le nickel vers 90° ; on condense de l'*alcool méthylique* et de l'eau due à une formation de méthane, selon la formule

$$H . CO . H + 2 H^2 = CH^4 + H^2O.$$

Mais la production sur la surface du métal d'une couche mince de *trioxyméthylène* solide supprime son activité après quelque

---

[1] P. SABATIER et MAILHE, *C. R.*, **144**, 824 : 1907.

temps. Si on élève davantage la température, cet inconvénient disparaît, mais la formation de méthane s'accroît, ainsi que la dislocation du méthanal lui-même (508).

284. L'*éthanal* est transformé facilement en éthanol vers 140°. A 200°, la destruction de l'aldéhyde est déjà manifeste.

Le *propanal* donne lieu de 100° à 145° à une hydrogénation régulière en *propanol*.

Il en est de même à 135°-160° du *méthyl 2 propanal* et du *méthyl 2 butanal* 4, qui fournissent l'alcool avec un rendement d'environ 70 p. 100, le reste étant de l'aldéhyde non transformé, avec un peu d'acétal.

285. **Aldéhydes aromatiques.** — Ils ne paraissent pas donner lieu à la transformation, mais tendent à fournir des hydrocarbures; ainsi le *benzylal*, entre 210° et 235°, donne du *benzène* et du *toluène*, accompagnés d'une certaine dose des composés cyclohexaniques correspondants. La réaction effectuée est :

$$C^6H^5 . COH + 2 H^2 = C^6H^5 . CH^2 + H^2O$$

à côté du dédoublement que le nickel fait subir au benzylal :

$$C^6H^5 . CO . H = C^6H^6 + CO$$

suivi lui-même de l'hydrogénation partielle en méthane de l'oxyde de carbone[1].

286. **Aldéhyde pyromucique.** — Le *furfurol* ou aldéhyde pyromucique $C^4H^3O . CO . H$, hydrogéné sur le nickel à 190°, fournit l'*alcool furfurolique* $C^4H^3O . CH^2OH$, accompagné d'une certaine dose de produits secondaires (voir 239 et 343)[2].

287. **Acétones forméniques.** — Les acétones forméniques étant plus stables que les aldéhydes vis-à-vis du nickel, l'hydrogénation réalisée sur ce métal les transforme régulièrement en *alcools secondaires*, et contrairement à ce qui a lieu dans la réduction classique par l'amalgame de sodium ou le sodium en présence d'eau, il ne se forme aucun produit accessoire, tel que les pinacones. La méthode fournit une préparation très avantageuse de beaucoup d'alcools secondaires avec un rendement presque total.

Le procédé s'applique très bien de 115° à 125° à la *propanone*, qui donne l'*alcool isopropylique*, et permet de le préparer très économi-

[1] P. SABATIER et SENDERENS, *C. R.*, **137**, 304 : 1903.
[2] PADOA et PONTI, *Lincei*, **15**, (2), 610 : 1906.

quement. Il est non moins avantageux pour la *butanone*, la *diéthylcétone*, la *méthylisopropylcétone*, la *méthylpropylcétone*, la *méthylbutylcétone*. Ce n'est qu'au-dessus de 200° que des dislocations moléculaires commencent à avoir lieu[1].

La *diisopropylcétone* se comporte de la même façon[2].

Pratiquée au-dessus de 200°, l'hydrogénation des acétones donne des résultats différents. La *propanone*, hydrogénée entre 200° et 300° sur un nickel actif, ne fournit pas d'alcool isopropylique, ni de pinacone, mais donne surtout de la méthylisobutylcétone (b. 114°), accompagnée de dissobutylcétone (b. 163°)[3].

La *méthylnonylcétone* hydrogénée à 300° fournit, non l'alcool correspondant, mais divers produits dont une cétone $C^{22}H^{44}O$[4].

288. Acétones cycloforméniques. — La méthode s'applique facilement aux acétones cycloforméniques.

La *cyclopentanone*, sur le nickel à 125°, s'hydrogène en donnant 50 p. 100 de *cyclopentanol*, accompagné d'un peu de *cyclopentane*, et d'environ 40 p. 100 d'une acétone complexe due à la soudure de deux cycles, $C^{10}H^{16}O$[5].

La *cyclohexanone* et les trois *méthylcyclohexanones* sont régulièrement hydrogénées sur le nickel au dessous de 180°, et transformées en alcools secondaires correspondants, avec de petites portions de cyclohexane, ou de méthylcyclohexane[6].

La *pulégomenthone* $(CH^3)^2CH.CH$ $\left\langle\begin{array}{c}CO-CH^2\\CH^2CH^2\end{array}\right\rangle CH — CH^3$ soumise à l'hydrogénation sur un nickel actif, vers 140°-160°, fournit un mélange de *menthol* et de *pulégomenthol*[7].

289. Acétones acides. — L'acide *lévulique* $CH^3 . CO . CH^2 . CH^2 . CO^2H$, hydrogéné sur le nickel vers 250°, fournit l'alcool-acide γ qui se déshydrate en donnant la *valérolactone*[8] :

$$CH^3 — CH . CH^2 . CH^2 . CO$$
$$\lfloor\text{———O———}\rfloor$$

[1] P. Sabatier et Senderens, *C. R.*, **137**, 301 ; 1903.
[2] Amouroux, *Bull. Soc. Chim.*, (4), **7**, 154 ; 1910.
[3] Lessieur, *C. R.*, **156**, 795 ; 1913.
[4] Haller et Lessieur, *C. R.*, **150**, 1013 : 1910.
[5] Godchot et Taboury, *C. R.*, **152**, 881 ; 1911.
[6] P. Sabatier et Senderens, *Ann. Chim. Phys.*, (8), **4**, 402 ; 1905.
[7] Haller et Martine, *C. R.*, **140**, 1298 ; 1905.
[8] P. Sabatier et Mailhe, *Ann. Chim. Phys.*, (8), **16**, 78 ; 1909.

290. Dicétones. — Les résultats de l'hydrogénation diffèrent selon la nature de ces composés.

Diones forméniques α. — Le *diacétyle* ou *butanedione* $CH^3.CO.CO.CH^3$ est totalement transformé par hydrogénation à 140°-150° en un mélange de *butanolone* 2.3, $CH^3.CHOH.CO.CH^3$ et de *butane diol* 2.3, $CH^3.CHOH.CHOH.CH^3$.

291. *Diones forméniques* β. — L'*acétylacétone* $CH^3.CO.CH^2.CO.CH^3$, soumise à l'hydrogénation sur le nickel vers 150°, donne deux réactions simultanées. Une portion subit une hydrogénation normale en *pentanolone* 2.4, $CH^3.CHOH.CH^2.CO.CH^3$.

L'autre portion plus importante se scinde par hydrogénation en deux tronçons :

$$CH^3.CO.CH^2.CO.CH^3 + H^2 = CH^3.CO.H + CH^3.CO.CH^3.$$

L'aldéhyde et la propanone sont ensuite changés en *éthanol* et *propanol* 2.

La *méthylacétylacétone* $CH^3.CO.\underset{\underset{\textstyle CH^3}{|}}{CH}.CO.CH^3$ n'a guère fourni que la réaction de dédoublement.

292. *Diones forméniques* γ. — L'*acétonylacétone* $CH^3.CO.CH^2.CH^2.CO.CH^3$, hydrogénée à 190° sur le nickel, donne lieu à une transformation totale, non dans le *diol* correspondant, mais dans l'anhydride $CH^3.CH.CH^2.CH^2.CH.CH^3$ qui en provient par $\underset{\rule{3.5cm}{0.4pt}\ O\ \rule{3.5cm}{0.4pt}}{}$ déshydratation [1].

293. Acétones aromatiques. — Les acétones et les diones aromatiques ne fournissent pas par hydrogénation les alcools correspondants, mais donnent surtout l'hydrocarbure (229).

294. Quinones. — On peut considérer les *quinones* comme des *diones* appartenant à un noyau cycloforménique incomplet ; leur hydrogénation directe est facilement réalisée sur le nickel à 200°, et donne, par fixation de H^2, les diphénols correspondants avec un rendement excellent.

Il en est ainsi avec la *quinone ordinaire* $C^6H^4O^2$, qui se change intégralement en *hydroquinone*, avec la *toluquinone*, avec la *paraxyloquinone*, avec la *thymoquinone*.

[1] P. Sabatier et Mailhe, *C. R.*, **144**, 1086 ; 1907.

Mais si on poursuit l'opération à température plus haute, vers 220°
à 250°, on n'obtient que très peu de diphénol; il se produit de l'eau,
du monophénol, et le carbure aromatique lui-même [1].

295. Oxydes éthyléniques. — L'hydrogénation directe des *oxydes
éthyléniques* est sans doute réalisable facilement sur le nickel dans
tous les cas.

Elle a été obtenue dans le cas particulier de l'*oxyde du cyclohexane-
diol* 1.2 :

$$CH^2 — CH^2 — CH{\diagdown \atop \diagup}O$$
$$\quad\ \ |\qquad\qquad\ \ |$$
$$CH^2 — CH^2 — CH$$

A 160°, il fixe H^2 et donne avec un rendement théorique le *cyclohexanol* [2].

6° NOYAU AROMATIQUE

296. L'hydrogénation directe du noyau aromatique a été depuis
longtemps considérée comme fort difficile à accomplir. L'action
hydrogénante de la solution concentrée d'acide iodhydrique, appliquée vers 250° au benzène, donne naissance, non pas au *cyclohexane*
C^6H^{12} qu'on pouvait espérer, mais à un isomère bouillant à 69°, le
méthylpentaméthylène, formé par une transposition moléculaire du
noyau [3]. La même action hydrogénante a pu toutefois être appliquée
avec succès au *toluène* et au *métaxylène*, qui ont fourni une certaine
dose des carbures cycloforméniques correspondants. Mais cette formation est très pénible, et d'ailleurs, la plupart des hydrures des
carbures aromatiques n'ont pu être obtenus par cette voie; on
devait les extraire du pétrole de Bakou par des séparations fort labo-
rieuses, ou les préparer par des procédés synthétiques très compliqués.

On n'avait jamais non plus atteint l'hydrogénation directe du
phénol et de ses homologues, non plus que celle de l'aniline et des
amines aromatiques qui s'y rattachent.

Au contraire l'emploi de l'amalgame de sodium ou de l'acide
iodhydrique avait permis la fixation d'hydrogène sur l'acide benzoïque ou les acides phtaliques.

[1] P. SABATIER et MAILHE, *C. R.*, **146**, 457 ; 1908.
[2] BRUNEL, *Ann. Chim. Phys.*, (8), **6**, 237 ; 1905.
[3] KISHNER, *J. prakt. Chem.*, **56**, 364.

297. En 1900, Lunge et Akunoff, en dirigeant sur du *noir de platine*, à froid, ou mieux à 100°, un mélange de vapeurs de benzine et d'hydrogène, avaient constaté l'existence d'une combinaison, et déduit de la valeur de la contraction gazeuse qu'il avait dû se former du *cyclohexane* C^6H^{12}, tandis que la même action réalisée sur la *mousse de palladium* aurait conduit seulement au cyclohexène C^6H^{10}. Mais l'activité catalytique du métal s'épuisant très vite, ils n'avaient pu isoler aucun produit d'hydrogénation[1].

298. L'emploi du nickel réduit permet de réaliser très aisément dans la plupart des cas l'hydrogénation régulière du noyau aromatique, qui a lieu d'ordinaire vers 180° sans isomérisations, et le plus souvent sans aucune production de substances accessoires, par conséquent avec un très bon rendement. C'est sans contredit le plus important des travaux que le nickel réduit permet d'accomplir.

299. Carbures aromatiques. — L'hydrogénation directe du *benzène*, qui le transforme en *cyclohexane* C^6H^{12}, a lieu sur le nickel au-dessus de 70°. Sa vitesse croît avec la température jusque vers 170° à 190°, où elle est rapide, sans aucune réaction accessoire. Plus haut, et surtout au delà de 300°, une partie du benzène est hydrogénée en méthane, et il y a dépôt d'un peu de charbon sur le nickel.

Le cyclohexane est quelquefois de la sorte obtenu pur du premier coup : généralement il contient une petite quantité de benzène qui a échappé à la transformation, et qui est d'autant plus abondant que le nickel est plus fatigué. Un traitement par un mélange de 1 volume d'acide nitrique fumant et 2 volumes d'acide sulfurique concentré permet facilement d'enlever le benzène[2].

300. Tous les carbures homologues du benzène subissent de même l'hydrogénation sur le nickel de 150° à 180°, et se transforment en carbures homologues du cyclohexane.

Au-dessous de 250°, l'hydrogénation a lieu sans aucune complication pour les dérivés méthylés du benzène, *toluène, o. xylène, m. xylène, p. xylène, mésitylène, pseudocumène*, et donne comme produit unique, avec un rendement presque total, les *méthylcyclohexanes* correspondants, accompagnés de traces du carbure aromatique primitif, faciles à éliminer comme pour le benzène par agitation

[1] Lunge et Akunoff, *Z. anorgan. Chem.*, **24**, 191 ; 1900.
[2] P. Sabatier et Senderens, *C. R.*, **132**, 210 ; 1901.

avec le mélange sulfonitrique, qui à froid attaque peu les carbures saturés.

301. Mais si on part des substitués du benzène à branche longue. éthyle, propyle, isopropyle, butyle, on observe qu'à côté du produit principal de l'hydrogénation qui est le carbure cyclohexanique correspondant, il y a toujours formation d'une dose plus ou moins importante des carbures saturés qui résultent de l'émiettement de la chaîne longue. Ainsi l'*éthylbenzène* fournit, à côté de l'*éthylcyclohexane*, un peu de *méthylcyclohexane* avec dégagement corrélatif de méthane. Le *propylbenzène* donne un peu de méthyl- et d'éthylcyclohexane. La perturbation est plus importante quand la branche longue possède un chaînon secondaire, par exemple quand elle est un *isopropyle*. Ainsi avec le paracymène, qui est le *paraméthyl isopropylbenzène*, on obtient à côté du *paraméthylisopropylcyclohexane* qui forme les $\frac{2}{3}$ du produit, environ $\frac{1}{6}$ de *paradiméthylcyclohexane*, et une quantité égale de *paraméthyléthylcyclohexane*.

Cette formation accessoire due à l'action dissociante que le nickel exerce sur les molécules est d'autant plus importante que la température du métal est plus haute : il y a intérêt à ne pas l'élever au-dessus de 180°.

302. On a pu préparer de la sorte le *méthylcyclohexane*, les trois *diméthylcyclohexanes*, l'*éthylcyclohexane*, les *triméthylcyclohexanes* 1.3.5. *et* 1.3.4, le *propylcyclohexane*, le *paraméthyléthylcyclohexane*, l'*isopropylcyclohexane*, les trois *paraméthylisopropylcyclohexanes* ou *menthanes*, le *diméthylisobutylcyclohexane* [1].

303. Au-dessus de 250° et surtout de 300°, la production de carbures cyclohexaniques diminue, puis disparaît tout à fait. parce que l'action inverse de déshydrogénation s'introduit et devient de plus en plus rapide (525).

304. Le *phényléthylène*, ou *styrolène*, ou *cinnamène*. $C^6H^5 . CH = CH^2$, est hydrogéné à 160° sur un nickel actif en *éthylcyclohexane*. Avec un nickel peu actif agissant vers 200°, on n'obtiendrait guère que l'éthylbenzène [2].

305. Le *phénylacétylène* $C^6H^5 . C = CH$, hydrogéné sur le nickel à 180°, fournit à peu près exclusivement l'*éthylcyclohexane* [3].

[1] P. Sabatier et Senderens, *C. R.*, **132**, 561 et 1254 : 1901. — P. Sabatier et Murat. *C. R.*, **156**, 184 ; 1913.

[2] P. Sabatier et Senderens, *C. R.*, **132**, 1254 : 1901.

[3] P. Sabatier et Senderens, *C. R.*, **135**, 88 : 1902.

306. Carbures polyphényliques. — Le *diphénylméthane* CH^2 $(C^6H^5)^2$ se transforme régulièrement en *dicyclohexylméthane* CH^2 $(C^6H^{11})^2$ [1].

Le *triphénylméthane* $CH(C^6H^5)^3$ fournit, selon que la réaction est conduite à température plus ou moins haute, le *dicyclohexylphényl-méthane*, ou le *tricyclohexylméthane* [2].

307. Le *diphényle* $C^6H^5 . C^6H^5$ a fourni à Eykman [3] seulement le *phénylcyclohexane* $C^6H^5 . C^6H^{11}$, qui bout à 240°. Mais Sabatier et Murat sont parvenus à le transformer en *dicyclohexyle* $C^6H^{11} . C^6H^{11}$, fondant à 4° et bouillant à 233°, à peu près inattaqué par le mélange sulfonitrique [4].

De même, le *diphényléthane symétrique* ou *dibenzyle*, $C^6H^5 . CH^2 . CH^2 . C^6H^5$, a été transformé intégralement en *dicyclohexyléthane* 1.2 $C^6H^{11} . CH^2 . CH^2 . C^6H^{11}$ bouillant à 271° [5].

Le *diphényléthane* $\alpha\alpha$ $(C^6H^5)^2 CH . CH^3$ est de même changé en *dicyclohexyléthane* $\alpha\alpha$ bouillant à 257° [5].

Les *diphénylpropanes* 1.1, 2.2, et 1.2 sont de la même façon, à 180°, totalement transformés en *dicyclohexylpropanes* correspondants [6].

Le *diphénylbutane* symétrique $C^6H^5 . CH^2 CH^2 CH^2 CH^2 C^6H^5$ (382) est également changé en *dicyclohexylbutane* 1.4 [7].

308. L'*hydrindène* qui peut être regardé comme un dérivé du benzène à chaîne latérale saturée, $C^6H^4 \diagup {}^{CH^2}_{CH^2} \diagdown CH^2$, fixe 6 atomes d'hydrogène et fournit le *dicyclononane* C^9H^{16} bouillant à 163° [8].

309. Le *fluorène* ${}^{C^6H^4}_{C^6H^4} \diagdown\!\!\!\diagup CH^2$, sur le nickel à 150°, fournit exclusivement le décahydrure qui bout à 258° [9].

Acétones aromatiques. — L'hydrogénation pratiquée avec un nickel actif à température peu élevée, a lieu simultanément dans le

---

[1] Eykman, *Chem. Weckblad*, I, 7 : 1903.

[2] Godchot, *C. R.*, **147**. 1057 ; 1908.

[3] Eykman, *Chem. Weckblad*, I, 7 ; 1903.

[4] P. Sabatier et Murat, *C. R.* **154**. 1390 ; 1912.

[5] P. Sabatier et Murat, *C. R.* **154**. 1771 ; 1912.

[6] P. Sabatier et Murat, *C. R.*, **155**, 385 ; 1912.

[7] P. Sabatier et Murat. *C. R.*, **156**, 1430 ; 1913.

[8] Eykman, *loc. cit.*

[9] Schmidt et Metzger, *Ber.*, **40**. 4566 ; 1907.

groupe CO qui se change en CH², et dans les noyaux aromatiques (229).

Ainsi l'*acétophénone* fournit l'*éthylcyclohexane*.

La *dibenzylcétone* C⁶H⁵.CH².CO.CH².C⁶H⁵ peut donner de suite sur un nickel actif, à 175°, le *dicyclohexylpropane* symétrique C⁶H¹¹. CH². CH². CH². C⁶H¹¹ [1].

310. Phénols. — L'hydrogénation directe du noyau aromatique peut être facilement réalisée sur le nickel dans le phénol et ses homologues.

Le *phénol* hydrogéné à 180° fournit de suite du *cyclohexanol* C⁶H¹¹. OH, contenant un peu de phénol non transformé (5 à 10 p. 100) et de petites quantités de *cyclohexanone*, et de *cyclohexène* C⁶H¹¹. Ce mélange, qui passe à la distillation de 155° à 165°, peut être purifié par un nouveau passage sur le nickel entre 150° et 170 ; le phénol et la cyclohexanone sont totalement changés en cyclohexanol [2].

311. L'*orthocrésol* est régulièrement transformé sur le nickel, à 200°-220°, en *orthométhylcyclohexanol*, avec un rendement supérieur à 90 p. 100. Il y a très peu d'acétone, qu'on peut enlever par un peu de bisulfite de sodium.

Le *métacrésol*, hydrogéné sur le nickel à 200°-220°, fournit un mélange d'alcool et d'acétone, qui, par une nouvelle hydrogénation à 180°, fournit le *métaméthylcyclohexanol* sensiblement pur.

Le *paracrésol* est facilement transformé entre 200° et 230° en *paraméthylcyclohexanol*, contenant seulement des traces d'acétone, faciles à éliminer par le bisulfite [3].

312. Les *xylénols*, ou *diméthylphénols*, soumis à l'hydrogénation directe sur le nickel, fournissent des résultats plus ou moins avantageux. Le *diméthyl 1.3 phénol 4*, hydrogéné entre 190° et 200°, se change à peu près complètement en *diméthylcyclohexanol* correspondant, contenant un peu d'acétone et de métaxylène.

Il en est de même du *diméthyl 1.4. phénol 2*, qui fournit aussi le cyclohexanol correspondant, avec environ $\frac{1}{10}$ d'acétone.

Avec le *diméthyl. 1.2 phénol 4*, hydrogéné dans les mêmes con-

[1] P. SABATIER et MURAT, *C. R.*. **155**, 385 ; 1912.

[2] P. SABATIER et SENDERENS, *C. R.*, **137**, 1025 ; 1903.

[3] P. SABATIER et MAILHE. *C. R.*, **140**. 356 ; 1905.

ditions, les $\frac{2}{3}$ du produit sont ramenés à l'état d'*orthoxylène* ; le tiers seulement se change en un mélange de *diméthyl* 1.2 *cyclohexanol* 4 et d'acétone (3 parties d'alcool pour 1 d'acétone) [1].

313. De même, en opérant avec un nickel actif agissant au-dessous de 160°, on peut réaliser la transformation régulière en alcools cycloforméniques correspondants du *parabutylphénol*, du *méthylbutylphénol*, d'un *diméthylbutylphénol* [2], d'un *diéthylphénol* [3].

314. Le *thymol*, hydrogéné sur le nickel à 180°-185°, se transforme avantageusement en *hexahydrothymol*. Il en est de même de son isomère le *carvacrol*, que l'hydrogénation pratiquée à 195°-200° change en *hexahydrocarvacrol* [4] (237).

315. **Polyphénols.** — La fixation de H[6] sur le noyau des polyphénols au contact du nickel est difficile à réaliser, sans doute parce que la réaction utile ne peut avoir lieu que dans un intervalle très étroit de températures. Poursuivie au-dessus de 200°, cette hydrogénation avait conduit au phénol et au benzène, accompagnés de cyclohexanol et de cyclohexane sans aucune production appréciable des diols ou triols *cycloforméniques* [5].

316. Au contraire en abaissant au voisinage de 130° la température du métal, la fixation normale d'hydrogène a pu être réalisée dans quelques cas.

L'*hydroquinone*, hydrogénée au voisinage de 130°, fournit exclusivement le *cyclohexadiol* 1.4 ou *quinite*, sous forme de stéréoisomère *cis*. En opérant vers 160°, elle fournit un mélange de *quinites cis* et *trans*, avec du phénol et du cyclohexanol.

La *pyrocatéchine*, sur le nickel à 130°, fournit exclusivement un *cyclohexadiol* 1.2, fondant à 75°.

La *résorcine* est difficile à hydrogéner aux températures basses, par suite de sa faible volatilité : on a isolé une petite dose d'un *cyclohexadiol* 1.3 fondant à 65° [6].

317. Le *pyrogallol* fournit à 120°-130° un *cyclohexatriol* 1.2.3. fondant à 67° [6].

[1] P. Sabatier et Mailhe, *C. R.*, **142**, 553 : 1906.

[2] Darzens et Rost, *C. R.*, **152**, 607 ; 1911.

[3] Henderson et Boyd, *Chem. Soc.*, **99**, 2159 : 1911.

[4] Brunel, *C. R.*, **137**, 1268 ; 1903.

[5] P. Sabatier et Senderens, *Ann. Ch. Phys.*, (8), **4**, 429 : 1905.

[6] P. Sabatier et Mailhe, *C. R.*, **146**, 1193 : 1908.

318. Le *thymoquinol* $C^6H^2\diagdown^{CH^3}_{(OH)^2}\diagup C^3H^7$ fournit par hydrogénation sur le nickel le *menthane-diol* 2.5, qui fond à 112° [1].

319. **Oxydes phénoliques.** — Le nickel permet, au-dessous de 150°, de réaliser l'hydrogénation directe des oxydes phénoliques, sans qu'il y ait dédoublement de leur molécule.

Ainsi l'*anisol* $C^6H^5 . O . CH^3$ fournit le *méthane-oxy-cyclohexane* $C^6H^{11}.O.CH^3$. Les trois oxydes *méthyliques* des *crésols* sont transformés en oxydes *méthyl-oxy-cyclohexaniques* correspondants. Le *phénéthol* donne l'*éthane-oxy-cyclohexane* [2].

320. **Alcools aromatiques.** — L'hydrogénation sur le nickel n'a jusqu'à présent pu être appliquée sans faire disparaître la fonction alcoolique. Ainsi l'*alcool benzylique* se transforme en *toluène* et *méthylcyclohexane*.

Le *méthophényldiméthylcarbinol* (1.4),

$$CH^3 . C^6H^4 . COH(CH^3)^2$$

sur le nickel à 130°, se change en *hexahydrocymène*, identique au menthane [3].

321. **Amines aromatiques.** — L'*aniline* hydrogénée sur le nickel vers 190° donne lieu à un dégagement d'ammoniac, et fournit, à côté d'un peu de benzène et de cyclohexane, un mélange de *cyclohexylamine*, $C^6H^{11} . NH^2$, bouillant à 134°, de *dicyclohexylamine*, $(C^6H^{11})^2 NH$, qui bout à 250°, et de *cyclohexylaniline* $C^6H^5 . NH . C^6H^{11}$, qui bout vers 275° en se détruisant un peu. Il s'y trouve aussi un peu de *diphénylamine*. La dicyclohexylamine provient d'un dédoublement provoqué par le nickel sur la cyclohexylamine avec séparation d'ammoniac, semblable à celui qui a été constaté dans l'hydrogénation des nitriles (276). La cyclohexylaniline est issue d'une déshydrogénation partielle de la dicyclohexylamine [4].

322. Les *toluidines* $C^6H^4\diagup^{CH^3}_{NH^2}$ donnent lieu à une hydrogénation

[1] Henderson et Sutherland, *J. Chem. Soc.*, **97**, 1616 ; 1910.

[2] Brunel, *Ann. Chim. Phys.*, (8), **6**, 205 ; 1905. — P. Sabatier et Senderens, *Bull. Soc. Chim.*, (3), **33**, 616 ; 1905.

[3] Smirnov, *J. Soc. Phys. Chim. Russe*, **41**. 1374 ; 1909.

[4] P. Sabatier et Senderens, *C. R.*, **138**, 457 ; 1904.

plus pénible, mais dont les produits sont analogues à ceux indiqués pour l'aniline. Ainsi la *métatoluidine* au-dessus de 200° fournit une certaine proportion d'*hexahydrométatoluidine*.

323. Au contraire, pour les amines issues de l'aniline par substitution forménique dans le résidu NH^2, l'hydrogénation du noyau aromatique est facilement réalisée sur le nickel entre 160° et 180°. On observe toutefois une réaction secondaire qui tend à la production d'une certaine dose d'amine forménique, avec mise en liberté de cyclohexane. Il en est ainsi dans le cas de la *méthylaniline*, où le rendement en *méthylcyclohexylamine* est médiocre.

Il est satisfaisant pour l'*éthylaniline*, la *diméthylaniline*, la *diéthylaniline*[1].

324. La *benzylamine*, telle qu'elle est fournie habituellement par les divers procédés de préparation, ne peut être hydrogénée sur le nickel sans dislocation de la molécule, qui donne de l'ammoniaque et du toluène, même au-dessous de 100°. La cause doit être sans doute la présence de petites doses de matières étrangères, nuisibles à l'activité du catalyseur ; car l'hydrogénation régulière a pu être réalisée avec la benzylamine obtenue par catalyse sur l'oxyde de thorium d'un mélange de gaz ammoniac et d'alcool benzylique, et elle donne régulièrement l'*hexahydrobenzylamine*, accompagnée de *dihexahydrobenzylamine*[2].

325. **Acides aromatiques**. — La méthode normale d'hydrogénation directe sur le nickel n'a pas, jusqu'à présent du moins, permis l'hydrogénation du noyau dans les acides aromatiques, tels que l'*acide benzoïque*.

Quand on essaie de réaliser l'hydrogénation de ce dernier acide avec un nickel très actif, au-dessous de 200°, on observe au début production d'un peu de cyclohexane et de faibles doses d'acide hexahydrobenzoïque ; mais après un temps très court l'acide benzoïque passe non transformé[3].

Sabatier et Senderens avaient également échoué dans l'hydrogénation des *éthers benzoïques*[4]. Sabatier et Murat sont parvenus à réaliser régulièrement cette hydrogénation et ont préparé ainsi les *hexahydrobenzoates de méthyle*, *d'éthyle*, *d'isobutyle*, *d'isoamyle*, ce

---

[1] P. Sabatier et Senderens, *C. R.*, **138**, 1257 ; 1904.

[2] P. Sabatier et Mailhe, *C. R.*, **153**. 160 ; 1911.

[3] P. Sabatier et Murat, *C. R.*, **154**. 923 ; 1912.

[4] P. Sabatier et Senderens, *Ann. Chim. Phys*, (8), **4**, 360 ; 1905.

dernier avec un rendement d'au moins 80 p. 100. La saponification de ces éthers fournit aisément l'*acide hexahydrobenzoïque*[1].

Ils ont de la même manière réalisé, entre 170° et 185°, l'hydrogénation complète des éthers de l'*acide phénylacétique*, qui fournissent ceux de l'*acide cyclohexylacétique*[2], celle des éthers de l'*acide hydrocinnamique*, qui produit ceux de l'*acide β-cyclohexylpropionique*[3] : enfin celle des éthers issus des trois *acides toluiques ortho, méta* et *para*, qui conduisent aux éthers-sels des *acides hexahydrotoluiques* correspondants[4].

7° Noyaux variés

326. Noyau triméthylénique. — Le *cyclopropane* ou *triméthylène* CH^2 $\diagdown$ CH^2 $\diagup$ CH^2 soumis à l'hydrogénation sur le nickel, au-dessus de 80°, et très rapidement à 180°, fixe une molécule d'hydrogène et se change en propane[5].

Le *diméthylméthylène-cyclopropane* $\begin{array}{c} CH^2 \\ | \\ CH^2 \end{array}\!\!>\!C = C\,(CH^3)^2$, hydrogéné à 60°, donne le *méthyl 2 pentane*[6].

327. Noyau tétraméthylénique. — Le *cyclobutane* fournit le butane. Le *cyclobutène* à 180° donne d'abord le cyclobutane, puis le butane[7].

328. Noyau pentaméthylénique. — Le *cyclopentadiène* fournit régulièrement le *cyclopentane*[8].

329. Noyau hexaméthylénique. — Le *cyclohexène* C^6H^{10} est très facilement ramené à l'état de *cyclohexane*, sur le nickel au-dessous de 180°. Il en est de même des *cyclohexadiènes*.

Tous les carbures *cyclohexéniques* sont ainsi ramenés facilement par hydrogénation sur le nickel à l'état de carbures *cyclohexaniques*. Ainsi les carbures éthyléniques issus des trois *diméthyl-cyclohexa-*

[1] P. Sabatier et Murat, *C. R.*, **154**, 924 ; 1912.

[2] P. Sabatier et Murat, *C. R.*, **156**, 424 ; 1913.

[3] P. Sabatier et Murat, *C. R.*, **156**, 751 ; 1913.

[4] P. Sabatier et Murat, *Résultats encore inédits.*

[5] Willstœtter et Tokukei Kametaka, *Ber.*, **41**, 1480 ; 1908.

[6] Zelinsky, *Ber.*, **40**, 4743 ; 1907.

[7] Willstœtter et Bruce, *Ber.*, **40**, 4456 ; 1907.

[8] Eykman, *Chem. Weekblad.*, **1**, 7 ; 1903.

nols fournissent aisément les trois diméthyl-cyclohexanes [1]. Le *méthyléthyl* 1.2 *cyclohexène* engendre régulièrement le dérivé saturé correspondant [2].

330. Le *menthène* $CH^3 . C^6H^4 . C^3H^7$ subit régulièrement à 175° l'hydrogénation, en donnant le *paraméthylisopropylcyclohexane* ou *menthane*, identique à celui que fournit le cymène, et accompagné d'une certaine dose des mêmes produits secondaires [3] (301).

Le *phénylcyclohexène* 1. 1. est très aisément changé en *phénylcyclohexane* sur un nickel peu actif. Il en est de même du *cyclohexylcyclohexène* 1.1, qui fournit le *dicyclohexyle* [4].

331. L'*acétylcyclohexène* $CH^3 . CO . C^6H^9$ est par le nickel à 160° hydrogéné sur le noyau sans altération de la fonction cétonique et donne l'*hexahydroacétophénone* $CH^3 . CO . C^6H^{11}$ [5].

L'éther éthylique de l'acide *tétrahydrobenzoïque* $C^6H^9.CO^2H$ est transformé de même en éther de l'acide hexahydrobenzoïque. L'éther de l'*acide cyclohexèneacétique* $C^6H^9.CH^2.CO^2H$ donne celui de l'acide *hexahydrophénylacétique* [6].

La *carvone* fixe de l'hydrogène sur ses doubles liaisons, en même temps que la fonction cétonique fournit un groupe alcoolique : il y a formation d'un mélange d'*hydrocarvols* [7].

332. **Terpènes.** — Les terpènes *tétravalents* soumis à l'hydrogénation sur le nickel vers 180°, fixent H^4 ; les terpènes *divalents* (pinène, camphène) ne fixent généralement que H^2.

Le *limonène* fournit du *menthane* identique à celui que donnent le menthène ou le cymène, avec les mêmes produits secondaires. Il en est de même du *sylvestrène* et du *terpinène*.

333. Le *pinène* est facilement transformé à 170°-180° en dihydropinène $C^{10}H^{18}$, bouillant à 166°, identique à celui qui avait été isolé par l'action de l'acide iodhydrique (Berthelot).

Le *camphène* de provenance inconnue (fondant à 41°), qui a été étudié par Sabatier et Senderens, a fixé difficilement à 165°-175° deux atomes d'hydrogène et fourni un *camphane* $C^{10}H^{18}$, bouillant à

[1] P. Sabatier et Mailhe, *Ann. Chim. Phys.*, (8), **10**, 552. 555 et 559 ; 1907.

[2] Murat, *Bull. Soc. Chim.*, (4), **1**, 774 ; 1907.

[3] P. Sabatier et Senderens, *C. R.*. **132**, 1256 ; 1901.

[4] P. Sabatier et Murat, *C. R.*. **154**. 1912.

[5] Darzens et Rost, *C. R.*, **151**. 738 ; 1910.

[6] Darzens, *C. R.*, **144**. 328 ; 1907.

[7] Haller et Martine. *C. R*. **140**, 1302 ; 1905.

164°, qui paraît identique à celui que Berthelot avait isolé antérieurement [1].

Le camphène du chlorhydrate de pinène fournit un mélange de *camphane* solide fondant à 65°-67°, et de *camphane* liquide, bouillant à 160° [2].

334. Le *terpinéol* hydrogéné sur le nickel, même à température très basse vers 125°, se change en *hexahydrocymène* [3].

Le *thuyène* α, $CH^3C \overset{CH - CH^2}{\underset{CH \quad CH^2}{\diagdown}} C - CH(CH^3)^2$, se change en

hexahydrocymène [4].

335. **Noyau heptaméthylénique.** — Le *cycloheptadiène* C^7H^{10}, hydrogéné sur le nickel à 180°, fournit seulement le *cycloheptane* stable, même par une hydrogénation prolongée à 200°. A 235°, il semble se produire une isomérisation en *méthylcyclohexane* [5].

336. **Noyau octométhylénique.** — Le *cyclooctadiène* C^8H^{12} soumis à une hydrogénation très lente sur le nickel à 180° fournit le *cyclooctane* C^8H^{16} [6], que l'hydrogénation sur le nickel vers 200°-250° paraît simplement isomériser en *diméthylcyclohexane* [7].

337. **Noyau naphtalénique.** — Le *naphtalène*, sur le nickel à 200°, se transforme en *tétrahydronaphtalène*, bouillant à 205° [8]. En opérant à 175°, l'hydrogénation atteint le *décahydronaphtalène* ou *naphtane* bouillant à 187° [9].

Le *naphtol* α est, à l'aide de deux hydrogénations successives pratiquées à 170° et à 135°, transformé en *décahydronaphtol* fondant à 62°.

Le *naphtol* β est également transformé en *décahydronaphtol* β par deux hydrogénations pratiquées successivement à 170° et à 150° : le produit obtenu fond à 75° [10].

[1] P. Sabatier et Senderens, *C. R.*, **132**, 1256 ; 1901.
[2] Lipp, *Lieb. Ann.*, **382**, 265 ; 1911.
[3] Haller et Martine, *C. R.*, **140**, 1303 ; 1905.
[4] Zelinsky, *J. Soc. Phys. Chim. Russe*, **36**, 768 ; 1904.
[5] Willstœtter et Tokukei Kamekata, *Ber.*, **41**, 1480 ; 1908.
[6] Willstœtter et Veraguth, *Ber.*, **40**, 957 ; 1907.
[7] Willstœtter et Waser, *Ber.*, **44**, 3444 ; 1911.
[8] P. Sabatier et Senderens, *C. R.*, **132**, 1257 ; 1901.
[9] Leroux, *C. R.*, **139**, 672 ; 1904.
[10] Leroux, *C. R.*, **141**, 953 ; 1905. — *Ann. Chim. Phys.*, (8) **21**, 483 ; 1911.

338. L'*acénaphtène*, qui se rattache au naphtalène suivant la formule de constitution $C^{10}H^8$ $\begin{array}{c}\diagup CH^2 \\ | \\ \diagdown CH^2\end{array}$, se transforme sur le nickel à 210°, comme à 250°, en *tétrahydrure* $C^{12}H^{14}$ qui bout à 254°[1].

339. **Noyau anthracénique.** — L'*anthracène* donne lieu à une hydrogénation progressive d'autant plus avancée que la réaction est conduite à température moins élevée. A 260°, on obtient le *tétrahydrure* $C^{14}H^{14}$ solide fondant à 89°. A 200°, on forme surtout l'*octohydrure* $C^{14}H^{18}$ solide fondant à 71°. En opérant avec un nickel très actif et récemment préparé, on peut transformer l'octohydrure en *perhydrure* $C^{14}H^{24}$ (qui fond à 88°)[2].

340. **Noyau phénanthrénique.** — Le *phénanthrène* $C^{14}H^{10}$, hydrogéné à 160° sur un nickel très actif, a fourni un mélange d'*hexahydrure* (bouillant à 305°) et d'*octohydrure* $C^{14}H^{18}$ (bouillant à 280°)[3]. Ces résultats diffèrent de ceux indiqués par Schmidt et Metzger, qui à 150° ont obtenu seulement du dihydrure[4], et de ceux indiqués d'autre part par Padoa et Fabris, qui à 200° ont obtenu un mélange de *dihydrure* solide et de tétrahydrure liquide, et à 175° ont pu atteindre le *dodécahydrure*[5].

341. **Noyaux complexes.** — Le *pyrrol*, hydrogéné sur le nickel à 180°-190°, fournit 25 p. 100 de *pyrrolidine* C^4H^9N, avec une petite quantité d'une matière qui paraît être une *hexahydroindoline*[6].

342. La *pyridine* n'est que très lentement atteinte par l'hydrogénation sur le nickel entre 120° et 220°, mais elle ne donne pas de *pipéridine*. Il y a ouverture de la chaîne, et production d'une certaine dose d'*amylamine*[7].

343. Le *méthyl α furfurane*, sur le nickel à 190°, fixe H[4] et fournit le *tétrahydro-méthyl α furfurane* $\begin{array}{c}CH^2-CH^2\diagdown \\ | \qquad\qquad O \\ CH^2-CH\diagup \\ | \\ CH^3\end{array}$. En insistant sur l'hy-

---

[1] P. Sabatier et Senderens, *C. R.*, **132**, 1257 ; 1901. — Godchot, *Bull. Soc. Chim.*, (4), **3**, 529 ; 1908.

[2] Godchot, *Ann. Chim. Phys.*, (8), **12**, 468 ; 1907.

[3] Breteau, *C. R.*, **140**, 942 ; 1905.

[4] Schmidt et Metzger, *Ber.*, **40**, 4240 ; 1907.

[5] Padoa et Fabris, *Gazz. Chim. Ital*, 1909 ; 333.

[6] Padoa. *Gaz. Chim. Ital.*, **36**, (2), 317 ; 1906.

[7] P. Sabatier et Mailhe, *C. R.*, **44**, 784 ; 1907.

drogénation, il y a ouverture de la chaîne et production de *méthyl-propylcétone*, puis du *pentanol 2*[1].

344. La *quinoléine*, hydrogénée de 160° à 180° sur un nickel très actif, fixe H^4 du côté pyridique, et fournit la *tétrahydroquinoléine* avec un rendement excellent.

De même la *méthyl 6 quinoléine* donne aisément la *tétrahydroquinoléine* correspondante[2].

En pratiquant l'hydrogénation à température plus basse, à 150°, on atteint la *décahydroquinoléine* (qui fond à 48°). De même façon, la *quinaldine* fournit la *décahydroquinaldine* qui bout à 216°[3].

345. En opérant à température plus haute, la fixation normale ne s'effectue pas, et on obtient, par ouverture de la chaîne, l'*éthylortho-toluidine* :

qui ne subsiste pas, et se referme en donnant l'α *méthylindol*, par une déshydrogénation[4] :

346. Le *carbazol* ou *diphénylimide*, soumis à l'hydrogénation sur le nickel à 220° sous 10 atmosphères, fournit le *diméthylindol α β*[5] :

[1] Padoa et Ponti, *Lincei*, **15**, (2), 610 ; 1906.
[2] Darzens, *C. R.*, **149**, 1001 ; 1909.
[3] P. Sabatier et Murat, *Resultats encore inédits*.
[4] Padoa et Carughi, *Lincei*, **15**, 113 ; 1906.
[5] Padoa et Chiaves, *Lincei*, **16**, 762 ; 1907.

347. *L'acridine* est lentement hydrogénée sur le nickel à 250°-270° en *α β diméthylquinoléine* [1] :

$$\text{(acridine)} + H^6 \longrightarrow \text{(diméthylquinoléine)}$$

[1] Padoa et Fabris, *Lincei.* **16**, 921 ; 1907.

CHAPITRE VII

HYDROGÉNATIONS (*Suite*)

HYDROGÉNATIONS EN SYSTÈME GAZEUX
EMPLOI DU NICKEL (*Suite*)

HYDROGÉNATIONS AVEC DÉDOUBLEMENTS

348. Le nickel catalyseur exerce assez fréquemment sur les molécules une action dédoublante plus ou moins intense : alors l'hydrogénation porte non seulement sur le corps primitif, mais aussi sur les tronçons qui résultent de sa scission.

349. **Hydrocarbures**. — Un tel effet a toujours lieu pendant l'hydrogénation des hydrocarbures quels qu'ils soient, quand la température du métal est assez haute, et il est général au-dessus de 300°. Les hydrocarbures *à chaîne longue*, forméniques, éthyléniques ou acétyléniques, tendent à s'émietter en tronçons de plus en plus courts, qui peuvent redonner entre eux des combinaisons nouvelles en engendrant des carbures complexes, ou bien s'hydrogéner séparément en hydrocarbures forméniques peu élevés, ou finalement se détruire en carbone et hydrogène. Ce dernier effet est d'autant plus important que l'excès d'hydrogène présent dans le système est moins grand, et que la température est plus haute.

350. Les *carbures cycliques* subissent des influences tout à fait analogues, et l'hydrogénation pratiquée au-dessus de 300° et de 350° tend à rompre le noyau en tronçons isolés, et particulièrement en *méthane*, ainsi qu'on l'a indiqué dans le cas du *benzène* (301).

351. *Acétylène.* — On a vu (273) que l'hydrogénation directe de l'acétylène réalisée sur le nickel à froid ou à température basse fournit de l'*éthane*, accompagné d'une certaine proportion de carbures forméniques supérieurs gazeux et *liquides* : la cause de cette production accessoire réside précisément dans l'émiettement de la molécule

CH $\equiv$ CH, déjà réalisé au voisinage de la température ordinaire, et mettant à l'état de liberté les groupes CH qui s'hydrogènent en méthane CH⁴, en CH³, ou en CH² ; les résidus CH³, CH², CH qui se trouvent ainsi engendrés, peuvent s'unir de diverses manières en donnant à froid des carbures forméniques plus ou moins complexes. En opérant pendant vingt-huit heures consécutives avec le nickel maintenu à 200°, Sabatier et Senderens ont condensé environ 20 centimètres cubes d'un liquide jaune clair, d'une magnifique fluorescence, et d'odeur tout à fait semblable à celle du pétrole rectifié. Il commence à bouillir vers 45° : la moitié distille au-dessous de 150° ; à 250°, il reste une petite quantité de liquide jaune orangé très fluorescent, contenant certainement des hydrocarbures polycycliques. Le liquide total a une densité de 0,791 à 0° ; il est faiblement attaqué par le mélange sulfonitrique, qui lui enlève une petite dose de carbures aromatiques ; le résidu de l'attaque a une densité 0,753 à 0°, et il est formé à peu près exclusivement de carbures forméniques (pentane, hexane, heptane, octane, nonane, décane, undécane, etc.) qui dans le produit total se trouvaient associés à une petite quantité de carbures éthyléniques solubles dans l'acide sulfurique étendu d'un peu d'eau et à des traces de carbures aromatiques. Cette composition, la densité, l'odeur, la fluorescence, rapprochent beaucoup ce liquide des *pétroles de Pensylvanie*.

352. Si dans un tube garni de nickel réduit maintenu entre 200° et 300°, on dirige un courant d'acétylène pur sans hydrogène, on obtient une vive incandescence, produite par la décomposition de l'acétylène en charbon et hydrogène (544). Une autre portion de l'acétylène ainsi porté à température élevée se change de suite en benzène et autres carbures aromatiques, d'après le mécanisme qu'a fait connaître Berthelot ; une autre portion s'émiette en groupes CH, qui pourront être hydrogénés ainsi que les carbures aromatiques, sur la partie de la colonne de nickel qui est demeurée à 200°-300°. On recueille dans un vase refroidi, des proportions importantes d'hydrocarbures liquides, verdâtres par diffusion, rougeâtres par transparence, dont l'aspect rappelle beaucoup de pétroles bruts. Si on soumet ce liquide à une hydrogénation directe sur le nickel à 200°, on arrive à un liquide incolore, à peu près inattaqué par le réactif nitrosulfurique, et qui par fractionnement donne toute une série de liquides de densités semblables aux fractions semblables que fournit la distillation des *pétroles du Caucase*. La partie principale qui les constitue est, comme dans ces derniers, formée par les carbures

cycloforméniques, issus de l'hydrogénation sur le nickel des carbures aromatiques qu'a fournis l'incandescence. Comme dans les pétroles du Caucase, il s'y trouve aussi une certaine dose de carbures forméniques provenant de l'hydrogénation des groupes CH, libérés et réunis ultérieurement de façons variées.

353. En réalisant l'incandescence dans des mélanges d'acétylène et d'hydrogène, on accroît la proportion des carbures forméniques, on diminue celle des cycloforméniques, et on obtient des *pétroles intermédiaires*.

Si l'hydrogénation consécutive à l'incandescence a lieu au voisinage de 300°, les carbures cyclohexaniques ne se forment qu'incomplètement, et sont accompagnés d'une certaine proportion de carbures aromatiques non transformés : on a les *pétroles de Galicie*.

354. Des réactions analogues peuvent être déterminées par le cobalt divisé, et même dans une certaine mesure par le fer. Sabatier et Senderens, qui ont indiqué les faits qui précèdent, en ont déduit une théorie simple de la genèse des *pétroles naturels*. Il existe sans doute dans les profondeurs de la croûte terrestre, de grandes masses de métaux alcalins ou alcalino-terreux, ainsi que des carbures de ces métaux. L'eau, arrivant par les fissures du sol au contact de ces matières, dégage de l'hydrogène et de l'acétylène, dans des proportions qui peuvent sans doute varier beaucoup.

Si l'hydrogène est en grand excès, le mélange gazeux arrivant sur du nickel, du cobalt ou du fer, disséminés dans les roches subjacentes à des températures qui peuvent être inférieures à 200°, donne lieu à du *pétrole américain*, en même temps qu'à de grandes quantités de gaz combustibles, où, comme dans les gaz naturels de Pittsbourg, existent beaucoup de méthane, de l'éthane et de l'hydrogène libre.

Si l'acétylène arrive seul sur les métaux divisés, il fournit surtout des carbures aromatiques, que l'action immédiate ou consécutive de l'hydrogène, au contact des mêmes métaux, transforme en *pétroles du Caucase*. Des conditions intermédiaires, telles que l'association de l'acétylène avec des doses modérées d'hydrogène, peuvent fournir les pétroles de Galicie ou de Roumanie.

355. Ainsi une simple modification dans la succession des phénomènes et dans la composition des mélanges gazeux réagissants suffit pour changer la nature du produit, et la variété si étrange des pétroles naturels, qui paraissait devoir exclure la possibilité de leur

formation par un mécanisme unique, est, au contraire, un puissant argument en faveur de la théorie proposée.

Il est d'ailleurs permis d'admettre que le pétrole ait pu avoir dans certains cas une origine animale (Engler) : la présence de produits ammoniacaux, et surtout d'une certaine activité optique dans les pétroles naturels ont conduit certains savants à se prononcer en faveur d'une origine animale ou végétale. Mais la présence d'azotures métalliques dans les profondeurs de la terre rend compte aisément de l'existence d'ammoniac, et quant à l'activité optique, elle peut avoir été communiquée par la dissolution dans un pétrole minéral de petites doses de matières d'origine biologique, rencontrées par lui à certains étages du sol [1].

356. Anhydrides d'acides. — Les anhydrides des acides forméniques monobasiques, soumis à l'hydrogénation sur le nickel vers 180°, subissent une scission en acide et en aldéhyde, qui est ensuite hydrogéné partiellement en alcool :

$$(RCO)^2O + H^2 = R . CO^2H + R . CO . H.$$

Une portion de l'alcool s'unit à l'acide pour donner l'*éther-sel*, surtout pour les anhydrides à petite richesse carbonée.

Ainsi l'*anhydride acétique* fournit un peu d'*éthanal*, de l'*éthanol*, de l'acide acétique et de l'*éther acétique*.

Les résultats sont analogues avec l'*anhydride propionique* : la dose d'aldéhyde et d'éther-sel est déjà moindre pour les *anhydrides isobutyrique*, et *butyrique ;* elle est presque nulle pour l'*isovalérique* [2].

357. Oxydes alcooliques ou phénoliques. — Les éthers-oxydes aliphatiques résistent assez bien à l'hydrogénation sur le nickel, mais en opérant au-dessus de 250°, on observe un dédoublement en hydrocarbure et alcool, qui est lui-même atteint et fournit les produits d'hydrogénation de ses débris :

$$(C^2H^5)^2O + H = \underbrace{C^2H^6}_{\text{éthane}} + \underbrace{CH^3 . CH^2OH}_{\text{éthanol}}$$

Puis :

$$CH^3 . CH^2OH = CH^3 . CO . H + H^2 = CH^4 + CO + H^2.$$

[1] P. Sabatier et Senderens, *C. R.*, **128**, 1173 : 1899. — **131**, 187, 267 ; 1900. — **134**, 1185 ; 1902. — P. Sabatier, *Rev. du Mois.* II, 257 : 1906.

[2] P. Sabatier et Mailhe, *C. R.*, **145**, 18 ; 1907.

L'oxyde de carbone peut lui-même être hydrogéné en méthane[1].

358. Les *oxydes aromatiques* subissent sur le nickel une scission analogue, qui a lieu déjà à une température basse pour les oxydes mixtes phénol-alcooliques, et diminue beaucoup le rendement dans leur transformation en oxydes mixtes cycloforméniques.

Dans la transformation de l'anisol en *cyclohexane-oxy-méthane*, on obtient séparation de méthanol et de cyclohexane[2].

En opérant au-dessus de 300° il n'y a pas d'hydrogénation du noyau ; la scission est rapide, et se produit dans le même sens que pour les oxydes de la série grasse. On a les deux réactions :

$$C^6H^5 . OR + H^2 = \underline{C^6H^5 . OH} + RH$$
$$\text{phénol}$$

et

$$C^6H^5 . OR + H^2 = C^6H^6 + \underline{R . OH}$$
$$\text{alcool}$$

l'alcool étant plus ou moins émietté.

Il en est ainsi pour les oxydes *méthyliques* du phénol, des 3 crésols, du naphtol α, ainsi que pour divers autres, et aussi pour l'*oxyde de phényle* qui se montre le plus résistant au dédoublement[3].

359. Isocyanate de phényle. — L'isocyanate de phényle, hydrogéné sur le nickel vers 190°, donne lieu à une scission en deux tronçons qui sont hydrogénés séparément :

$$C^6H^5 . N : CO = CO + C^6H^5 - N\diagdown$$

On a de l'*aniline* et de l'oxyde de carbone, qui se change aussitôt en *méthane*, avec formation d'eau. Celle-ci réagit immédiatement sur le produit primitif, pour donner de l'anhydride carbonique et de la diphénylurée solide[4].

360. Amines. — Les diverses amines, hydrogénées au-dessus de 300°-350° sur le nickel, tendent à fournir de l'ammoniac, avec le carbure correspondant. C'est une réaction qui a été indiquée antérieurement pour l'*aniline*, et qui se produit aussi avec les amines homologues, avec la *benzylamine* et les *naphtylamines*.

[1] P. Sabatier et Senderens, *Bull. Soc. Chim.*, **33**, 616, 1905.

[2] P. Sabatier et Senderens, *Bull. Soc. Chim.*, **33**, 616 ; 1905.

[3] Mailhe et Murat, *Bull. Soc. Chim.*, (4), **11**, 122 ; 1912.

[4] P. Sabatier et Mailhe, *C. R.*, **144**, 824 ; 1907.

361. L'*hexaméthylène-tétramine* donne également lieu à une scission complète de la molécule :

$$N(CH^2 . N : CH^2)^3 + 9\,H^2 = N(CH^3)^3 + 3\,NH^3 + 3\,CH^4.$$

On obtient de l'ammoniac, de la *triméthylamine* et du méthane [1].

362. Dérivés diazotés. — La *phénylhydrazine*, hydrogénée à 210°, se scinde, et donne lieu à de l'ammoniac et à de l'*aniline*, avec une certaine dose de *cyclohexylamine* et de *dicyclohexylamine*, et un peu de benzène et de cyclohexane.

La réaction est surtout [2] :

$$C^6H^5.NH . NH^2 + H^2 = NH^3 + C^6H^5 . NH^2.$$

363. L'*azobenzène* $C^6H^5. N : N. C^6H^5$, hydrogéné à 290°, fournit surtout de l'*aniline*, par rupture des liaisons des deux atomes d'azote [3].

364. Indol. — L'indol, hydrogéné sur le nickel à 200°, se scinde en *orthotoluidine* et méthane [4] :

$$C^6H^4\!\!<\!\!\overset{CH}{\underset{NH}{\diagdown}}\!\!>\!\!CH + 3\,H^2 = C^6H^4\!\!<\!\!\overset{CH^3}{\underset{NH^2}{}} + CH^4.$$

---

[1] Grassi, *Gaz. Chim. Ital.*, **36**. (2), 505 ; 1906.

[2] P. Sabatier et Senderens, *Bull. Soc. Chim.*, (3), **35**, 259 ; 1906.

[3] P. Sabatier et Senderens, *ibidem*.

[4] Carrasco et Padoa, *Lincei*, **15**, (2), 699 ; 1906.

CHAPITRE VIII

HYDROGÉNATIONS (*Suite*).

HYDROGÉNATIONS EN SYSTÈME GAZEUX SUR DIVERS MÉTAUX

COBALT

365. Le cobalt divisé, tel que le fournit la réduction de l'oxyde effectuée dans le tube même à hydrogénations, semble pouvoir être substitué au nickel dans les diverses réactions que ce dernier est capable de provoquer[1].

Mais son emploi est désavantageux, d'abord parce que son activité est moindre et plus fragile que celle du nickel, qu'il réclame généralement des températures plus élevées, ensuite, parce que sa réduction n'a lieu pratiquement qu'au voisinage de 400° ; il en résulte que l'oxyde issu des oxydations spontanées qui se produisent pendant les heures de repos de l'appareil refroidi, ne peut pas être réduit aux températures inférieures à 250° employées d'ordinaire pour les hydrogénations.

366. Dans le cas particulier de la transformation de l'*oxyde de carbone* en *méthane*, la réaction ne commence que vers 270°, et est rapide à 300°, mais elle est contrariée, plus fortement que pour le nickel, par l'intervention de la destruction de l'oxyde de carbone en charbon et anhydride carbonique, réaction qui est aussi intense qu'avec le nickel, tandis que celle d'hydrogénation est moins active[2].

FER

367. Le fer divisé, obtenu par la réduction de ses oxydes, peut être dans certains cas substitué au nickel comme catalyseur d'hydro-

---

[1] P. SABATIER et SENDERENS, *Ann. Chim. Phys.*, (8), 323, 345, 352, 368, 400, 403, 416, 424, 427 ; 1905.

[2] P. SABATIER et SENDERENS, *Ann. Chim. Phys.*, (8), **4**, 424 ; 1905.

génations. Mais il n'est pas capable d'effectuer toutes sortes de travaux ; il peut, moins bien que le cobalt, et surtout que le nickel, réaliser l'hydrogénation des *carbures éthyléniques*, de l'*acétylène*, des *aldéhydes et des acétones*, des *dérivés nitrés*[1], mais il est incapable de réaliser la transformation de l'oxyde de carbone et de l'anhydride carbonique en *méthane*, et aussi de réaliser la fixation d'hydrogène sur le *noyau aromatique*[2].

368. L'hydrogénation de l'*acétylène* ne commence qu'au delà de 180°, et donne toujours lieu à la formation d'hydrocarbures colorés assez abondants contenant des carbures éthyléniques supérieurs, solubles dans l'acide sulfurique, des carbures aromatiques, et seulement une faible proportion de carbures forméniques : leur odeur et leur aspect rappelle celle de certains *pétroles naturels du Canada*[3].

369 Un désavantage très marqué du fer réduit comme catalyseur consiste dans la difficulté d'effectuer la réduction de l'oxyde. De 400° à 450°, il faut prolonger l'action de l'hydrogène pendant six à sept heures pour atteindre une réduction complète. Réduit à température plus élevée, le métal n'est plus pyrophorique et ne conserve qu'une activité presque négligeable.

CUIVRE

370. Le cuivre réduit de son oxyde par l'hydrogène constitue, à cause de la facilité de sa préparation, de la basse température de réduction de l'oxyde, inférieure à 180°, et de la régularité de son action, un catalyseur précieux pour certaines hydrogénations : mais il est incapable de les produire toutes. Son activité varie d'ailleurs dans une assez large mesure, selon le mode de production. L'oxyde de cuivre noir, préparé par grillage du métal ou par calcination du nitrate au rouge vif, fournit par réduction avec incandescence un métal rouge clair très compact, d'aptitudes catalytiques médiocres. En réduisant par un courant lent d'hydrogène (pour éviter l'incandescence), au voisinage de 200°, l'hydrate noir *tétracuivrique*, tel que le fournit la précipitation des solutions cuivriques bouillantes par les alcalis[4], on obtient un métal très léger, de couleur violacée, dont l'activité catalytique est beaucoup plus intense. On peut se servir

[1] P. Sabatier et Senderens, *Ann. Chim. Phys.*, (8), **4**, 345, 353, 416 ; 1905.
[2] P. Sabatier et Senderens, *Ann. Chim. Phys.*, (8), **4**, 368, 425, 428 ; 1905.
[3] P. Sabatier et Senderens, *C. R.*, **130**, 1628 ; 1900.
[4] P. Sabatier, *C. R.*, **125**, 101 ; 1897.

dans beaucoup de cas de la poudre de cuivre très divisé que l'industrie emploie pour la dorure en faux.

371. Dérivés nitrés. — Le *cuivre* fournit des résultats analogues à ceux du nickel (209 à 217), mais à températures plus hautes.

L'*oxyde azoteux* est à 180° réduit en azote. L'*oxyde azotique* est à la même température changé en ammoniac. Le *peroxyde d'azote* donne à froid du *cuivre nitré*[1] : ce n'est que vers 180° qu'il y a production d'ammoniaque ; si la dose de peroxyde d'azote devient un peu forte, il y a incandescence suivie d'une explosion[2].

372. Le *nitrométhane*, hydrogéné entre 300° et 400°, fournit à côté de *méthylamine*, un liquide brun plus ou moins foncé d'odeur écœurante, où apparaissent des cristaux, qui sont constitués par le sel de méthylamine formé par la fonction acide du nitrométhane.

Le *nitréthane* fournit entre 300° et 400° de l'*éthylamine* sans complications notables[3].

373. C'est le *cuivre* qui, de tous les métaux divisés, convient le mieux pour transformer les dérivés nitrés aromatiques en dérivés aminés, parce que son action très régulière ne porte que sur le groupe NO^2, et *ne s'exerce pas sur le noyau aromatique*. Le *nitrobenzène* est ainsi transformé en *aniline* à partir de 230° ; la réaction est rapide et très régulière entre 300° et 400°, et à condition que l'hydrogène soit en excès, on obtient de l'aniline ne contenant que des traces de nitrobenzène et d'azobenzène rouge, avec un rendement de 98 p. 100. Le même métal peut servir très longtemps. L'hydrogène pur peut être sans inconvénient remplacé par le *gaz à l'eau* dont l'oxyde de carbone intervient utilement comme réducteur dans la transformation, puisqu'une partie se change en anhydride carbonique. La fabrication ainsi réalisée avec le cuivre, métal peu coûteux qui sert très longtemps et est aisément régénéré sans aucune perte, et au moyen du gaz à l'eau très économique, peut être conduite d'une façon continue, et ne comporte que des frais très peu élevés[4].

374. La fabrication des *toluidines* à partir des *nitrotoluènes* est également très avantageusement réalisée sur le cuivre à 300°-400°,

[1] P. Sabatier et Senderens, *Ann. Chim. Phys.*, (7), **7**, 401 : 1896.

[2] P. Sabatier et Senderens, *C. R.*, **135**, 278 : 1902.

[3] P. Sabatier et Senderens, *C. R.*, **135**, 226, 1902.

[4] P. Sabatier et Senderens, *C. R.*, **133**, 321, 1901. — P. Sabatier, *V° Cong. Chim. App. Berlin*, 1903, II, 617. — *Brevet français*, 1901, n° 312615.

et il en est de même de la *naphtylamine* α, produite facilement entre 330° et 350° à partir du *nitronaphtalène* α[1].

Les *chloronitrobenzènes* sont régulièrement transformés sur le cuivre à 360°-380° en *chloranilines*. Les résultats fournis par le cuivre sont au contraire peu avantageux pour les *dinitrobenzènes* ainsi que pour les *bromonitrobenzènes*[2].

376. Éthers nitreux. — Les *éthers nitreux* sont hydrogénés régulièrement en *amines*, par le cuivre comme par le nickel, mais à température plus haute, de 330° à 350°; les résultats, satisfaisants pour les nitrites à chaîne carbonée lourde, le sont beaucoup moins pour le *nitrite de méthyle* qui donne lieu à des produits bruns analogues à ceux que donne le nitrométhane[3].

377. Oximes. — Le *cuivre* peut hydrogéner régulièrement les *aldoximes*, et les *acétoximes grasses*, de 200° à 300° en amines primaires et secondaires sans complications[4], et il en est de même pour les *amides forméniques*[5].

378. Composés éthyléniques. — Le *cuivre* permet le plus souvent de réaliser la fixation d'hydrogène sur la double liaison éthylénique.

L'*éthylène*, le *propylène*, l'*octène* α, sont au-dessus de 180°, changés en carbures saturés correspondants. Pourtant le *triméthyléthylène* et l'*hexène* β n'ont pas pu être hydrogénés sur le cuivre, et on avait pu penser que l'hydrogénation n'était possible que pour les composés éthyléniques α, c'est-à-dire où l'un des groupes CH² de l'éthylène primitif demeure non substitué[6]. Cette condition de position n'est certainement pas générale, puisque le *cuivre* permet de réaliser très facilement l'hydrogénation vers 300° des vapeurs d'*acide oléique*, qui est régulièrement transformé en *acide stéarique*.

Le gaz à l'eau pouvant être substitué à l'hydrogène pour cette préparation, elle peut devenir industrielle[7].

Il convient de signaler que le cuivre est incapable de réaliser l'hydrogénation du *diphényléthylène* symétrique, ou *stilbène* C⁶H⁵.CH

---

[1] P. Sabatier et Senderens, *C. R.*, **135**, 225; 1902.

[2] Mignonac, *Bull. Soc. Chim.*, (4), **7**, 154, 270, 504; 1910.

[3] Gaudion, *Ann. Chim. Phys.*, (8), **26**, 136; 1912.

[4] Mailhe, *C. R*, **140**, 1691 et **141**, 113; 1905.

[5] Mailhe, *Bull. Soc. Chim.*, (3), **35**, 614; 1906.

[6] P. Sabatier et Senderens, *C. R.*, **134**, 1127; 1902.

[7] Brevet Sabatier, 1907, n° 394.957.

= CH. C^nH^5, ainsi que celle du *cyclohexène* C^6H^{10}, et des *méthyl-cyclohexènes* [1].

379. L'emploi du cuivre, qui agit sur la double liaison éthylénique sans modifier le noyau aromatique, permet d'effectuer certaines hydrogénations distinctes de celles du nickel. Le *phényléthylène*, ou *styrolène* $C^6H^5 . CH = CH^2$, que le nickel change en *éthylcyclohexane*, est, à 180° sur le cuivre, transformé intégralement en *éthylbenzène* $C^6H^5 . CH^2 . CH^3$. [2].

380. Le *limonène* $CH^3 . C^6H^8 . C\diagup{}_{CH^3}^{CH^2}$ que le nickel change facilement en menthane (332), soumis à l'hydrogénation sur le cuivre à 180°-200°, fournit seulement un *dihydrure* $C^{10}H^{18}$, isomère du *menthène* [3].

381. **Carbures acétyléniques**. — Le cuivre ne peut pas réaliser à froid l'hydrogénation de l'*acétylène :* l'action commence vers 130° sur le cuivre léger violacé, vers 180° sur le cuivre réduit rouge clair. Réalisée au moyen d'un excès d'hydrogène, la réaction engendre toujours, à côté de l'*éthane*, une certaine proportion d'hydrocarbures liquides.

Quand la dose d'acétylène atteint ou dépasse celle de l'hydrogène, on voit s'introduire l'action spéciale de condensation que le cuivre exerce sur l'acétylène (542) : le cuivre gonfle peu à peu par formation de *cuprène* solide, les gaz dégagés renferment de l'éthylène et des carbures éthyléniques supérieurs, et on recueille à l'état liquide des mélanges d'hydrocarbures éthyléniques et aromatiques (benzène et homologues, styrolène).

Un système gazeux comprenant $(21 H^2 + 19 C^2H^2)$ a donné lieu, à 130° sur du cuivre violacé, à une condensation de matières contenant 25 C, soit environ 65 p. 100 du carbone, le tiers à l'état de cuprène, les deux autres tiers sous forme de carbures liquides [4].

381. L'hydrogénation de l'*heptine* α sur le cuivre, au-dessus de 200°, fournit un peu d'*heptane*, mais surtout de l'*heptène*, du *diheptène* et du *triheptène* [5].

[1] P. Sabatier, 50° Congrès des Soc. Sav. 1912. *Journ. Offic.* 3628 ; 11 avril 1912.
[2] P. Sabatier et Senderens, *C. R.*, **132**, 1255 ; 1901.
[3] P. Sabatier et Senderens, *C. R.*, **132**, 1256 ; 1901.
[4] P. Sabatier et Senderens, *C. R.*, **130**, 1559 ; 1900.
[5] P. Sabatier et Senderens, *C. R.*, **135**, 87 ; 1902.

382. Le *phénylacétylène* $C^6H^5 . C \equiv CH$, que le nickel change aisément en éthylcyclohexane (305), fournit par hydrogénation sur le cuivre entre 190° et 250°, de l'*éthylbenzène* $C^6H^5 . CH^2 . CH^3$, accompagné d'un peu de *phényléthylène*, et une dose à peu près égale de *diphénylbutane* symétrique :

$$C^6H^5 . CH^2 . CH^2 . CH^2 . CH^2 . C^6H^5,$$

solide bien cristallisé [1].

383. Nitriles. — Le *cuivre* peut à la manière du nickel transformer les *nitriles* en amines primaires et secondaires [2]. Il en est de même pour les *carbylamines* [3] ; mais son action est bien moins rapide que celle du nickel.

384. Aldéhydes et acétones forméniques. — Le cuivre peut réaliser lentement, au-dessus de 200°, leur transformation en alcools, mais l'action inverse est généralement prépondérante, et rend peu avantageux le choix de ce métal.

D'ailleurs le cuivre est incapable de réaliser la transformation des oxydes du carbone en *méthane*, ainsi que l'hydrogénation du *noyau aromatique*.

PLATINE

385. Le *noir de platine* peut servir à provoquer l'hydrogénation directe dans un assez grand nombre de cas, et son activité, inférieure à celle du nickel, est supérieure à celle du cuivre. Cette activité est d'autant plus grande que le noir est plus ténu, et de fabrication plus récente : elle s'use rapidement, et cette circonstance, jointe au prix extrêmement élevé du platine, rend son emploi généralement peu avantageux pour la pratique.

La *mousse* ou *éponge de platine* se comporte de même, mais avec une activité bien plus petite, qui ne se manifeste d'ordinaire qu'à température plus élevée.

386. Carbures éthyléniques. — Le mélange d'*éthylène* et d'hydrogène se transforme à froid en *éthane*, en présence du noir de platine [4].

[1] P. Sabatier et Senderens, *C. R.*, **135**, 88 ; 1902.

[2] P. Sabatier et Senderens, *C. R.*, **140**, 482 ; 1905 et *Bull. Soc. Chim.*, (3), **33**, 371 ; 1905.

[3] P. Sabatier et Mailhe, *Ann. Chim. Phys.*, (8), **16**, 95 ; 1909.

[4] De Wilde, *Ber.*, **7**, 352 ; 1874.

Mais après quelque temps, la carburation légère du métal empêche l'action de se poursuivre à la température ordinaire ; il faut chauffer vers 120°, et même à 180°, pour avoir une formation rapide d'éthane [1].

Les résultats sont analogues pour le *propylène*.

387. Les vapeurs d'*oléate d'amyle* peuvent par hydrogénation sur l'amiante platinée être changées en *stéarate d'amyle* [2].

388. **Carbures acétyléniques.** — L'*acétylène* se combine à froid avec l'hydrogène au contact du noir de platine, et fournit successivement de l'éthylène, puis de l'éthane [3].

En présence d'hydrogène en excès, l'acétylène est totalement transformé en éthane pur, sans aucune production accessoire.

A 180°, la même réaction a lieu plus vite, mais il y a formation d'une certaine dose d'hydrocarbures supérieurs liquides. En augmentant la proportion d'acétylène dans le mélange, l'*éthylène* domine dans les produits, mais il subsiste toujours de l'éthane, même à côté d'acétylène non transformé.

Si la dose de ce dernier devient assez grande, le *noir de platine* étant à 180°, on observe une certaine destruction charbonneuse du gaz, qui finit par fournir une incandescence analogue à celle que donne le nickel (340).

La mousse de platine n'exerce à froid aucune action, et n'est active qu'au-dessus de 180° pour l'hydrogénation de l'acétylène [4].

389. **Acide cyanhydrique.** — Le noir de platine peut réaliser l'hydrogénation à 116° de l'acide cyanhydrique en *méthylamine*, mais la cyanuration du métal ne tarde pas à diminuer son activité et à supprimer la réaction [5].

390. **Dérivés nitrés.** — Les oxydes d'azote, *oxyde azotique* ou *peroxyde d'azote*, sont facilement réduits par l'hydrogène en *ammoniac*, au contact de mousse de platine, qui est portée à l'incandescence [6].

---

[1] P. SABATIER et SENDERENS, *C. R.*, **131**, 40 ; 1900.
[2] FOKIN, *J. Soc. Chim. Russe*, **38**, 411 ; 1906.
[3] DE WILDE, *Ber.*, **7**, 352 ; 1874.
[4] P. SABATIER et SENDERENS, *C. R.* **131**, 40 ; 1900.
[5] DEBUS, *Chem. Soc.*, **16**, 249 ; 1863.
[6] KUHLMANN, *C. R.*, **17**, 1107 ; 1838.

391. Le *nitrométhane* s'hydrogène sur la mousse de platine, à 300°, plus lentement que sur le cuivre, et fournit des produits analogues (372) [1].

392. Les diverses formes de platine divisé, (noir, mousse, amiante platinée) permettent de réaliser la transformation du *nitrobenzène* en aniline, mais leur valeur catalytique est médiocre, et si l'hydrogène n'est pas en grand excès, la réduction est incomplète, et fournit une certaine proportion d'hydrazobenzène cristallisé [2].

393. Aldéhydes et acétones forméniques.

— Le platine divisé convient mal pour les hydrogéner régulièrement en alcools ; aux températures utiles, qui sont supérieures à 200°, le métal agit puissamment pour scinder la molécule des aldéhydes en oxyde de carbone et hydrocarbures.

394. Le platine divisé, même sous forme de noir d'une grande activité, s'est montré impuissant pour effectuer l'hydrogénation directe de l'*oxyde de carbone* ou de l'*anhydride carbonique* en méthane. Il n'y a eu aucune action au-dessous de 450° [3].

395. Noyau aromatique.

— Le *noir de platine* récemment préparé peut réaliser vers 180° pendant un certain temps la transformation du benzène en *cyclohexane ;* mais son activité décroît très vite et ne tarde pas à disparaître.

La mousse de platine se montre inefficace [4].

D'après Zelinsky, le platine serait capable d'hydrogéner aussi bien que le nickel le *benzène*, le *toluène*, les trois *xylènes*, l'*éthylbenzène* [5]. Il en serait de même du palladium.

396. Noyaux polyméthyléniques.

— Le *spirocyclane*

$$\begin{matrix} CH^2 & & CH^2 \\ | & C & | \\ CH^2 & & CH^2 \end{matrix}$$

hydrogéné sur le platine, fixe d'abord H^2 en donnant l'*éthyltriméthylène*

$$\begin{matrix} CH^2 \\ | \quad CH.CH^2.CH^3 \\ CH^2 \end{matrix}$$

qui par une nouvelle fixation fournit le *pentane* [6].

[1] P. Sabatier et Senderens, *C. R.*, **135**, 226 ; 1902.

[2] P. Sabatier et Senderens, *Ann. Chim. Phys.*, (8), 4, 416 ; 1905.

[3] P. Sabatier et Senderens, *C. R.*, **134**, 514 et 689 ; 1902.

[4] P. Sabatier et Senderens, *Ann. Chim. Phys* . (8), **4**, 368 ; 1905.

[5] Zelinsky, *J. Phys. Chim. Russe*, **44**, 274 ; 1912.

[6] Zelinsky, *J. Soc. Phys. Chim. Russe*, **44**, 275, 1912.

Le *cyclooctatétrène* hydrogéné sur la mousse de platine fixe II[8] en *cyclo-octane* [1].

PALLADIUM

397. Le palladium préalablement chargé d'hydrogène est capable d'effectuer des hydrogénations variées, telles que le changement du nitrométhane en méthylamine, du nitrobenzène en aniline, des nitrophénols en aminophénols (Graham). Il était permis de prévoir qu'il pourrait également servir de catalyseur d'hydrogénation, l'hydrure qui sert d'intermédiaire pour l'accomplir étant dans ce cas d'une stabilité notable.

398. La formation d'aniline par action de l'hydrogène sur le nitrobenzène en présence de palladium a été réalisée par Saytzeff[2].

L'oxyde de carbone a pu être hydrogéné en *méthane* à froid ou mieux à 100° en présence de mousse de palladium[3].

399. Le *phénanthrène* entraîné par un courant d'hydrogène sur de la mousse de palladium à 150°-160° fournit un mélange de *tétrahydrure* et d'*octohydrure*[4].

Malheureusement le prix excessif du palladium en restreint nécessairement les applications utiles.

[1] WILLSTŒTTER et WASER, *Ber.*, **44**, 3423 ; 1911.
[2] KOLBE, *J. prakt. Chem.*, (2), **4**, 418 : 1871.
[3] BRETEAU, *Etude sur les méth. d'hydrog.*, 1911, p. 22.
[4] BRETEAU, *idem*, p. 24.

CHAPITRE IX

HYDROGÉNATIONS (*Suite.*)

HYDROGÉNATIONS DIRECTES DE LIQUIDES AU CONTACT DE MÉTAUX CATALYSEURS

400. Nous avons expliqué les réactions d'hydrogénation directe accomplies par les divers métaux divisés sur les matières amenées sous forme gazeuse à leur contact, par la production temporaire d'une sorte d'*hydrure* du métal, composé instable se formant très vite, et se détruisant très vite en hydrogénant la substance. Cette notion n'implique pas nécessairement l'état gazeux de la matière transformable, et on peut prévoir que la même réaction pourra être accomplie sur une matière liquide intimement mélangée à un métal divisé, capable de fixer temporairement de l'hydrogène. Pour que ce dernier puisse arriver au contact du métal, il faut que sa solubilité dans le liquide soit rendue suffisamment forte, ce qui exige sous la pression ordinaire une température basse, ou, s'il faut chauffer, une forte pression de l'hydrogène.

Il faut en outre pour que le métal catalyseur conserve son activité, qu'il soit inoxydable à la température où l'on opère, ou que cette dernière soit suffisante pour assurer la réduction de l'oxyde par l'hydrogène présent dans le système.

401. De là dérivent plusieurs méthodes qui fournissent généralement des résultats identiques à ceux de la méthode Sabatier et Senderens, hydrogénation des vapeurs sur le nickel, et dans un certain nombre de cas présentent quelques avantages.

Ce sont le procédé d'Ipatief, basé sur l'emploi du nickel, de 250° à 400°, en présence d'hydrogène comprimé à plus de 100 atmosphères ; — le procédé de Paal, basé sur l'emploi de métaux colloïdaux (platine ou palladium) agissant à la température ordinaire ; — le procédé de Willstœtter, qui repose sur l'action du noir de platine, agité à la température ordinaire, avec l'hydrogène et la matière.

MÉTHODE D'IPATIEF

402. Elle consiste à chauffer plusieurs heures dans un vase très
résistant, avec de l'hydrogène comprimé au moins à 100 atmosphères,
la substance qu'on veut hydrogéner, au contact d'une certaine quantité de *nickel,* ou d'*oxyde de nickel :* la vitesse d'hydrogénation est
plus grande dans le cas de l'oxyde, auquel l'auteur attribue le rôle
de catalyseur réel. Ce rôle nous paraît au contraire appartenir exclusivement au métal, parce que la température étant toujours supérieure à 250°, l'oxyde de nickel est, au moins en partie, ramené à
l'état de métal, sans doute plus actif qu'un nickel préparé à l'avance
et ayant subi au moment de l'introduction dans le vase une incandescence spontanée plus ou moins intense, qui l'a aggloméré et par
suite a diminué sa valeur catalysante.

403. L'appareil est constitué par un tube en acier doux d'une
capacité de 250 à 275 centimètres cubes : on y place environ
25 grammes de la matière qu'on veut hydrogéner, et 2 à 3 grammes
d'oxyde de nickel (NiO ou Ni^2O^3), puis on y comprime de l'hydrogène, à plus de 100 atmosphères. Sous 100 atmosphères, on emma-
gasine ainsi environ une molécule-gramme du gaz. La température
de chauffe pouvant atteindre 400°, et même 600°, la pression résul-
tante peut s'élever à 2 fois 1 2 ou même 3 fois la valeur primitive,
soit au moins 250 atmosphères ou 300 atmosphères, pression que
doit pouvoir supporter le tube : cette obligation de posséder un appareil coûteux, et les dangers réels que son usage peut procurer, sont
peu favorables à la généralisation de la méthode d'Ipatief, qui ne
sera préférable à la méthode de Sabatier et Senderens que dans les
cas exceptionnels où la lenteur de la réaction et la haute valeur
de la pression d'hydrogène sont une condition indispensable au succès de l'hydrogénation. La plupart des substances organiques donnent avec les deux méthodes des résultats analogues [1].

404. L'hydrogénation des composés à double liaison éthylénique
est facilement atteinte.

Le *cyclohexène* passe à l'état de *cyclohexane.*

L'*acide oléique* chauffé longtemps à 100° avec de la poudre de

[1] IPATIEF, *J. Soc. Phys. Chim. Russe,* **38**, 75 : 1906. — **39**, 681 ; 1907. — **40**, 489 ; 1908.
— *Ber.*, **40**, 1270, 1281 ; 1907. — **41**, 993, 1001 : 1908. — IPATIEF et PHILIPOF, *J. Soc. Phys.
Chim. Russe,* **40**, 501 : 1908. — IPATIEF, JACOVLEF et RAKITIN, *J. Soc. Phys. Chim. Russe,*
40, 491 : 1908. — IPATIEF, *J. Soc. Phys. Chim. Russe,* **41**, 1414 : 1909. — **43**, 3387 : 1910.
— IPATIEF et DRACHUSSOF, *Ber.*, **43**, 3646 : 1910. — IPATIEF, *Ber.*, **45**, 3218 ; 1912.

nickel ou de *cobalt*, en présence d'hydrogène comprimé, ne subit aucune transformation appréciable, sous 26 atmosphères ; mais sous 60 atmosphères, il est changé après douze heures en *acide stéarique*. Les huiles sont changées de même en graisses solides [1].

Le *diméthylallylcarbinol* est dans les mêmes conditions, transformé en *diméthylpropylcarbinol* (Fokin).

A 140-150°, l'*oxyde de mésityle* est changé en *méthylisobutylcétone*, mêlée d'un peu de l'alcool correspondant.

405. L'*aldéhyde isobutyrique* à 250°, sous 100 atmosphères, donne l'alcool, et il en est de même de l'*isovaléral* : mais la réaction est limitée par l'action inverse de déshydrogénation de l'alcool.

406. Les *acétones forméniques* vers 200° se changent totalement en alcools secondaires. Vers 280°, leur transformation est limitée par la réaction inverse qui tend de plus en plus à prédominer, à mesure que la température s'élève ; à 300° la *propanone* ne donne plus d'alcool, parce que le *propanol* 2 est transformé en eau et propane ou carbures saturés inférieurs.

La *méthylisobutylcétone* est en deux heures à 200° changée en alcool correspondant.

407. Le noyau aromatique est hydrogéné dans tous les cas. Le *benzène* à 250° se transforme tout entier en une heure et demie en cyclohexane : à 300°, celui-ci se dissocie en benzène, hydrogène, et méthane, avec dépôt de charbon.

Le *diphényle* se change à 250° en *dicyclohexyle*, le *dibenzyle* en *dicyclohexyléthane*.

408. Le *phénol*, à 245° en quatorze heures, se transforme en *cyclohexanol* : l'*hydroquinone* à 200° donne la *quinite*.

409. L'*oxyde de phényle*, en douze heures à 230°, se change en un mélange d'*oxyde de cyclohexyle*, de *cyclohexanol* et de *cyclohexane*.

410. L'*aniline*, chauffée 50 heures à 220°-230°, donne 40 à 50 p. 100 de *cyclohexylamine*, environ 10 p. 100 de *dicyclohexylamine*, et de la *cyclohexylaniline*. La *diphénylamine* fournit la *dicyclohexylamine*.

411. L'*aldéhyde benzoïque* à 200° donne du *toluène* et du *méthylcyclohexane* ; à 280°, en douze heures, il donne du toluène, du *dibenzyle* et des produits résineux.

412. Les *acétones aromatiques* se comportent comme dans le procédé ordinaire et fournissent des hydrocarbures : la *benzophénone* donne du *diphénylméthane*, la *benzoïne* donne du *dibenzyle*.

<hr>

[1] Fokin, *J. Soc. Phys. Chim. Russe*, **38**, 419 et 855 ; 1906.

413. Le procédé d'Ipatief est assez avantageux pour l'hydrogénation des acides aromatiques, mais il convient de s'adresser, non aux acides libres qui attaqueraient le nickel, non plus aux éthers qui donnent de mauvais résultats (le *phtalate d'éthyle* 1.4 se détruit en *éther paratoluique*, méthane et anhydride carbonique), mais aux sels alcalins. Ainsi le *benzoate de potassium*, en neuf heures à 280°, fournit 40 p. 100 d'*hexahydro-benzoate ;* le *benzoate de sodium* est encore mieux transformé.

Le *phtalate de potassium* à 300° donne avec un bon rendement l'*hexahydrophtalate*.

Le *cinnamate de sodium* $C^6H^5 . CH = CH . CO^2Na$ fournit à 300° le *cyclohexyl-propanoate* $C^6H^{11} . CH^2 . CH^2 . CO^2Na$.

414. Les produits terpéniques donnent lieu à des transformations normales. Le *camphre* se change totalement en *bornéol*, à 350°.

Le *limonène*, à 300°-320° sous 120 atmosphères, se transforme en *dihydrure*, puis en *menthane*.

Le *pinène* à 265° se change en *dihydrure ;* à 300°, il y a production de *menthane*.

La *carvone* à 280° sous 120-130 atmosphères est après vingt heures transformée en *carvomenthone*.

La *pulégone* à 220° fournit de la *menthone*, qui à 280° est mélangée de menthane.

415. Le *naphtalène*, à 250° sous 120 atmosphères, fournit successivement le *tétrahydrure*, puis le *décahydrure*.

Les *naphtols* α et β se changent en *décahydro-naphtols* α et β (fondant respectivement à 57° et 99°).

416. L'*anthracène*, soumis à des opérations réitérées, à 260°-270° sous 100-125 atmosphères pendant 10 à 16 heures, donne successivement le *tétrahydrure*, puis le *décahydrure* (f. 73°), puis le *perhydrure* (f. 88°), en même temps qu'une destruction partielle.

417. Le *phénanthrène* donne à 400° des rendements plus satisfaisants : on a d'abord le *dihydrure* et le *tétrahydrure*, puis par une nouvelle opération, l'*octohydrure* et le *perhydrure* à odeur de caoutchouc [1].

418. La *quinoléine* que le procédé Sabatier ne peut transformer qu'en *tétrahydrure*, fournit d'abord ce dernier, puis donne à peu près intégralement la *décahydroquinoléine*.

419. Les autres métaux catalyseurs moins actifs que le nickel

[1] Ipatief, Jacovlef et Rakilin, *Ber.*, **41**, 996, 1908.

peuvent également être employés sous pression en système liquide. Le *fer*, à 350°-400°, transforme les aldéhydes et les acétones grasses en alcools. Avec la *propanone*, à 400° sous 103 atmosphères en vingt heures, on obtient 25 p. 100 d'alcool isopropylique. L'*aldéhyde isobutyrique* à 350° donne 75 p. 100 de l'alcool correspondant. Mais l'*éthanal* est en partie résinifié, en partie détruit en oxyde de carbone et méthane.

420. Le *cuivre* permet de transformer le *cinnamate de sodium* en *phénylpropionate*, sans hydrogénation du noyau. Il peut être employé pour hydrogéner le *pinène*. Il donne avec le camphène deux hydrures, l'un solide qui fond à 66°, l'autre liquide bouillant à 162°.

La *propanone* n'est pas hydrogénée dans un tube de fer à 280-300°, sous haute pression d'hydrogène. Mais en présence d'oxyde de cuivre (certainement réduit en métal), elle fournit 65 p. 100 d'*alcool isopropylique*, la transformation étant limitée par la réaction inverse.

Hydrogénés sur le cuivre à 300° sous 100 atmosphères, les sels de sodium des deux acides *naphtaliques* se comportent différemment. L'acide α fournit de suite le *tétrahydronaphtalène* ; l'acide β conduit d'abord à l'acide *tétrahydro-naphtalique*, puis au *décahydronaphtalène*[1].

La *poudre de zinc* procure aussi la transformation de la *propanone* en alcool avec un rendement de 50 p. 100.

421. Avec le *palladium* (produit par la réduction du chlorure par les formiates) [1 gramme pour 30 grammes de matière hydrogénable], on obtient, en deux ou trois jours à 110°, la transformation de la *méthyléthylacroléine* $C^2H^5.CH = CH - COH$ en *méthylpentanol*.

$$| \atop CH^3$$

L'*oxyde de mésityle* est, en deux jours à 110°, transformé en *méthylisobutylcétone*.

L'*acétylacétone* après six heures est changée en glycol correspondant[2]. Le *léculose* fournit la *mannite*, le *glucose* donne la *sorbite*[2].

MÉTHODE DE PAAL

422. L'activité catalytique des métaux étant en relation directe avec l'étendue de leurs surfaces, par conséquent avec la ténuité de leurs particules, elle paraissait devoir atteindre son maximum dans les métaux obtenus à l'*état colloïdal;* leur altérabilité chimique se

---

[1] IPATIEF, *J. Soc. Phys. Chim. Russe*, **41**, 1414 ; 1909.
[2] IPATIEF, *J. Soc. Phys. Chim. Russe*, **44**, 1002, 1912 et 1710 ; 1913.

trouvant également accrue par leur extrême division, on ne peut songer à utiliser pratiquement que les *métaux inoxydables à froid*, tels que le platine, le palladium, l'or, l'argent.

423. Bredig a indiqué un moyen simple de préparer des métaux colloïdaux : dans de l'eau pure, il fait jaillir un arc électrique entre deux fils du métal ; on observe une sorte de nébulosité qui devient de plus en plus foncée, et qui est bientôt assez opaque pour empêcher de voir l'étincelle. Les solutions ainsi obtenues peuvent se conserver longtemps, et contiennent par litre de 0,09 gr. à 0,02 gr. de métal, dans le cas de l'or, une dose moindre pour le palladium ou le platine ; le nombre des particules y serait dans certains cas de 1 milliard par millimètre cube.

424. Malheureusement ces solutions se conservent mal en présence de substances différentes. La présence de matières organiques convenables leur donne de la stabilité, et Paal a trouvé qu'il en est ainsi de l'albumine du blanc d'œuf. Il dissout 15 parties de soude dans 100 parties d'eau, ajoute 100 parties d'albumine d'œuf, et chauffe au bain-marie jusqu'à dissolution à peu près complète. On acidule par l'acide sulfurique, et on filtre pour séparer du précipité. La solution est neutralisée par la soude, évaporée à un petit volume au bain-marie, acidulée de nouveau par l'acide sulfurique.

La liqueur filtrée est soumise à la dialyse, qui sépare le sulfate de sodium. Ce qui reste sur le dialyseur est traité à chaud par l'eau de baryte, qui précipite du sulfate. Le liquide filtré est évaporé au bain-marie et additionné de plusieurs fois son volume d'alcool, qui précipite des flocons blancs que Paal a nommé *acide lysalbinique* : séché, il constitue une poudre blanche, soluble dans l'eau, à peu près insoluble dans l'alcool, qui forme à peu près le quart en poids de l'albumine primitive.

Dans 30 grammes d'eau on dissout 1 gramme du produit précédent, on alcalinise par un petit excès de soude ; on ajoute 2 grammes de chlorure platinique, dissous dans un peu d'eau, puis un léger excès d'*hydrate d'hydrazine*. La liqueur se colore en dégageant des gaz : après cinq heures, on dialyse pour éliminer les sels électrolytes, puis on évapore avec précaution au bain-marie, et on sèche dans le vide. On a des lamelles noires brillantes qui se dissolvent dans l'eau en une liqueur noire opaque : c'est le *platine colloïdal* [1].

<hr>

[1] Paal, *Ber.*, **35**, 2195 ; 1902. — Paal et Amberger, *Ber.*, **37**, 126 ; 1904.

On prépare d'une manière analogue le *palladium colloïdal*[1].

Ces solutions sont très stables et, même concentrées, peuvent être chauffées longtemps sans s'altérer : elles décomposent l'eau oxygénée avec une énergie extrême.

425. Pour hydrogéner à l'aide du platine ou du palladium colloïdal, on en forme une solution aqueuse, à laquelle on ajoute le composé à hydrogéner, dissous dans l'alcool ou dans un mélange d'alcool et d'éther, en évitant que l'excès d'alcool ne précipite le métal. Quand la réaction engendre un acide, il faut ajouter une dose de soude suffisante pour le saturer ; sinon il y aurait précipitation du métal.

L'hydrogène est employé sous forme de courant gazeux traversant le liquide, ou mieux simplement maintenu en excès au contact de ce dernier, qu'il est avantageux d'agiter. Une élévation modérée de la température est favorable à la réaction, souvent assez capricieuse : il en est de même de l'augmentation de pression de l'hydrogène.

426. Le maximum d'activité appartient au *palladium colloïdal*, qu'on emploie à des doses variant de $\frac{1}{6}$ à $\frac{1}{2}$ au plus du poids de la matière à transformer.

Le *platine colloïdal* est moins actif, surtout à froid. L'*iridium* est très capricieux. L'*osmium* et l'*argent colloïdaux* sont très peu actifs, le *cuivre* et l'*or* n'ont aucun effet[2].

Le prix élevé du palladium ne permet d'opérer que sur de faibles quantités de substances, 0,1 gr. à 2 grammes, et comme le plus souvent les hydrogénations peuvent être réalisées dans le même sens et bien plus aisément par la méthode Sabatier, l'emploi des métaux colloïdaux est peu avantageux dans la pratique.

427. **Palladium colloïdal.** — Son activité catalytique conduit à des résultats analogues à ceux que fournit le cuivre dans la méthode Sabatier : il n'y a pas hydrogénation du noyau aromatique.

Le *nitrobenzène* est assez bien transformé en *aniline*[3], surtout à 65°-85°.

La *benzaldoxime* fournit de la *benzylamine* et surtout de la *dibenzylamine*.

Les mêmes résultats sont obtenus avec le *benzonitrile*, ainsi qu'avec le *phényléthanol-nitrile* $C^6H^5 . CHOH . CN$ [4].

[1] KELBER et SCHWARTZ, *Ber.*, **45**, 1946 ; 1912. — SKITA ET MEYER. *Ber.*, **45**, 3579 ; 1912.
[2] PAAL et GERUM, *Ber.*, **40**, 2209 ; 1907.
[3] PAAL et AMBERGER, *Ber.*, **38**, 1406 ; 1905.
[4] GERUM, *Inaug. Diss., Erlangen*, 1908.

428. La double liaison éthylénique est hydrogénée facilement, sans modification des fonctions existant dans la molécule. Ainsi l'acide *fumarique*, au bout de une heure et demie, l'*acide maléique*, au bout de sept heures, ont été changés en *acide succinique*.

L'*acide cinnamique* est changé en acide *phénylpropionique*, et l'*acide oléique*, en *stéarique* avec un rendement de 60 p. 100 en quarante-trois minutes [1].

La *carvone* se transforme en *tétrahydrocarvone* [2].

Il y a aussi fixation d'hydrogène sur les doubles liaisons éthyléniques de l'*eucarvone*, des *terpinéols* α et β, de la *thuyone*, de l'*isothuyone*, de la *méthylheptènone*, de la *cyclohexènone*, etc [2]. De même la *pulégone* se change en *menthone*; l'*oxyde de mésityle*, dans l'hydrogène à la pression ordinaire, donne la *méthylisobutylcétone* [3].

Dans les composés diéthyléniques où les doubles liaisons sont consécutives, l'hydrogénation porte simultanément sur toutes deux, tandis qu'elle peut avoir lieu successivement sur chacune d'elles quand elles sont séparées par un atome de carbone.

Ainsi la *phorone* peut donner d'abord la *dihydrophorone*, puis la *valérone*.

La *dibenzylidène-propanone* $C^6H^5.CH = CH.CO.CH = CH.C^6H^5$ peut fournir successivement la *benzyl benzylidènepropanone* $C^6H^5.CH = CH.CO.CH^2.CH^2.C^6H^5$ puis la *dibenzylpropanone* [4].

Le *diphényl* 1.10 *décadiène* 1.9 fournit le *diphényl* 1.10 *décane* [5].

La triple liaison acétylénique pourra être comblée en deux étapes successives. Ainsi le *phénylacétylène* en solution acétique, fournit successivement le *styrolène*, puis l'*éthylbenzène*.

Le *tolane* donne le *stilbène*, puis le *dibenzyle*.

Le *diphényldiacétylène* fournit d'abord le *diphényl* αδ *butadiène* αγ, puis le *diphénylbutane* αδ [6].

429. La transformation des aldéhydes et des acétones en alcools peut être réalisée, quoique plus difficilement. Le *benzylal* passe en partie à l'état d'alcool benzylique [7].

La *phorone* dans l'hydrogène à la pression ordinaire se change en

[1] Paal et Gérum, *Ber.*, **41**, 2273, 2277 ; 1908.
[2] Wallach, *Lieb. Ann.*, **336**, 37.
[3] Wallach, *Nachr. Ges. der Wiss. Göttingen*, 1910, 517.
[4] Paal, *Ber.*, **45**, 2221 ; 1912.
[5] Borsche et Wollemann, *Ber.*, **44**, 3185 ; 1911.
[6] Kelber et Schwartz, *Ber.*, **45**, 1966 ; 1912.
[7] Skita et Ritter, *Ber.*, **43**, 3393 ; 1910.

diisobutylcarbinol. Sous pression réduite à 1/2 atmosphère, l'hydrogénation s'arrête à la *valérone.*

L'*oxyde de mésityle*, sous pression de 5 atmosphères, donne le *méthylisobutylcarbinol.*

L'*aldéhyde phénylacétique* fournit régulièrement l'alcool correspondant[1].

L'*azobenzène* est à froid rapidement changé en *hydrazobenzène*, qui est ensuite lentement changé en *aniline*[2].

Les *ionones* α et β sont transformés en dihydrures sans odeur, puis en tétrahydrures[3].

La *quinidine* fournit la *dihydroquinidine* (qui fond à 165°). La *cinchonidine* donne de même la *dihydrocinchonidine* (qui fond à 229°)[4].

L'*acide benzoïque* est changé en *acide hexahydrobenzoïque*, le *naphtalène* en *décahydronaphtalène*, la *pyridine* en *pipéridine*, la *quinoléine* en *décahydroquinoléine*[5].

Le *platine colloïdal* peut donner des résultats analogues ; ainsi il a transformé le *caryophyllène* (dissous dans le méthanol) en dihydrure $C^{15}H^{26}$[6].

MÉTHODE DE WILLSTOETTER

430. Le procédé consiste à soumettre à un courant d'hydrogène gazeux, ou à laisser au contact d'une atmosphère illimitée d'hydrogène, la substance que l'on veut transformer, dissoute dans un véhicule convenable, intimement mélangée, grâce à une agitation constante, à du *noir de platine*, ou à du noir de palladium. Il a été employé pour la première fois par Fokin, qui a transformé dans ces conditions l'*acide oléique* (dissous dans l'éther) en acide stéarique, par un courant d'hydrogène à froid, en présence de noir de palladium ou de platine[7].

Mais c'est Willstœtter qui a généralisé cette méthode en l'appliquant à des travaux variés.

431. C'est le *noir de platine* préparé d'après les indications de Lœw (90) qui convient le mieux. Le *noir de palladium*, peut aussi

[1] Skita et Ritter, *loc. cit.*
[2] Skita, *Ber.*, **45**, 3312 ; 1912.
[3] Skita, Meyer et Bergen, *Ber.*, **45**, 3312 ; 1912.
[4] Skita et Nord, *Ber.*, **45**, 3312 ; 1912.
[5] Skita et Meyer, *Ber.*, **45**, 3587 ; 1912.
[6] Deussen, *Ann. Chem. Pharm.*, **388**, 136 ; 1912.
[7] Fokin, *J. Soc. Phys. Chim. Russe*, **39**, 607 ; 1907.

être employé : on l'obtient en réduisant le *chlorure palladeux*, par le formol, en présence de soude caustique [1]. Mais son emploi est moins avantageux que celui du noir de platine.

432. La matière dissoute, dans l'éther ou dans un dissolvant inerte quelconque, est additionnée de *noir de platine*, et placée dans un flacon qu'un appareil mécanique à secousses permet d'agiter continuellement, et qui communique avec un gazomètre plein d'hydrogène.

On s'est servi selon les cas de poids très variés de noir de platine, allant de $\frac{1}{3}$ à $\frac{1}{30}$ du poids de la substance.

La dilution de la matière n'est pas une condition indispensable au succès de la méthode.

433. **Noir de platine.** — Les doubles liaisons éthyléniques sont aisément comblées. L'*amylène* est changé en *pentane* [2]. L'*alcool oléique* se transforme aisément en *alcool octadécylique*, l'*oléate d'éthyle* est changé quantitativement en *stéarate*. L'*alcool érucique* fournit de même l'*alcool docosylique*.

Le *phytène* $C^{20}H^{40}$, fournit le *phytane* $C^{20}H^{42}$, et le *phytol* $C^{20}H^{39}OH$ donne le *dihydrophytol* $C^{20}H^{41}.OH$, lentement, mais avec un bon rendement. Le *géraniol* (264) n'est hydrogéné que lentement, et fournit au bout de plusieurs jours l'alcool saturé correspondant [3].

Le *safrol* ou l'*isosafrol* se changent en trois heures en *dihydrosafrol*. De même l'*eugénol* ou l'*isoeugénol* fournissent le *propylgaïacol* [4].

L'*alcool allylique* donne l'*alcool propylique*, les acides *maléique*, *citraconique*, *cinnamique*, fournissent les acides saturés correspondants [5].

La *cholestérine*, en solution éthérée avec $\frac{1}{3}$ de son poids de noir de platine, se change en deux jours en *dihydrocholestérine* [6].

434. L'acide *octanediine-dioïque*

$$CO^2H.C \equiv C. CH^2. CH^2. C \equiv C. CO^2H$$

donne en quatre jours l'*acide subérique* [7].

[1] BRETEAU. *Div. Méth. d'hydrogèn. app. au phén.*, Paris. 1911, p. 25.
[2] FOKIN, *J. Soc. Chim. Russe*, **40**. 276 ; 1908.
[3] WILLSTŒTTER et MAYER, *Ber.*, **41**, 1475 ; 1908.
[4] FOURNIER, *Bull. Soc. Chim.*, (4, **7**. 23 ; 1910.
[5] FOKIN, *J. Soc. Phys. Chim. Russe*, **40**. 276 ; 1908.
[6] WILLSTŒTTER et MAYER, *Ber.*, **41**, 2199 ; 1908.
[7] LESPIEAU et VAVON, *C. R*, **148**. 1335 ; 1909.

435. La fonction *aldéhydique* ou *acétonique* peut se transformer régulièrement en fonction alcoolique. L'*aldéhyde crotonique* se change (après onze heures) en un mélange d'*aldéhyde butyrique* et d'*alcool butylique*[1].

La *propanone* en solution aqueuse est changée en *alcool isopropylique*.

La *méthyléthylcétone* est, en douze heures, totalement transformée en *méthyléthylcarbinol*.

Le passage à l'alcool a lieu plus vite avec la *cyclopentanone* (dissoute dans 5 volumes d'éther), ou avec la *cyclohexanone*, sans aucune complication.

L'*oxyde de mésityle* fournit successivement l'acétone saturée, puis l'alcool.

La *menthone* fournit le *menthol*, la *pulégone*, le *pulégomenthol*[2].

La *carvone* (avec $\frac{1}{5}$ de noir de platine) fournit successivement par fixation de H^2, H^4, H^6, la *carvotanacétone*, la *tétrahydrocarvone* et enfin plus lentement le *carvomenthol*[3].

436. Les *aldéhydes aromatiques* sont transformés à peu près quantitativement en alcools : c'est là une réaction précieuse, les autres méthodes donnant naissance aux hydrocarbures (285 et 411). Avec 10 grammes de *noir*, on peut en quelques heures hydrogéner une molécule-gramme. C'est ce qui a lieu pour le *benzylal*, l'*aldéhyde méthylsalicylique*, l'*aldéhyde benzoylsalicylique*, l'*aldéhyde anisique*, la *vanilline* et ses dérivés *méthyl-*, *éthyl-*, *acétyl-*, *benzoyl-* ; le *pipéronal* fournit l'alcool fondant à 54°, l'*aldéhyde cinnamique* donne l'alcool *phénylpropylique*[4].

L'*acétophénone* fixe de suite H^{10} en donnant l'*éthylcyclohexane*[2].

437. L'*acide benzoïque* en solution éthérée est lentement transformé en *acide hexahydrobenzoïque*, sans intermédiaires[5].

Les composés *aromatiques* sont complètement hydrogénés en composés cyclohexaniques à condition qu'ils soient parfaitement purs. Des traces d'impuretés, surtout de produits sulfurés, empêchent la réaction.

Le *toluène*, les *xylènes* sont transformés plus facilement que le

[1] Fournier. *Bull. Soc. Chim.*, (4), **7**, 23 ; 1910.

[2] Vavon, *C. R.*, **155**, 286 ; 1912.

[3] Vavon, *C. R.*, **153**, 68 ; 1911.

[4] Vavon, *C. R.*, **154**, 359 ; 1912.

[5] Willstœtter et Mayer, *Ber.*, **41**, 1475 ; 1908.

benzène. Le *durène* fournit l'*hexahydrodurène* (bouillant à 161°
sous 711 millimètres). Il en est de même du *phénol*, du *naphtalène*,
et même du *chlorotoluène*.

L'*aniline* donne surtout la *dicyclohexylamine* avec seulement
10 p. 100 de *cyclohexylamine*.

Le *pyrrol* se change en *pyrrolidine*[1].

438. Le procédé convient bien pour l'hydrogénation des *terpènes*.
Le *limonène* (35 grammes pour 9 de platine) fournit après trente
minutes un *dihydrure* bouillant à 175°, après soixante-cinq minutes
le *tétrahydrure*.

Le *pinène* (15 grammes de noir pour 500 grammes de pinène)
absorbe rapidement l'hydrogène, jusqu'à 60 litres par heure au
début : au bout de quatre-vingt-une heures, il est totalement transformé en *dihydrure* bouillant à 166° (333). Le *camphène* donne un
dihydrure solide fondant à 87°[2].

439. Le *thuyène* α $C^{10}H^{16}$, que la méthode de Sabatier et Senderens
transforme en menthane (334), est par l'action du noir de platine,
dans l'hydrogène sous 25 à 50 atmosphères, transformé totalement
en deux jours au plus en *thuyane* $C^{10}H^{18}$ (b. à 157°) par maintien du
double cycle interne. Il en est de même du *thuyène* β et du *sabi-
nène*[3].

440. La *cyclo-octénone*, avec $\frac{1}{10}$ de son poids de noir, est changée
en *cyclo-octanone*. Le *cyclo-octatriène* ainsi que le *cyclo-octatétraène*
CH = CH — CH = CH sont transformés en *cyclo-octane*[4].

441. Le *phénanthrène* en solution éthérée, fournit en deux jours à
froid, en huit heures à l'ébullition de l'éther, le *dihydrure* fondant à
94°[5]. Toutefois, Breteau, en opérant en solution cyclohexanique,
n'a obtenu aucune hydrogénation[6].

442. *Noir de palladium*. — Les résultats qu'il fournit semblent
être beaucoup moins avantageux que ceux du *noir de platine*[7]. On

[1] WILLSTŒTTER et HATT, *Ber.*, **45**, 1471 ; 1912.

[2] VAVON, *C. R.*, **149**, 997 1909 et **152**, 1675 ; 1911. — *Bull. Soc. Chim.*: (4), **9**, 256 ; 1911.

[3] TCHOUGAEFF et FOMIN, *C. R.*, **151**, 1058 ; 1910.

[4] WILLSTŒTTER et VASER, *Ber.*, **44**, 3435, 3444 ; 1911.

[5] SCHMIDT et FISCHER, *Ber.*, **41**, 4225 ; 1908.

[6] BRETEAU, *Div. Méth. d'Hydrog. app. au phén*, Paris, 1911, 20.

[7] FOKIN, *Z. Angew. Chem.*, **22**, 1451.

n'a pu réaliser avec son concours, en solution alcoolique par un courant d'hydrogène, la transformation du *nitrobenzène* en aniline[1], mais on finit par l'obtenir au moyen d'un contact permanent entre la solution et l'hydrogène en excès[2].

On a dit plus haut que l'*acide oléique* en solution éthérée est transformé en acide stéarique (430) : le résultat est plus complet à chaud (150°) sous pression d'hydrogène.

Le *vinyltriméthylène*, traité à froid par l'hydrogène sous 35 atmosphères, en présence de chlorure de palladium (qui se réduit), donne l'*éthyltriméthylène* (bouillant à 36°5)[3].

443. Le *phénanthrène* en solution dans le cyclohexane (5 grammes de noir pour 10 grammes de carbure) est transformé en *tétrahydrure*[4].

MÉTHODE PAR LES MÉTAUX COMMUNS SOUS BASSES PRESSIONS

444. Les métaux communs catalyseurs tels que le nickel ou le cuivre réduits peuvent être employés à l'hydrogénation directe des substances liquides, pourvu que le mélange intime de ces liquides avec la poudre métallique et avec l'hydrogène gazeux soit réalisé par une agitation violente de la masse portée à une température convenable. Il est visible que l'augmentation de la pression de l'hydrogène sera favorable à sa fixation.

La première application qui a été faite de cette méthode a eu pour but la transformation directe des corps gras liquides (éthyléniques ou diéthyléniques) en corps gras solides. L'*acide oléique* est changé en *acide stéarique*. Les *huiles d'olive, de lin, de poisson*, etc. sont transformées en graisses solides plus ou moins dures[5].

L'hydrogénation par le nickel en milieu liquide est appliquée en grand dans l'industrie des graisses ; mais elle peut être étendue à un grand nombre de cas. La condition fondamentale du succès est une agitation suffisamment énergique dans l'hydrogène, une pression de quelques atmosphères étant utile, mais non indispensable, et l'hydrogénation pouvant être réalisée même sous pression réduite. Un simple barbotement de l'hydrogène dans le liquide ne suffirait pas.

[1] Paal et Amberger, *Ber.*, **38**, 1409 ; 1905.

[2] Gehrm, *Inaug. Diss., Erlangen*, 1908.

[3] Filippof, *J. Soc. Phys. Chim. Russe*, **44,** 469 : 1912.

[4] Breteau, *loc. cit.*, 26.

[5] *Brevet allemand* Leprince et Sivekf, n° 141029, 14 août 1902.

La substance dans laquelle on incorpore le nickel réduit à l'avance peut être le liquide pur, ou une dissolution dans l'eau ou un dissolvant organique.

Les doubles liaisons éthyléniques dans les composés aliphatiques sont ainsi très facilement comblées dès la température ordinaire, avec dégagement de chaleur. C'est le cas du *caprylène*, de l'*acide cinnamique* ou des *cinnamates*, du *géraniol*, du *linalol*.

L'hydrogénation des cycles est plus laborieuse et exige une température plus haute.

Avec le *phénol*, on a, à partir de 50°, et rapidement vers 100-120°, transformation intégrale en *cyclohexanol*, sans production de *cyclohexanone*.

Les *phénols*, les *diphénols*, les *triphénols*, les *oxydes phénoliques* sont d'autant plus difficiles à hydrogéner que les oxhydriles y sont plus nombreux et que les branches forméniques y sont plus longues et plus nombreuses.

Les *naphtols* α et β fixent H² : mais en général, les composés cycliques autres que les phénols ne sont pas aisés à hydrogéner.

Les *aldéhydes* et les *acétones*, y compris les *aldoses* et *cétoses* (en solution aqueuse), sont plus difficiles à hydrogéner que les phénols, et exigent fréquemment une température comprise entre 100° et 150°.

Fréquemment, par exemple pour le *citral*, le *cinnamal*, le *sylvestrène*, l'*anéthol*, l'*eugénol*, l'hydrogénation peut être réalisée en plusieurs étapes successives[1].

---

[1] Brochet, *Bull. Soc. Chim.*, (4), **13**, 197 : 1913.

CHAPITRE X

ISOMÉRISATIONS, POLYMÉRISATIONS, CONDENSATIONS PAR ADDITION

§ 1. — ISOMÉRISATIONS

445. Les isomérisations, c'est-à-dire les changements de structure effectués dans une molécule, sans modifier sa composition, sont fréquemment accomplis par la simple action de la chaleur.

Les catalyseurs ayant très souvent comme effet d'abaisser la température des réactions, on peut prévoir que leur emploi permettra, dans un grand nombre de cas, de réaliser à température moins élevée des transformations isomériques, ou de les obtenir beaucoup plus vite. C'est ce que l'expérience vérifie fréquemment dans des conditions très variées.

446. Métaux. — Les métaux divisés n'interviennent que dans un petit nombre de cas. On peut toutefois signaler le changement du *cyclopropane* en *propène* : la chaleur seule l'accomplirait à 600°. En présence de mousse de platine, il a lieu lentement à froid, très vite à 100°[1].

Le *cycloheptane*, chauffé avec du nickel réduit dans une atmosphère d'hydrogène à 210°, se change en méthylcyclohexane. De même le *cyclo-octane* passe à l'état de diméthylcyclohexane[2].

447. Brome, iode. — Ils interviennent quelquefois, peut-être à la suite de leur transformation partielle en hydracide. Le *brome* agit à froid sur l'*acide maléique* $CO_2H.CH = CH.CO_2H$. pour donner de l'acide dibromosuccinique ; mais une partie de l'acide maléique est changée en son stéréoisomère géométrique, l'*acide fumarique*[3].

[1] TANATAR, *Z. physik. Chem.*, **41**, 735 ; 1902.

[2] WILLSTŒTTER et KAMETAKA, *Ber.*, **41**, 1480 ; 1908.

[3] PETRI, *Lieb. Ann.*, **195**, 49 ; 1879.

448. De même des traces d'*iode* suffisent à transformer les éthers maléiques en éthers fumariques [1].

449. Acides minéraux. — Les acides minéraux forts permettent de réaliser un très grand nombre de changements isomériques ; la concentration de l'acide employé a généralement une grande influence sur le sens de la transformation. Le mécanisme de cette dernière peut généralement être interprété par une hydratation du composé primitif, réalisée sous l'action des ions de l'acide, et suivie d'une déshydratation, ou inversement.

450. Ainsi l'*acide sulfurique* transforme les *aldoximes* $R.CH = NOH$ de la série grasse en leurs isomères *amides* $R.CO.NH^2$. Il suffit, pour l'expliquer, d'admettre qu'il y a eu d'abord déshydratation de l'oxime en nitrile, que le contact de l'acide hydrate régulièrement en amide.

451. Les matières sucrées, glucose, lévulose, galactose, arabinose, xylose, non susceptibles d'un dédoublement moléculaire par hydratation, présentent un phénomène spécial désigné sous le nom de *multirotation :* le pouvoir rotatoire mesuré immédiatement après la dissolution dans l'eau est bien plus grand que celui qui est observé après quelque temps [2].

Ainsi celui du glucose, qui est au début de 105°, s'abaisse à la moitié, 52°,5 [3]. La cause doit en être attribuée à l'existence de modifications moléculaires isomériques de ces divers sucres, analogues aux trois variétés que Tanret a pu isoler pour le glucose [4].

De ces trois variétés, l'une stable en liqueur étendue, β, possède précisément le pouvoir rotatoire final, 52°5 ; une autre, α, est celle qui correspond à 106°. Le passage à la forme isomérique stable a lieu lentement à froid, plus vite à chaud, mais la présence des *acides minéraux* l'accélère beaucoup [5].

452. L'*acide sulfurique* effectue beaucoup d'isomérisations dans la série terpénique. Le *pinène* chauffé avec l'acide dilué de son volume d'eau se change en *terpilène* [6]. De même le *phellandrène* fournit du *terpinène* [7].

453. La *menthone* dextrogyre, maintenue en contact prolongé avec

[1] Skraup, *Monatsh.*, **12**, 107 ; 1891.

[2] Dubrunfaut, *Ann. Chim. Phys.*, (3), **18**, 105 ; 1846.

[3] Parcus et Tollens, *Lieb. Ann.*, **257**, 160 ; 1890.

[4] Tanret, *Bull. Soc. Chim.*, (3), **15**, 195 et 349 ; 1896.

[5] Erdmann, *Jahresber.*, 1855, 672.

[6] Armstrong et Tilden, *Ber.*, **12**, 1754 ; 1879.

[7] Wallach, *Lieb. Ann.*, **239**, 35 ; 1887.

de l'acide sulfurique additionné de $\frac{1}{10}$ de son volume d'eau, donne la *menthone* lévogyre[1]. La *thuyone* est isomérisée en *isothuyone* quand on la chauffe pendant neuf heures avec de l'acide sulfurique dilué de deux fois son volume d'eau[2].

454. Les *oximes* des acétones cycliques au contact d'acide sulfurique se transposent en amides internes, ou isooximes. Ainsi la *cyclohexanoneoxime*

$$CH^2\!\!<\!\!\begin{array}{c}CH^2 - CH^2 \\ CH^2 - CH^2\end{array}\!\!>\!C = NOH$$

fournit la lactame de l'acide *amido ε caproïque*

$$CH^2\!\!<\!\!\begin{array}{c}CH^2 - CH^2 - NH \\ CH^2 - CH^2 - CO.\end{array}$$

Il convient d'employer pour cette réaction l'acide concentré additionné d'un peu d'eau ou d'acide acétique[3].

455. L'acide sulfurique concentré isomérise les composés *azoxyaromatiques* en dérivés *oxyazoïques*; ainsi :

$$\begin{array}{cc}C^6H^5 - N\!\!\diagdown & C^6H^5 - N \\ \quad\quad\ \big|\ \ \diagup O \text{ fournit} & \quad\quad \| \\ C^6H^5 - N\diagup & C^6H^4(OH) - N.\end{array}$$

456. L'*acide chlorhydrique* peut réaliser la transformation de l'*acide maléique* en acide *fumarique*[4]. Comme l'acide sulfurique froid, il change la *benzaldoxime* α en isomère β[5].

Au contact d'acide chlorhydrique, l'*hydrazobenzène* se transforme en *benzidine*[6] :

$$\begin{array}{ccc}C^6H^5 - NH & & C^6H^4 - NH^2 \\ \quad\quad\ \big| & = & \quad\quad\ \big| \\ C^6H^5 - NH & & C^6H^4 - NH^2.\end{array}$$

L'*acétylchloraminobenzène* $CH^3.CO.NCl.C^6H^5$ se transpose en *parachloracétanilide*, $CH^3.CO.NH.C^6H^4.Cl$, sous l'influence de l'acide chlorhydrique[7].

457. *Acides bromhydrique, iodhydrique.* — Ces deux acides con-

[1] BECKMANN, *Lieb. Ann.*, **250**, 334 ; 1889.

[2] WALLACH, *Lieb. Ann.*, **286**, 101.

[3] WALLACH. *Lieb. Ann.*, **312**. 171 ; 1900.

[4] KÉKULÉ et STRECKER. *Lieb. Ann.*, **223**. 186 ; 1884.

[5] BECKMANN, *Ber.*, **20**, 1509 et 2766 ; 1887.

[6] ZININ, *J. prakt. Chem.*. **36**. 93.

[7] ACREE et JOHNSON, *Am. Chem. Journ.*, **37**. 1907.

centrés transforment à chaud l'acide maléique en acide fumarique[1], et l'acide *citraconique* en acide *métaconique*[2].

458. *Acide azotique.* — L'acide azotique dilué peut être substitué à l'acide bromhydrique concentré pour cette dernière isomérisation[3], ainsi que pour celle de l'acide maléique[4].

459. *Acide sulfhydrique.* — Quand on précipite par l'acide sulfhydrique les maléates de plomb, de cuivre ou de cadmium, l'acide maléique libéré se change en acide fumarique[5].

460. *Acide azoteux.* — De faibles doses d'acide azoteux transforment en stéréoisomères *trans* plusieurs *acides éthyléniques cis*. Ainsi l'*acide oléique* fournit l'*acide élaïdique*[6], l'acide *hypogéique* $C^{16}H^{30}O^2$ donne l'acide *gaïdique*[7], l'acide *érucique* $C^{20}H^{38}O^2$ passe à l'état d'acide *brassidique*[8].

C'est sans doute en agissant par son acide azoteux que le *nitrite d'éthyle*, en solution alcoolique, procure l'isomérisation de la *thio-urée* en *isosulfocyanate d'ammonium*[9].

461. Si à une solution d'*acide maléique* on ajoute des quantités équivalentes d'*hyposulfite de sodium*, puis d'acide sulfurique, il se dégage de l'anhydride sulfureux sans dépôt notable de soufre, et il se dépose 25 p. 100 de cristaux d'*acide fumarique*[10].

462. **Bases solubles.** — Les bases solubles fortement ionisées provoquent fréquemment, comme les acides minéraux, des transformations isomériques. La *potasse* et la *soude* sont les plus actives.

L'*éthylacétylène* chauffé à 170° en présence de potasse se change en *diméthylacétylène*[11].

463. L'*hydrobenzamide* $C^6H^5 . CH : N$
$$\left. \begin{array}{l} C^6H^5 . CH : N \\ C^6H^5 . CH : N \end{array} \right\rangle CH . C^6H^5,$$ bouilli quelque temps avec de la potasse, s'isomérise en *amarine* :

[1] KÉKULÉ, *Lieb. Ann. Supp. B.*, **1**, 133 : 1861.

[2] KÉKULÉ, *Lieb. Ann. Supp. B.*, **2**, 94 : 1862. — FITTIG, *Lieb. Ann.*, **188**, 77.

[3] GOTTLIEB, *Lieb. Ann.*, **77**, 268 : 1877.

[4] KÉKULÉ, *Lieb. Ann. Supp. B*, **2**, 93 : 1862.

[5] SKRAUP, *Monatsh.*, **12**, 107 ; 1891.

[6] BOUDET, *Ann. Chim. Phys.*, (2), **50**, 391 : 1832. — LAURENT, *Ann. Chim. Phys.*, (2), **65**, 149 : 1837.

[7] CALDWELL et GÖSSMANN, *Lieb. Ann.*, **99**, 307 : 1856.

[8] HAUSSKNECHT, *Lieb. Ann.*, **143**, 54 : 1867.

[9] CLAUS, *Lieb. Ann.*, **179**, 129 : 1875.

[10] TANATAR, *J. Soc. Phys. Chim. Russe*, **43**, 1742 ; 1912.

[11] FAVORSKI, *J. Soc. Phys. Chim. Russe*, **19**, 444 et 553 ; 1887 et **20**, 518 ; 1888.

$$C^6H^5 - C - NH$$
$$\qquad\qquad || \qquad\qquad\rangle CH . C^6H^5\ [1].$$
$$C^6H^5 - C - NH$$

464. Le *diazobenzène potassé* $C^6H^5 . N : N . OK$, chauffé à 130° avec de la potasse concentrée, se change en *phénylnitrosamine potassée* [2] :

$$C^6H^5 - N\begin{cases} NO \\ K \end{cases}$$

L'*isoeugénol* chauffé avec de la *potasse* (et de l'alcool amylique) se transforme en *eugénol*, réaction utilisée pour la production industrielle de la vanilline [3].

465. La *soude* concentrée agit au-dessus de 100° pour transformer l'*acide citraconique* en *acide itaconique*, et surtout en acide *mésaconique* [4].

L'acide *dihydro* 3.6. *orthophtalique*, chauffé une demi-heure avec de la soude, est isomérisé en deux autres acides isomères [5].

466. Les solutions de soude peuvent aussi déterminer de nombreuses transformations stéréoisomériques dans la série des matières sucrées, et il en est de même des solutions de chaux, de baryte, et même de l'eau pure en présence des hydrates $Pb (OH)^2$ ou $Zn (OH)^2$. Le *glucose*, le *mannose* ou le *fructose*, chauffés deux heures dans ces conditions, donnent naissance au même mélange de ces trois hexoses. A froid, les solutions alcalines concentrées réalisent en cinq jours la même isomérisation. Le *galactose* donne de même un mélange de *sorbose*, de *tagatose*, de *talose*, et de *galtose* [6].

De même l'eau de baryte transforme le *gulose* ou l'*idose* en *sorbose* [7].

467. Alumine. — L'*isopropyléthylène* chauffé sous pression en présence d'alumine anhydre à 480°-500° se change en *triméthyléthylène* [8].

468. Bromure d'aluminium. — Le bromure de propyle $CH^3 . CH^2 . CH^2 Br$ bouilli cinq minutes avec 10 p. 100 de bromure d'aluminium est transformé totalement en bromure d'isopropyle $CH^3.CHBr. CH^3$; 4 p. 100 du sel suffisent pour opérer la réaction totale à

---

[1] Fownes, *Lieb. Ann.*, **54**, 364 ; 1845.

[2] Schraube et Schmidt, *Ber.*, **27**, 522 ; 1894.

[3] Tiemann, *Ber.*. **24**, 2871 ; 1891.

[4] Delisle, *Lieb. Ann.*, **269**, 82 ; 1892.

[5] Baeyer, *Lieb. Ann.*, **269**, 194 ; 1892.

[6] Lobry de Bruyn et van Ekenstein, *Rec. Trav. Chim. Pays-Bas*, **14**, 203 et **15**, 92.

[7] Lobry de Bruyn et Blanskma, *Rev. Trav. Chim. Pays-Bas*, **27**, 1 ; 1908.

[8] Ipatief, *J. Soc. Phys. Chim. Russe*, **38**, 63 et 92 ; 1906.

froid en vingt-quatre heures [1]. Le mécanisme est visiblement une séparation en propène et acide bromhydrique, qui se recombinent en donnant le dérivé secondaire.

469. Sulfate mercurique. — Les *pinacones acétyléniques*, maintenues au bain-marie pendant une heure avec une solution diluée de sulfate mercurique (4 grammes dans 100 grammes d'eau), sont rapidement et totalement isomérisées en *cétohydrofurfuranes*. Il y a sans doute d'abord hydratation de la triple liaison, puis déshydratation du glycol obtenu [2]. Ainsi :

$$\begin{array}{l}
CH^3 \\
{\Large\diagdown} \\
COH - C \equiv C\,.\,COH \\
{\Large\diagup} \\
CH^3
\end{array}
\begin{array}{l}
{\Large\diagup}CH^3 \\
\\
{\Large\diagdown}CH^3
\end{array}
\text{ fournit }
\begin{array}{c}
CO - CH^2 \\
| \qquad | \\
(CH^3)^2 = C \quad\ C = (CH^3)^2 \\
{\Large\diagdown}\ {\Large\diagup} \\
O
\end{array}$$

470. Alcalis organiques. — Les acides issus des hexoses s'isomérisent quand on les chauffe à 135°-150° avec de l'eau et un alcali organique ne donnant pas d'amide avec l'acide ; on emploie d'ordinaire la quinoléine ou la pyridine. Le nouvel acide ne diffère que par la disposition autour du dernier atome de carbone asymétrique. D'ailleurs les isomérisations ainsi réalisées peuvent avoir lieu dans les deux sens, et par suite sont toujours limitées. Ainsi l'*acide gluconique* fournit l'*acide mannonique*, avec la quinoléine, et réciproquement [3]. De même au moyen de la pyridine, on passe de l'*acide arabonique* (à 5 atomes de carbone) à l'*acide ribonique* [4], de l'acide *lyxonique* à l'acide *xylonique* [5] et aussi de l'acide bibasique *talomucique l* à l'*acide mucique* [6].

§ 2. — POLYMÉRISATIONS

471. Fréquemment plusieurs molécules identiques, possédant une ou plusieurs liaisons multiples, se condensent en une molécule unique, qui est dite *polymère* de la molécule primitive. La présence de catalyseurs détermine souvent cette réaction, ou en accélère la vitesse. Nous examinerons à ce point de vue successivement :

---

[1] Kékulé et Schrötter, *Ber.*, **12**, 2279 ; 1879. — Gustavson, *J. Soc. Phys. Chim. Russe*, **15**, 61 ; 1883.
[2] G. Dupont, *C. R.*, **152**, 1486 ; 1911 et **153**, 275 ; 1911.
[3] E. Fischer, *Ber.*, **23**, 801 ; 1890.
[4] Fischer et Piloty, *Ber.*, **24**, 4216 ; 1891.
[5] Fischer et Bromberg, *Ber.*, **29**, 584 ; 1896.
[6] Fischer et Morell, *Ber.*, **27**, 387 ; 1894.

Les hydrocarbures (éthyléniques, acétyléniques, terpènes, etc.) ;
Les aldéhydes ;
Les nitriles.

HYDROCARBURES

472. Carbures éthyléniques. — Les carbures éthyléniques C^nH^{2n} se changent assez souvent en polymères de formule double, triple et même quadruple, de fonction identique à celle du carbure primitif.

Le *fluorure de bore* BF^3, mis au contact d'*isoamylène*, le transforme en *diamylène* [1].

L'*acide sulfurique* étendu de $\frac{1}{5}$ de son volume d'eau, change à froid l'isobutylène en *tributylène* bouillant à 177° [2].

De même l'*amylène*, au contact d'acide *sulfurique* à 0°, se change en *diamylène* bouillant à 155° [3].

L'*alumine* anhydre favorise la polymérisation des carbures éthyléniques chauffés sous pression (70 atmosphères) à températures élevées ; mais la nature des produits obtenus ne diffère pas de ceux que fournirait la chaleur seule en l'absence du catalyseur [4].

473. Acétylène. — L'acétylène est absorbé plus énergiquement que l'hydrogène par le *palladium colloïdal*, et il est en majeure partie polymérisé [5].

474. Valérylène. — Le valérylène C^5H^8, agité avec de l'acide sulfurique, se change en polymères, *trivalérylène* et *polyvalérylènes* [6].

475. Terpènes. — Le *limonène* maintenu longtemps à froid au contact d'*acide formique* se change en *diterpilène* $C^{20}H^{32}$.

Le *pinène* chauffé douze heures avec de l'acide formique subit la même transformation [7].

Le *pinène* est transformé en *colophène* $C^{20}H^{32}$, au contact d'*acide sulfurique* concentré, de *fluorure de bore*, ou d'*anhydride phosphorique* [8].

[1] LANDOLPH, *Ber.*, **12**, 1578 ; 1879.

[2] BUTLEROFF, *Ber.*, **6**, 561 ; 1873.

[3] SCHNEIDER, *Lieb. Ann.*, **157**, 207 ; 1871.

[4] IPATIEF *J. Soc. Phys. Chim. Russe*, **43**, 1420 ; 1911.

[5] PAAL et HOHENEGGER, *Ber.*, **43**, 2684 ; 1910.

[6] BOUCHARDAT, *Bull. Soc. Chim.*, **33**, 24 ; 1880. — REBOUL, *Lieb. Ann.*, **143**, 373 ; 1867.

[7] LAFONT, *Ann. Chim. Phys.*, (6), **15**, 179 ; 1888.

[8] SAINTE-CLAIRE DEVILLE, *Ann. Chim. Phys.*, (2), **75**, 66 ; 1839 et (3), **26**, 85 ; 1849.

Le *pinène*, chauffé à 50° avec 20 p. 100 de chlorure d'antimoine, se change en tétratérébenthène $C^{40}H^{64}$ [1].

476. Indène. — L'indène, au contact d'acide sulfurique, se polymérise en *para-indène* $(C^9H^8)^x$ qui fond vers 210° [2].

ALDÉHYDES

477. La tendance à la polymérisation est très générale dans les aldéhydes, et il suffit de faibles traces de diverses matières pour la réaliser, soit que les molécules ainsi condensées le soient par jonction de deux atomes de carbone, soit qu'elles soient unies par les atomes d'oxygène.

478. Aldolisation. — Le premier mode est appelé *aldolisation ;* il conserve l'une des fonctions aldéhydiques et remplace celle de la seconde molécule par une fonction alcoolique. Le nom lui vient de l'*aldol*, premier exemple décrit de ce genre de polymérisation.

L'*éthanal*, abandonné quelque temps au contact d'un peu d'*acide chorhydrique*, ou d'une solution de *chlorure de zinc*, se condense avec une seconde molécule en donnant l'*aldol*, ou *butanalol* 1.3 [3].

$$CH^3 . CO . H + CH^3 . CO . H = \underline{CH^3 . CHOH . CH^2 . CO . H}$$
aldol

On obtient encore plus aisément la même transformation en laissant l'éthanal pendant dix-huit heures au contact d'une solution de *carbonate neutre de potassium*, ou d'un fragment de *potasse caustique* solide [4]. En présence de *tournure de zinc* à 100°, l'éthanal donne aussi de l'aldol, en même temps que de l'*aldéhyde crotonique* par perte d'eau (714).

479. De même l'*aldéhyde benzoïque*, abandonné à chaud avec une solution alcoolique de *cyanure de potassium* (20 grammes de cyanure pour 200 grammes d'aldéhyde), se transforme rapidement en *benzoïne* $C^6H^5 . CHOH . CO . C^6H^5$ [5]. La fonction aldéhydique primitive est dans ce cas changée en fonction acétonique.

[1] RIBAN, *Ann. Chim. Phys.*, (5), **6**, 42 ; 1875.

[2] KROEMER et SPILKER, *Ber.*, **23**, 3278 ; 1890.

[3] WURTZ, *C. R.*, **74**, 1361 ; 1872. — **76**, 1165 ; 1873.

[4] MICHAEL, *Ann. Chim. J.*, **5**, 190 ; 1883.

[5] LIEBIG et WŒHLER, *Lieb. Ann.*, **3**, 276 ; 1832. — ZININ, *Lieb. Ann.*, **34**, 186 ; 1840. — ZINCKE, *Lieb. Ann.*, **198**, 154 ; 1879.

480. L'*aldéhyde anisique* $C^6H^4\left\langle\begin{array}{l}OCH^3\\CO\,.\,H\end{array}\right.$ fournit au contact du *cyanure de potassium* en solution alcoolique une condensation semblable et fournit l'*anisoïne* :

$$CH^3\,.\,O\,.\,C^6H^4\,.\,CO\,.\,CHOH\,.\,C^6H^4\,.\,O\,.\,CH^3\ [1].$$

Le même catalyseur transforme, par une chauffe d'une heure et demie, l'*aldéhyde cuminique* en *cuminoïne*[2], et en une demi-heure le *furfurol* en *furfuroïne* (4 parties de cyanure pour 40 parties de furfurol)[3].

481. L'aldolisation peut être réalisée successivement ou simultanément sur plusieurs molécules d'aldéhyde.

Le *méthanal* $H\,.\,CO\,.\,H$, maintenu au contact d'un lait de chaux, se condense en un hexose $CH^2OH\,.\,CHOH\,.\,CHOH\,.\,CHOH\,.\,CO\,.\,CH^2OH$, qui est le *lévulose racémique*[4]. Des condensations analogues sont réalisées au contact de grenailles d'*étain*[5], ou d'un mélange de *magnésie*, de *sulfate de magnésie* et de grenaille de *plomb*[6]. Une formation semblable peut être obtenue à partir du *trioxyméthylène* $(HCOH)^3$[7].

482. **Polyaldéhydes**. — Le deuxième mode de *polymérisation* des aldéhydes en supprime les fonctions aldéhydiques : il fournit les corps désignés sous le nom de *paraldéhydes* et *métaldéhydes*, dont la vaporisation tend plus ou moins à régénérer l'aldéhyde primitif.

L'*éthanal* maintenu avec de petites quantités d'*anhydride sulfureux*, de *chlorure de zinc* sec, de *gaz chlorhydrique*, d'*oxychlorure de carbone*, ne tarde pas à s'échauffer, et se transforme en *paraldéhyde* bouillant à 124°. On arrive à un résultat identique en le chauffant avec de l'*iodure d'éthyle*, ou en abandonnant pendant plusieurs jours une solution de *gaz cyanogène* dans l'éthanal[8].

Quelques bulles de *gaz chlorhydrique* ou d'*anhydride sulfureux*

[1] Rossel, *Lieb. Ann.*, **151**, 33 ; 1869.

[2] Bœsler. *Ber.*, **14**. 324 ; 1881.

[3] E. Fischer, *Lieb. Ann.*, **211**, 218 ; 1882.

[4] Loew, *Ber.*, **22**. 475 ; 1889. — E. Fischer et Passmore, *Ber.*, **22**, 359 ; 1889.

[5] Loew, *J. prakt. Chem.*, (2), **34**, 51.

[6] Loew. *Ber.*, **22**, 475 ; 1889.

[7] Seyewetz et Gibello, *C. R.*, **138**, 150 ; 1904.

[8] Lieben, *Lieb. Ann. Supp. B.*, **1**, 114 ; 1861.

dans l'éthanal refroidi au-dessous de 0°, le changent en *métaldéhyde* solide sublimable[1].

En ajoutant à 100 centimètres cubes d'éthanal une goutte d'acide *sulfurique concentré*, on obtient le *paraldéhyde*.

483. De même si on fait passer quelques bulles d'*acide chlorhydrique* dans du *propanal*, maintenu au-dessous de 0°, on obtient à côté de quelques cristaux de *métapropanal* (fondant à 180°), une production importante de *parapropanal*, liquide bouillant à 169°. Par un courant de gaz chlorhydrique à — 20°, on forme du *métapropanal*[2].

Quand on dirige un courant de gaz chlorhydrique sec sur du *butanal* à — 20°, on constate un échauffement. Si on interrompt le courant de gaz, on voit se séparer des cristaux de *métabutanal* (fondant à 173°), à côté de *parabutanal* huileux.

Dans les mêmes conditions l'*œnanthal* fournit du *parœnanthal* (qui fond à 20°) et du *métœnanthal* (qui fond à 140°)[3].

484. L'*isobutanal*, au contact d'une solution concentrée d'acétate de sodium à 150°, se change en *diisobutanal* bouillant à 136°[4].

Au contact d'un peu de chlore, de brome, d'iode, d'acide chlorhydrique, de perchlorure de phosphore, de chlorure de zinc, il fournit du *métaisobutanal*, fondant à 59°[5].

Au contact de potasse alcoolique, il donne successivement du *triisobutanal* (b. 154°), du *tétraisobutanal* (b. 190°), du *pentaisobutanal* (b. 223°), de l'*hexa-isobutanal* (b. 250°), et enfin de l'*heptaisobutanal*, huileux[6].

<h2 style="text-align:center">NITRILES</h2>

485. L'*acide cyanhydrique* anhydre HCN, maintenu au contact d'un petit fragment de cyanure de potassium, se change en un polymère de molécule triple, cristallisé[7].

L'*acétonitrile*, $CH^3.CN$, en solution éthérée, est polymérisé au contact du *sodium* métallique, en *diacétonitrile*, qui fond à 52°[7].

[1] KÉKULÉ et ZINCKE, *Lieb. Ann.*, **162**, 125 ; 1872.

[2] ORNDORFF, *Am. Chem. J.*, **12**, 353 ; 1890.

[3] FRANKE et WOZELKA, *Monatsh.*, **33**, 39 ; 1912.

[4] FOSSEK, *Monatsh.*, **2**, 622 ; 1881.

[5] BARBAGLIA, *Ber.*, **5**, 1052 ; 1872 et **6**, 1064 ; 1873. — DEMTSCHENKO, *Ber.*, **6**, 1176 ; 1873.

[6] PERKIN, *Chem. Soc.*, **43**, 91 ; 1883.

[7] LESCŒUR et RIGAUT, *Bull. Soc. Chim.*, **34**, 473 ; 1880.

[8] HOLTZWART, *J. prakt. Chem.*, (2), **39**, 230.

§ 3. — CONDENSATIONS PAR ADDITION DE MOLÉCULES DISSEMBLABLES

486. Les *aldéhydes* et les *acétones* peuvent donner avec des molécules différentes des condensations par addition, de mécanisme comparable aux aldolisations et provoqué par des catalyseurs de même nature.

487. La réaction est générale entre les *aldéhydes* et les *dérivés nitrés* forméniques, et donne lieu aux *alcools nitrés* : il suffit, pour la déterminer, de la présence d'un alcali ou mieux d'un *carbonate alcalin*.

En ajoutant un petit fragment de *bicarbonate de potassium* au mélange de molécules égales de *nitrométhane*, *d'éthanal* et d'un égal volume d'eau, on obtient le *nitro 1 propanol 2* [1] :

$$CH^3 . CO . H + CH^3 . NO^2 = CH^3 . CHOH . CH^2 . NO^2$$

De même au contact d'un peu de *carbonate neutre de potassium*, le méthanal se condense avec le *nitréthane*, pour donner le *nitro 2-propanol 1* $CH^3 . CHNO^2 . CH^2OH$ [2].

La condensation peut avoir lieu simultanément avec plusieurs molécules d'aldéhyde. Le *nitropropane* au contact de méthanal et d'un peu de carbonate de potassium, peut fournir le *nitro 2-méthylol 2-butanol 1* [3] :

$$CH^3 . CH^2 . CNO^2 = (CH^2OH)^2 .$$

488. Le *méthanal* (solution commerciale de formol) additionné de *nitrométhane* réagit vivement au contact d'un fragment de bicarbonate de potassium, et donne le *nitro 2 méthylol 2 propanediol 1.3*, alcool nitré triprimaire fondant à 158° [4] :

$$3 (H . CO . H) + CH^3 . NO^2 = C(NO^2) (CH^2OH)^3 .$$

489. Le mélange d'*aldéhyde glycérique* et de *dioxyacétone*, que fournit l'oxydation de la glycérine à l'air en présence de platine

[1] L. HENRY, *Bull. Soc. Chim.*, (3), **13**, 993 ; 1895.

[2] L. HENRY, *Bull. Soc. Chim.*. (3). **15**, 1223 ; 1896.

[3] PAUWELS, *Chem. Cent.*. 1898, **1**, 193.

[4] L. HENRY, *C. R.*, **121**, 210 ; 1895.

divisé (92), se condense, au contact d'une solution aqueuse de *soude caustique*, en *lévulose racémique*[1] :

$$CH^2OH . CHOH . COH + CH^2OH . CO . CH^2OH$$
$$= CH^2OH . CHOH . CHOH . CHOH . CO . CH^2OH.$$

490. Les carbures incomplets *acétyléniques* ou *éthyléniques* peuvent, au contact de chlorure d'aluminium, se condenser par addition avec les carbures aromatiques. En faisant arriver de l'*acétylène* dans du *benzène* additionné de chlorure d'aluminium, on obtient production de *diphényléthane* symétrique[2] :

$$C^6H^6 + CH \equiv CH + C^6H^6 = C^6H^5 . CH^2 . CH^2 . C^6H^5$$

ainsi que d'une certaine proportion de *styrolène*, dû à la fixation d'une seule molécule de benzène :

$$C^6H^6 + CH \equiv CH = C^6H^5 . CH = CH^2.$$

491. En dirigeant de l'*éthylène* dans un mélange chauffé de *diphényle* et de chlorure d'aluminium, on obtient de l'*éthyldiphényle* :

$$C^6H^5 . C^6H^5 + C^2H^4 = C^6H^5 . C^6H^4 . C^2H^5$$

en même temps qu'une certaine proportion de dérivé *diéthylique*[3].

492. Le *chlorure stannique* permet d'une manière analogue de réaliser la condensation par addition des carbures *éthyléniques* ou *cyclohexéniques* avec les *chlorures acides* : il y a formation d'*acétones chlorées* α. Le chlorure d'aluminium anhydre peut être employé de même comme catalyseur, mais il est moins avantageux[4].

[1] FISCHER et TAFEL, *Ber.*, **22**, 106 ; 1889. — WOHL et NEUBERG, *Ber.*, **33**, 3098 ; 1900.
[2] VARET et VIENNE, *Bull. Soc. Chim.*, **47**, 919 ; 1887.
[3] ADAM, *Bull. Soc. Chim.*, **47**, 689 ; 1887. — *Ann. Chim. Phys.*, (6) **15**, 252 ; 1888.
[4] DARZENS, *C. R.*, **150**, 707 ; 1910.

CHAPITRE XI

SÉPARATIONS DIVERSES

§ 1. — SÉPARATIONS D'HALOGÈNES

493. La réaction classique d'enlèvement des halogènes dans les dérivés chlorés, bromés, iodés des hydrocarbures, consiste à les traiter par le sodium [1]. La présence de très petites doses de *cyanure de méthyle* permet d'accomplir très facilement cette réaction. Ainsi, tandis que le sodium mis en présence d'*iodure de méthyle* n'exerce à froid aucune action, l'addition d'une ou deux gouttes de cyanure de méthyle détermine immédiatement un dégagement abondant d'*éthane* $CH^3.CH^3$.

L'action est la même vis-à-vis des *iodures* d'*éthyle*, de *propyle*, d'*isopropyle*, d'*allyle*, du *bromure de triméthylène*, du *chlorure de benzyle*. Le *cyanure d'éthyle* produit une catalyse semblable : le *cyanure de propyle* est moins actif. Les *cyanures de phényle* ou *de benzyle* ne produisent aucun effet utile [2].

§ 2. — SÉPARATIONS D'AZOTE

494. **Composés diazoïques.** — Les composés diazoïques aromatiques peuvent donner lieu à des réactions très importantes, par élimination de la molécule d'azote qu'ils renferment. Les *sels cuivreux* sont le plus souvent des catalyseurs utiles ou indispensables pour ces dédoublements ; la *poudre de cuivre* produit le même effet, sans doute par formation initiale d'un composé cuivreux.

L'*hydrate de diazobenzène* $C^6H^5.N:N.OH$ se dédouble immédiatement en présence de poudre de cuivre, même à 0°, en donnant

---

[1] WURTZ, *Ann. Chim. Phys.*, (3), **44**. 275 ; 1855.

[2] MICHAEL, *Am. Chem. J.*. **25**. 419 ; 1901.

le *phénol*, avec dégagement d'azote. On se sert de cuivre précipité par le zinc[1].

495. L'*acide chlorhydrique* réagit sur les *chlorures diazoïques*, à l'ébullition, pour donner le dérivé chloré aromatique correspondant, à condition qu'on opère en présence de *poudre de cuivre* ou de *chlorure cuivreux*[2]. On a :

$$C^6H^5 . N : N . Cl + HCl = N^2 + C^6H^5 . Cl + HCl.$$

496. On a expliqué cette action du chlorure cuivreux en admettant qu'il agit en présence d'acide chlorhydrique comme hydrogénant, en donnant du chlorure cuivrique :

$$2\,CuCl + 2\,HCl = 2\,CuCl^2 + 2H$$

et

$$2H + C^6H^5 . N : NCl = C^6H^5 . NH . NHCl.$$

Le composé hydrazinique ainsi formé réduit le chlorure cuivrique :

$$2\,CuCl^2 + C^6H^5 . NH . NHCl = \underbrace{2\,CuCl + 2\,HCl}_{\text{régénérés}} + C^6H^5 . Cl + N^2.$$

Le chlorure cuivreux régénéré recommence le même effet.

Le *bromure cuivreux* est employé de même vis-à-vis de l'acide bromhydrique[3].

497. Les sels diazoïques, chauffés en solution aqueuse avec du nitrite de sodium, en présence de *poudre de cuivre* ou d'*oxyde cuivreux* humide, se transforment en dérivés *nitrés* (Sandmeyer) :

$$C^6H^5 . N : N . Cl + NO^2Na = C^6H^5 . NO^2 + NaCl + N^2.$$

498. Les sels diazoïques, traités par l'*isocyanate de potassium*, en présence de *poudre de cuivre*, fournissant l'*isocyanate aromatique* $C^6R^5 . NCO$ [4].

499. **Composés hydraziniques.** — La *phénylhydrazine* est dédoublée à 150° au contact du chlorure, du bromure ou de l'iodure cuivreux, en aniline, azote et ammoniaque[5].

500. Les *hydrazones* fournies avec l'hydrazine par les acétones

[1] GATTERMANN, *Ber.*, **23**, 1220 ; 1890.
[2] SANDMEYER, *Ber.*, **17**, 1635 ; 1884.
[3] SANDMEYER, *Ber.*, **17**, 2652 ; 1884.
[4] GATTERMANN, *Ber.*, **23**, 1220 ; 1890.
[5] ARBOUSOF et TICHWINSKY, *Ber.*, **43**, 2295 ; 1910.

cycloforméniques sont décomposées avec dégagement de l'azote, au contact d'un petit fragment de *potasse* sèche.

La *cyclohexylidène-hydrazine* fournit ainsi avec violence le *cyclohexane* :

$$CH^2 \Big\langle {}^{CH^2 - CH^2} _{CH^2 - CH^2} \Big\rangle C : N . NH^2 = N^2 + C^6H^{12}.$$

On obtient de même dans tous les cas, l'hydrocarbure issu de l'*acétone* en remplaçant CO par CH^2. Ainsi les hydrazones des *méthylcyclohexanones* donnent le *méthylcyclohexane*; celle du *camphre* fournit le *camphane* $C^{10}H^{18}$, fondant à 158° ; celle de la *fenchone* conduit au *fenchane*, bouillant à 151°[1].

§ 3. — SÉPARATIONS DE CARBONE LIBRE

501. Beaucoup de déshydrogénations d'hydro-carbures conduisent finalement à une séparation du carbone libre, et on verra (537, 540) que divers métaux divisés provoquent activement ce dédoublement dans beaucoup de cas.

Mais il convient aussi d'indiquer une réaction très importante qui se produit avec séparation de carbone, à partir de l'oxyde de carbone, au contact de diverses substances.

502. **Décarburation de l'oxyde de carbone**. — Dans la réduction des oxydes de fer, de nickel, de cobalt, effectuée au-dessus de 400°, par l'oxyde de carbone, on a signalé depuis longtemps qu'il se dépose du charbon, et cette formation continue aux dépens de l'oxyde de carbone, selon la réaction :

$$2 CO = CO^2 + C.$$

Mond avait trouvé que le nickel peut provoquer cet effet entre 350° et 450°[2].

503. Sabatier et Senderens ont montré que la formation a lieu sur le *nickel réduit,* au-dessus de 230° : l'élévation de température accélère la destruction de l'oxyde de carbone. Avec une traînée de nickel de 35 centimètres et un débit de gaz d'environ 25 centimètres cubes par minute, les proportions d'anhydride carbonique fournies par 100 centimètres cubes d'oxyde de carbone ont été :

[1] KLINER. *J. Soc. Phys. Chim. Russe*, **43**, 582 : 1911.
[2] MOND, LANGER et QUINCKE, *Chem. News*. **62**, 95 ; 1890.

A 238° . . . . 1,2 cm³
A 250° . . . . 3,8 —
A 275° . . . . 17,9 —
A 285° . . . . 23,2 —
A 300° . . . . 40,5 —
A 320° . . . . 49,0 —
A 349° ou au-dessus . . . . 50,0 — (transformation totale).

La réaction peut être totale, comme on peut directement le constater ; d'ailleurs la formation inverse d'oxyde de carbone à partir d'anhydride carbonique et de charbon, n'a pas lieu au-dessous de 400°. On n'a pas d'une manière appréciable :

$$C + CO^2 = 2\,CO$$

non plus que :

$$Ni + CO^2 = NiO + CO.$$

Il n'en serait plus de même aux températures plus hautes, telles que 650° ou 800°[1].

504. Le *cobalt réduit* donne lieu, au-dessus de 300°, à une réaction identique.

505. Le *fer divisé* maintenu à 445° pendant plusieurs heures avec de l'oxyde de carbone le transforme totalement en anhydride carbonique avec dépôt de charbon[2].

Le *platine divisé*, le *cuivre réduit*, l'*argent divisé* ne produisent sur l'oxyde de carbone au-dessous de 450° aucun effet analogue.

506. L'explication de la séparation du carbone peut être fournie par la production temporaire de *nickel-carbonyle*, ou de *cobalt-carbonyle*, qu'une haute température dédouble en métal, charbon et anhydride carbonique[3].

Mais on peut également interpréter le phénomène d'après le mécanisme apparent dans le cas du fer. Ce dernier tend aux températures basses à réduire l'oxyde de carbone en charbon et oxyde ferreux :

$$Fe + CO = C + FeO$$

mais à température plus haute, on a formation d'anhydride carbonique et de fer :

$$FeO + CO = CO^2 + Fe.$$

[1] P. Sabatier et Senderens, *Bull. Soc. Chim.*, (3), **29**, 294 ; 1903.
[2] Boudouard, *Ann. Chim. Phys.*, (7), **24**, 5 ; 1901.
[3] Berthelot, *Ann. Chim. Phys.*, (6) **26**, 560 ; 1892.

Le fer ainsi régénéré peut réitérer la première réaction. Ces deux étapes successives se produiraient également avec le nickel ou le cobalt, mais sans que l'on puisse apercevoir le composé intermédiaire, l'oxyde, parce que la réduction de ce dernier par l'oxyde de carbone commençant à température plus basse que la réduction du gaz par le métal, l'oxyde métallique ne peut subsister qu'en proportion inappréciable, et par suite on conçoit que la réaction sera beaucoup mieux accomplie par le nickel que par le fer, dont une proportion notable se trouve réellement transformée en oxyde[1].

507. L'*oxyde manganeux*, qui est vis-à-vis des alcools un déshydrogénant à la manière des métaux (580), paraît donner, par un mécanisme sans doute analogue à celui qui vient d'être décrit, une certaine destruction de l'oxyde de carbone, en charbon et anhydride carbonique : mais elle est toujours peu importante à 350°[2].

§ 4. — SÉPARATIONS D'OXYDE DE CARBONE

508. Le dédoublement des *aldéhydes* ou des *acétones*, peut avoir lieu comme conséquence de la séparation d'*oxyde de carbone* sous l'influence de catalyseurs, qui sont des métaux divisés ou des oxydes anhydres agissant à température plus haute.

Avec les *aldéhydes* la réaction est la plus aisée et donne surtout :

$$R.CO.H = CO + \underset{\text{hydrocarbure}}{RH.}$$

Avec les *acétones*, l'action est plus difficile à atteindre. A partir d'une acétone $R.CO.R'$, on pourra avoir une certaine dose de l'hydrocarbure $R.R'$, mais on obtiendra surtout les débris provenant de chaque résidu R et R'.

509. L'action du *nickel réduit* est énergique au-dessus de 200°. Les vapeurs de *propanal* sont rapidement dissociées à 235° en oxyde de carbone et éthane.

Le *benzylal* est fortement dédoublé à 220° en benzène et oxyde de carbone pur[3].

[1] P. Sabatier et Senderens, *Ann. Chim. Phys.*, (8), **4**, 485 ; 1905.

[2] P. Sabatier et Mailhe. *Ann. Chim. Phys.*, (8), **20**, 315 ; 1910.

[3] P. Sabatier et Senderens, *Ann. Chim. Phys.*, (8), **4**, 474 ; 1905.

510. Le *furfurol*

$$\begin{array}{c} CH = CH \\ | \qquad\qquad >O \\ CH = C - CO.H. \end{array}$$

se change à 270° sur le nickel en

furfurane[1]

$$\begin{array}{c} CH = CH \\ | \qquad\quad >O \\ CH = CH \end{array}$$

511. Les acétones sont atteintes plus difficilement.

La *propanone* est lentement dédoublée sur le nickel à 240°, rapidement à 270° : elle fournit de l'oxyde de carbone, et les résidus CH^3, qui donnent un peu d'éthane et d'éthylène, surtout du méthane, de l'hydrogène et du *charbon*[2].

512. Le *cuivre réduit* agit beaucoup moins : à 310° il n'exerce sur le *propanal* qu'une action négligeable ; ce n'est qu'au-dessus de 350°, et surtout vers 400°, qu'on obtient de l'oxyde de carbone, et un mélange d'éthane, d'hydrogène et de *butane*[3]. Son action est énergique sur le *méthanal*, qui est dédoublé à peu près complètement en oxyde de carbone et hydrogène[4]. L'oxyde de carbone qui en résulte peut se fixer de suite sur la soude caustique présente dans le système, et fournir, d'après une réaction connue, du *formiate de sodium*[5].

Le cuivre n'exerce sur les acétones au-dessous de 400° aucune action dédoublante appréciable.

513. La *mousse de platine* et surtout le *noir* de platine exercent une action destructive assez intense sur les aldéhydes. Le *propanal* est atteint dès **225°**, et fournit rapidement à **275°** des produits gazeux semblables à ceux que donne le cuivre[6].

L'action est beaucoup moins intense sur les acétones.

514. Le dédoublement de l'*acide formique* en oxyde de carbone et eau, qui est réalisé par certains oxydes, *oxyde titanique*, *oxyde bleu de tungstène*, *alumine*, *silice*, *zircone*, et qui doit être regardé comme une séparation d'oxyde de carbone, sera étudié plus loin (762), et il en est de même du dédoublement des éthers formiques, dont la forme principale est la réaction (810) :

$$H . CO^2C^nH^{2n+1} = CO + \underset{\text{alcool}}{\underline{C^nH^{2n+1} . OH}}.$$

<hr>

[1] PADOA et PONTI, *Lincei*, **15**. (2). 610, 1906.

[2] P. SABATIER et SENDERENS, *loc. cit.*

[3] P. SABATIER et SENDERENS, *loc. cit.*

[4] P. SABATIER et MAILHE, *Ann. Chim. Phys.*, (8), **20**, 345 ; 1910.

[5] LŒW, *Ber.*, **20**. 145 ; 1887.

[6] P. SABATIER et SENDERENS, *Ann. Chim. Phys.*, (8), **4**, 475 ; 1905.

§ 3. — SÉPARATIONS D'HYDROGÈNE SULFURÉ

515. Thiols. — Le *sulfure de cadmium* détermine catalytiquement le dédoublement des *thiols*, selon deux réactions successives absolument analogues à celles que fournit la déshydratation d'un alcool primaire en éther-oxyde, puis en carbure éthylénique (603).

A température modérée, on a :

$$2(C^nH_{2n+1} . SH) = H^2S + \underbrace{(C^nH^{2n+1})^2S}_{\text{sulfure neutre}}.$$

A température plus haute, le dédoublement plus rapide fournit de l'hydrogène sulfuré et le carbure éthylénique :

$$C^nH^{2n+1} . SH = H^2S + C^nH^{2n}.$$

516. Ainsi l'*éthanethiol* C^2H^5 . SH, sur le sulfure de cadmium à 320°, se transforme à peu près intégralement en sulfure neutre $(C^2H^5)^2S$. A 380°, il est totalement dédoublé en acide sulfhydrique et éthylène.

L'*isoamylthiol* à 360° se change en *sulfure d'isoamyle* : au-dessus de 400°, il ne donne guère que de l'amylène.

L'action du sulfure de cadmium sur les thiols forméniques primaires, réalisée à température ménagée, constitue une méthode régulière de production des *sulfures forméniques primaires* à partir des thiols.

517. Le mécanisme du dédoublement est d'ailleurs tout à fait comparable à celui des alcools : on peut admettre la formation à partir du thiol et du sulfure de cadmium, d'un *thiolate* de cadmium, destructible selon la température soit en sulfure neutre, soit en carbure éthylénique, avec régénération du sulfure métallique qui recommence indéfiniment la même transformation et joue par conséquent le rôle de catalyseur.

On a d'abord :

$$CdS + 2 (C^nH^{2n+1} . SH) = \underbrace{(C^nH^{2n+1}S)^2Cd}_{\text{thiolate}} + H^2S$$

puis :

$$(C^nH^{2n+1}S)^2Cd = CdS + \underbrace{(C^nH^{2n+1})^2S}_{\text{sulfure}}$$

ou à température plus haute :

$$(C^nH^{2n+1}S)^2Cd = CdS + H^2S + 2C^nH^{2n}.$$

La formation transitoire du thiolate de cadmium est d'ailleurs indiquée par le changement de coloration du sulfure qui prend une teinte orangée très différente de la teinte jaune vif du sulfure primitif et conserve cette teinte après refroidissement par suite du maintien d'une certaine quantité de thiolate.

518. Les *thiols secondaires* ont une tendance plus marquée au dédoublement éthylénique, mais peuvent néanmoins fournir du sulfure neutre.

Le *cyclohexane-thiol* donne, sur le sulfure de cadmium à 300°, 12 à 15 p. 100 de sulfure neutre, la majeure partie se dédoublant en *cyclohexène* ; à 350°, la transformation en cyclohexène est complète[1].

519. **Thiophénols.** — Le *chlorure d'aluminium* réagit à chaud sur une solution de *thiophénol* dans l'éther de pétrole, en éliminant de l'hydrogène sulfuré et formant le *sulfure neutre*. Il y a en même temps production d'une certaine quantité de *thianthrène*

$$C^6H^4 \underset{S}{\overset{S}{\diamondsuit}} C^6H^4,$$ formé par perte d'hydrogène[2].

---

[1] P. SABATIER et MAILHE, *C. R.*, **150**. 1570 ; 1910.
[2] DEUSS, *Rec. Trav. Chim. Pays-Bas*, **27**. 145 : 1908.

CHAPITRE XII

DÉSHYDROGÉNATIONS

520. Nous avons expliqué les hydrogénations directes sur les métaux divisés par la formation d'un hydrure instable fourni rapidement par le métal, et capable de céder facilement son hydrogène. Si cette conception est légitime, on peut en prévoir une conséquence capitale. Les métaux catalyseurs, nickel, cuivre, platine, doivent pouvoir prendre de l'hydrogène non seulement aux molécules d'hydrogène libre, mais encore aux matières capables de fournir de l'hydrogène, et par suite doivent être des *catalyseurs de déshydrogénation*, prévision que l'expérience a vérifiée dans une large mesure.

521. Cette aptitude avait été aperçue depuis longtemps dans quelques cas. Dès 1823, on avait reconnu que le *fer*, le *cuivre*, l'*or*, l'*argent*, le *platine*, jouissent de la propriété de faciliter beaucoup la destruction du gaz ammoniac, sans altération appréciable du métal, et de la réaliser ainsi pratiquement à une température beaucoup moins élevée qu'en l'absence de ce dernier[1].

522. En 1843, Reiset et Millon remarquaient que la vapeur d'alcool, dirigée dans un tube rempli de fragments de porcelaine et chauffé à 300°, ne subit encore aucun dédoublement appréciable, tandis que la décomposition se manifeste à 220° en présence de *mousse de platine*[2].

523. En 1866, Berthelot indique que la présence du fer favorise la décomposition de l'*acétylène* au rouge[3], et un peu plus tard, Schützemberger annonçait que la *mousse de platine*, chauffée dans un courant d'acétylène, le décompose avec incandescence, en donnant une

---

[1] Dulong et Thénard, *Ann. Chim. Phys.*, (2), **23**, 440, 1823.

[2] Reiset et Millon, *Ann. Chim. Phys.*, (3), **8**, 280, 1843.

[3] Berthelot, *C. R.*, **62**, 906 ; 1866.

masse volumineuse de charbon dans lequel le métal se trouve diffusé [1].

Cette décomposition vive de l'acétylène fut retrouvée en 1896 par Moissan et Moureu, qui l'observèrent aussi avec le fer, le cobalt, et le nickel récemment réduits [2] ; et une destruction semblable de l'*éthylène* fut obtenue en 1897 au contact des mêmes métaux à 300° par Sabatier et Senderens [3] qui l'interprétèrent par la formation temporaire d'un hydrure métallique, et furent ainsi conduits à appliquer ces métaux divisés aussi bien aux réactions de déshydrogénation qu'à celles d'hydrogénation.

524. Les catalyseurs de déshydrogénation comprennent surtout les *métaux*, et à un degré moindre, certains *oxydes métalliques anhydres* et divers sels issus de ces oxydes, le *charbon*, et exceptionnellement le *chlorure d'aluminium anhydre*.

Les travaux accomplis par ces catalyseurs peuvent être classés en plusieurs groupes :

1° Retour des composés *hydrocycliques* aux composés cycliques à liaisons multiples ;

2° Dégradation des *hydrocarbures;*

3° Passage des alcools primaires aux aldéhydes, et des alcools secondaires aux acétones;

4° *Cyclisations* par perte d'hydrogène.

§ 1. — DÉSHYDROGÉNATIONS DES COMPOSÉS HYDROCYCLIQUES

525. Les divers composés issus par hydrogénation de cycles *stables* tendent à revenir à ces derniers par perte d'hydrogène. Les métaux divisés, et particulièrement le *nickel* récemment réduit déterminent facilement cette réaction.

Le *cyclohexane* et ses homologues subissent sur le nickel une déshydrogénation active au-dessus de 270° : l'hydrogène dégagé peut réagir sur une portion de l'hydrocarbure pour donner des carbures forméniques.

Ainsi avec le *cyclohexane* à 270°-280°, on a production de *benzène* et de méthane :

$$3\ C^6H^{12} = 2\ C^6H^6 + 6\ CH^4.$$

Avec le *méthylcyclohexane*, le dédoublement commence vers 240°,

[1] Schützemberger, *Traité de Chimie*, I, 724.
[2] Moissan et Moureu, *C. R.*, **122**, 1241 ; 1896.
[3] P. Sabatier et Senderens, *C. R.*, **124**, 616 ; 1897.

et il est bien plus rapide à **275°** : il y a dégagement d'un mélange de méthane et d'hydrogène, et on condense du *toluène*.

L'*éthylcyclohexane* est atteint lentement à 280°-300°, et fournit aussi un mélange d'hydrogène et de méthane, avec condensation d'*éthylbenzène* et de *toluène*.

Le *cuivre réduit* exerce une action similaire mais moins intense, qui ne commence qu'au delà de 300°[1].

526. C'est là une réaction générale que fournissent d'une manière analogue tous les dérivés issus des carbures cyclohexaniques. Le *cyclohexanol* et ses homologues reviennent, en présence du nickel au-dessus de 350°, à l'état de *phénols*, et cet effet commence déjà à température beaucoup plus basse : quand on hydrogène sur le nickel la *cyclohexanone* à 230°, on recueille 25 p. 100 de *phénol*, à côté du cyclohexanol[2].

Le même effet se produit encore plus important pour les *polyalcools* cycloforméniques, et aussi pour les amines, telles que la *cyclohexylamine*, qui tend à régénérer l'aniline, et la *dicyclohexylamine* qui fournit la *diphénylamine*.

527. Les *hydrures de naphtalène* donnent lieu à un effet de même nature : les hydrures supérieurs soumis vers 200° à l'action du nickel reviennent au *tétrahydrure*. Ce dernier à 300° régénère le naphtalène.

528. Le plus souvent, comme pour le cyclohexane, l'hydrogène libéré peut émietter une portion du carbure en fragments forméniques plus ou moins longs. C'est ce qui a lieu pour le *dodécahydrophénanthrène*, qui se scinde à 200° en hydrures inférieurs et en divers hydrocarbures forméniques, tandis que l'*hexahydrure* se déshydrogène régulièrement à 220° en *tétrahydrure*, qui passe lui-même à 280° à l'état de phénanthrène.

529. Les *perhydrures d'anthracène* donnent, à 300°-330° sur le nickel, du tétrahydrure et des produits d'émiettement.

Le *décahydrofluorène* revient à 250° à l'état de fluorène.

530. Le *cyclohexène* C^6H^{10} donne, sur le nickel à 250°, du benzène presque quantitativement[3].

531. Le *dodécahydrotriphénylène*, passant sur du cuivre à 450°-500°, se transforme intégralement en *triphénylène*, fondant à 198°[4].

---

[1] P. Sabatier et Senderens, *C. R.*, **133**, 568 : 1901. — P. Sabatier et Mailhe, *C. R.*, **137**, 240 : 1903.

[2] Skita et Ritter, *Ber.*, **44**, 968 : 1911.

[3] Padoa et Fabris, *Lincei*, **17**, (1), 111 et 125 : 1908.

[4] Mannich, *Ber.*, **40**, 159 : 1906.

532. La *pipéridine* $CH_2\begin{smallmatrix}CH_2-CH_2\\CH_2-CH_2\end{smallmatrix}NH$, soumise à l'action du nickel (même en présence d'hydrogène) entre 180° et 250°, est transformée totalement en *pyridine* $CH\begin{smallmatrix}CH=CH\\CH=CH\end{smallmatrix}N$ [1].

La *tétrahydroquinoléine*, soumise vers 180° à l'action du nickel, donne une certaine quantité de *quinoléine*, mais fournit surtout du *scatol* [2] :

CH   CH²   CH
CH   C   CH²   CH   C   C — CH³
CH   C   CH²   →   CH   C   CH
CH   NH   CH   NH

533. Si la déshydrogénation s'exerce sur un produit de richesse intermédiaire en hydrogène, il pourra arriver que l'hydrogène éliminé de la substance par l'effet du métal réagisse sur une autre portion de la même substance pour l'hydrogéner. C'est ce qui a lieu dans l'action de la mousse de *palladium* sur le *tétrahydrotéréphtalate de méthyle*, qui donne 1 partie de *téréphtalate de méthyle*, et 2 parties d'*hexahydrotéréphtalate* [3].

534. Le *noir de palladium* constitue un catalyseur énergique de déshydrogénation pour les *carbures hexaméthyléniques*. L'action qui commence à partir de 170°, est énergique à 200°, maxima à 300° : elle fournit seulement de l'hydrogène et le *benzène* ou ses homologues. A 100-110°, c'est l'action inverse qui a lieu : il y a hydrogénation du benzène; celle-ci au contraire n'a plus lieu à 200°, même en présence d'un excès d'hydrogène. De même l'*acide hexahydrobenzoïque* passe à l'état d'*acide benzoïque* [4].

Aucune déshydrogénation n'est exercée au-dessous de 300° sur le *cyclopentane*, sur le *méthylcyclopentane* [5], non plus que sur le *cycloheptane* [6].

Le *noir de platine* exerce une action analogue moins énergique [5].

[1] CIAMICIAN, *Lincei*, **16**, 808, 1907.
[2] PADOA et SCAGLIARINI, *Lincei*, **17**, (1), 728. 1908.
[3] ZELINSKY et GLINKA, *Ber.*, **44**, 2305 ; 1911.
[4] ZELINSKY et UKLONSJAKA, *Ber.*, **45**, 3677 ; 1912.
[5] ZELINSKY, *J. Soc. Phys. Chim. Russe*, **43**, 1220 : 1911. — *Ber.* **45**. 2678 ; 1912.
[6] ZELINSKY et HERZENSTEIN, *J. Soc. Phys. Chim. Russe*, **44**, 275 : 1912.

§ 2. — DÉGRADATION DES HYDROCARBURES

535. Tous les hydrocarbures, forméniques, éthyléniques, acétyléniques, cycliques, subissent à température plus ou moins haute une
déshydrogénation au contact des métaux divisés catalyseurs ; cette
perte d'hydrogène, semblable à celle que procurerait sans catalyseur
l'application d'une température plus haute, coïncide avec un émiettement plus ou moins important de la molécule, qui tend à s'égrener
en groupes CH^3, CH^2, CH, capables de se réunir de nouveau partiellement en molécules complexes ; l'effet final conduit à une séparation complète de l'hydrogène et du carbone, qui apparaît sous forme
de matières charbonneuses, retenant des quantités importantes d'hydrocarbures très condensés.

Parmi les métaux divisés, c'est le *nickel* qui produit les effets les
plus intenses.

536. **Carbures forméniques**. — Le *méthane* n'est atteint que très
faiblement sur le nickel à 350° ; mais vers 390°, le dépôt de charbon
est appréciable.

L'*éthane* se dédouble lentement dès 325° en donnant du charbon,
du méthane, et de l'hydrogène libre.

Le *pentane* fournit des dédoublements analogues : à 350°-400°, il
y a production de méthane et de carbures intermédiaires avec dépôt
de charbon sur le nickel.

L'allongement de la chaîne forménique accroît la facilité de ces
décompositions [1].

337. **Carbures éthyléniques**. — Si on dirige un courant d'*éthylène*
sur une traînée de nickel réduit chauffé au-dessus de 300°, on voit le
métal foisonner peu à peu en une matière noire volumineuse qui
finit par remplir le tube et l'obstruer : tout l'éthylène disparaît, et on
obtient un gaz constitué par un mélange d'*éthane*, de *méthane* et
d'hydrogène. La proportion d'éthane est d'autant plus faible que la
température du métal est plus haute : au rouge sombre, il n'en reste
plus que des traces.

Au contact du nickel, l'éthylène est dédoublé en carbone et hydrogène, mais ce dernier se fixe de suite sur une portion de l'éthylène

[1] P. Sabatier et Senderens, *Ann. Chim. Phys.*, (8), **4**, 435 ; 1905.

pour donner de l'éthane, d'autant plus disloqué en méthane que la température est plus haute.

Le nickel se trouve diffusé dans le charbon déposé[1].

538. Le *propylène* éprouve une destruction analogue, mais plus lente, et sans foisonnement volumineux du métal. L'effet, déjà appréciable à 210°, est net à 350°. Le gaz dégagé contient un mélange de propylène, propane, éthylène, éthane, méthane et hydrogène[2].

Tous les autres carbures éthyléniques donnent lieu à un phénomène analogue : par exemple, les vapeurs de *triméthyléthylène* donnent, à côté de charbon solide, le carbure saturé, avec toute la série des carbures inférieurs.

539. Le *cobalt* agit d'une façon semblable, mais moins activement que le nickel. Avec l'*éthylène* à 360°, et même à 425°, il y a charbonnement lent, sans foisonnement rapide, et beaucoup d'éthylène survit.

Le *fer* n'agit qu'au delà de 350°, et donne une décomposition encore plus lente.

Quant au *platine* (noir ou mousse) ou au *cuivre réduit*, ils n'exercent, tout au moins au-dessous de 400°, aucune action appréciable sur le propylène ou sur l'éthylène[3].

540. **Carbures acétyléniques**. — Une action déshydrogénante analogue à celle qui vient d'être décrite, mais bien plus active, est exercée par divers métaux divisés sur l'acétylène et les carbures acétyléniques.

L'*acétylène* pur, mis en présence de noir de platine chauffé vers 150°, est décomposé rapidement en charbon et hydrogène : la chaleur dégagée par la destruction du gaz amène l'incandescence du métal, qui accélère la destruction, donnant lieu à un foisonnement charbonneux intense, et qui détermine la polymérisation de l'acétylène non détruit, en benzène, styrolène, hydrures de naphtaline et d'anthracène, comme dans la célèbre synthèse de Berthelot. Ce phénomène avait été observé par Moissan et Moureu[4] : il se complique d'une action consécutive importante qui avait échappé à ces deux savants, et dont Sabatier et Senderens ont précisé les conditions[5].

[1] P. SABATIER et SENDERENS, C. R., **124**, 616 et 1358 ; 1897.

[2] P. SABATIER et SENDERENS, C. R., **134**, 1128 ; 1902.

[3] P. SABATIER et SENDERENS, Ann. Chim. Phys., (8), **4**, 436 ; 1905.

[4] MOISSAN et MOUREU, C. R., **122**, 1241 ; 1896.

[5] P. SABATIER et SENDERENS, C. R., **131**, 40, 187, 267 ; 1900.

L'hydrogène qui provient d'une portion de l'acétylène, peut réagir, en présence du métal, sur une autre portion de ce gaz, pour donner de l'*éthylène* et de l'*éthane*. On condense un liquide constitué surtout par du *benzène*.

541. Avec le *fer réduit* (obtenu vers 450°), l'accès de l'acétylène peut provoquer dès la température ordinaire l'incandescence du métal. Si le tube à métal n'est pas chauffé, la réaction se borne à peu près à la décomposition du gaz par incandescence. Il y a production locale de charbon noir volumineux dans lequel le fer est diffusé : on condense des liquides plus ou moins colorés à peu près exclusivement aromatiques ; le gaz dégagé est un mélange d'acétylène et d'hydrogène, saturé de vapeurs de benzène.

Au contraire si le tube à fer est maintenu tout entier au-dessus de 180°, l'hydrogénation de l'acétylène est réalisée par le métal dans des proportions notables au delà du point d'incandescence ; les gaz contiennent alors de l'éthane, de l'éthylène et des hydrocarbures supérieurs, et on condense des proportions plus importantes de liquides.

542. Un *mode différent d'action* est fourni par le *cuivre*. Si, sur du cuivre réduit léger, chauffé au-dessus de 180°, on dirige un courant d'acétylène, il y a absorption intense de ce gaz, qui ne sort plus de l'appareil, parfois pendant vingt minutes ; puis le dégagement gazeux se rétablit peu à peu. Le cuivre gonfle rapidement et ne tarde pas à remplir le tube et à obstruer le passage du gaz. Les gaz dégagés contiennent, avec un peu d'acétylène, des carbures éthyléniques (éthylène, propylène, etc.) et de l'éthane ; les liquides condensés sont un mélange de carbures éthyléniques et aromatiques (benzène, *styrolène*, etc.).

Le cuivre se trouve diffusé dans la matière brune solide ainsi formée : si on en dispose une faible traînée dans un nouveau tube et si on la chauffe à 180°-250° dans un courant d'acétylène, il y a de nouveau foisonnement de la substance, qui remplit encore le tube. On peut recommencer avec cette dernière : après trois ou quatre foisonnements successifs, on arrive à une matière qui ne se modifie plus quand on la chauffe dans l'acétylène. C'est un solide jaune plus ou moins foncé, qui apparaît au microscope constitué par un feutrage épais de filaments très fins : il est léger et mou, et peut s'agglomérer en masses qui ressemblent à l'amadou. C'est un hydrocarbure de formule brute C^7H^6, dans lequel se trouve diffusée une petite dose du cuivre métallique qui a provoqué sa formation (1,5 p. 100

environ) : c'est le *cuprène*[1]. Sa composition est identique à celle de l'hydrocarbure condensé que fournit le dédoublement du *chlorure de benzyle* sur les chlorures métalliques (739) ou la déshydratation de l'alcool benzylique (629) : c'est peut-être l'*hexaphénylcyclohexane* $C^6H^6(C^6H^5)^6$[2]. La formation du *cuprène* peut sans doute être expliquée par la production d'un acétylénure instable capable de réagir sur l'acétylène pour donner lieu à une nouvelle molécule condensée. On aurait :

$$nC^2H^2 + nCu = nC^2Cu + nH^2$$

et

$$nC^2Cu + 6\,nC^2H^2 = \underset{\text{cuprène}}{(C^7H^6)^n} + \underset{\text{régénéré}}{nCu.}$$

Le métal régénéré peut recommencer indéfiniment la réaction : l'hydrogène libéré fournit surtout des carbures éthyléniques avec une portion de l'acétylène.

543. *Les deux modes de réaction peuvent être superposés.* Le *cuivre réduit* chauffé à 250° peut donner avec l'acétylène une incandescence, qui procure alors un charbonnement coïncidant avec une production de cuprène.

Le *nickel réduit* fournit généralement la juxtaposition des deux réactions. Dans le nickel réduit, bien débarrassé de l'hydrogène fixé sur ses particules, l'acétylène ne détermine plus d'incandescence spontanée, et on peut élever la température jusqu'à 150° sans amener aucune réaction. Ce n'est qu'au-dessus de 180° qu'une action lente se produit sans incandescence, et se maintient telle, pourvu que le dégagement gazeux ne soit pas trop rapide. Le métal noircit et gonfle peu à peu, en se remplissant d'un hydrocarbure solide, brunâtre, filiforme et soyeux, qui rappelle le *cuprène* ; mais cette formation est lente, et si on essaie de l'accélérer par une vitesse plus grande de l'acétylène, ou par une élévation de température, l'incandescence apparaît, amenant la destruction vive avec charbonnement.

544. Généralement quand l'acétylène est dirigé sans précautions sur une traînée de nickel récemment réduit, il y a de suite, à froid, incandescence spontanée, amorcée par l'hydrogène qui y était condensé, et la destruction charbonneuse a lieu, toujours suivie de l'hy-

---

[1] P. SABATIER et SENDERENS, *Bull. Soc. Chim*, **21**, 530 ; 1899 ; — *C. R.*, **130**, 250 ; 1900. — P. SABATIER, 3ᵉ *Cong. de l'Acetyl. Paris*, 1900, 345 et 4ᵉ *Cong. Chimie App. Paris*, 1900, **3**, 134.

[2] P. SABATIER et A. MAILHE, *Ann. Chim. Phys.*, (8), **20**, 298 ; 1910.

drogénation de l'acétylène et aussi d'une partie des carbures aromatiques issus de l'incandescence, parce que le nickel est capable d'effectuer cette dernière hydrogénation.

En résumé le nickel agissant sur l'acétylène vers 180° produit un triple effet :

1° Destruction vive en charbon et hydrogène, avec polymérisation en carbures aromatiques ;

2° Condensation lente de l'acétylène en un carbure solide sans doute identique au cuprène ;

3° Hydrogénation de l'acétylène et des carbures aromatiques, avec production de carbures forméniques, éthyléniques, et cycloforméniques.

Avec un tube non chauffé, où l'incandescence est très vive et localisée en un point unique, le premier effet est très important, la rapidité des gaz rendant négligeable l'hydrogénation consécutive. Ce sont les conditions où s'étaient placés Moissan et Moureu.

Le *cobalt* réduit donne des résultats intermédiaires entre ceux du nickel et ceux du fer[1].

545. Hydrocarbures divers. — Les résultats qui précèdent indiquent que d'une manière générale les hydrocarbures forméniques, éthyléniques, acétyléniques, subissent au contact des métaux divisés, à des températures plus ou moins élevées, des dislocations importantes qui se ramènent soit à un émiettement en tronçons, soit à une déshydrogénation aboutissant finalement à du charbon. Les tronçons ainsi engendrés, CH^3, CH^2, CH, pouvant s'unir entre eux, il peut en résulter de nouveaux hydrocarbures, dont l'ensemble est plus pauvre en hydrogène que le carbure primitif. Les carbures hydrocycliques fournissent d'abord par perte d'hydrogène les carbures cycliques correspondants (525) : mais les carbures cycliques, benzène et homologues, naphtalène, anthracène, etc., sont atteints eux-mêmes, et tendent à se résoudre en carbone et hydrogène, par production intermédiaire de groupes CH^2, CH, semblables à ceux que fournissent les carbures aliphatiques. Ce pêle-mêle de destruction est tout à fait semblable aux équilibres pyrogénés définis par Berthelot dans l'action d'une température élevée sur les divers hydrocarbures, et dans lesquels, quelle que soit la nature primordiale de ces derniers, on finit par retrouver des corps de même nature. Les mé-

---

[1] P. SABATIER et SENDERENS, *Ann. Ch. Phys.*, (8), **4**. 430 à 452 ; 1905.

taux divisés permettent d'obtenir à *température beaucoup plus basse* des équilibres pyrogénés analogues.

546. Le *nickel*, le *fer*, le *cobalt* très divisés que fournit la réduction de leurs oxydes sont particulièrement actifs pour ces dissociations : leur effet est bien plus faible quand on les emploie à l'état de limaille, et a paru négligeable à certains observateurs vers 600°, tandis que la poudre de *magnésium* agissant à 600° sur le méthane, l'éthane, l'éthylène, l'acétylène, détermine une destruction de 95 p. 100, et celle d'*aluminium* une décomposition totale, au voisinage du point de fusion du métal. Le *platine* détruisait 70 à 80 p. 100 [1].

L'*hexane* est atteint énergiquement à 650-700° dans un tube de fer en présence d'*alumine*, sous pressions élevées. Le *cyclohexane* se dédouble moins vite en donnant des hydrocarbures bouillant depuis 45° jusqu'à 280°, et appartenant aux séries aromatique et polycycliques [2].

547. Si on soumet à l'action des métaux divisés, tels que du *fer porphyrisé*, maintenus à une température comprise entre 400° et le rouge sombre, les vapeurs du *pétrole brut* (de provenance quelconque), ou de pétrole déjà débarrassé d'essence, il y a dédoublement partiel de ces composés en un mélange d'hydrogène, d'hydrocarbures gazeux, et de carbures liquides dont une proportion notable distille au-dessous de 150° et peut être séparée. Le liquide qui reste étant soumis de nouveau à l'action des métaux divisés, donne une nouvelle proportion de gaz et de liquides volatils, et ainsi de suite. Les liquides obtenus sont constitués en grande partie par des hydrocarbures non saturés, oxydables et d'odeur désagréable. Pour les transformer en produits saturés d'odeur non désagréable, il suffit de soumettre leurs vapeurs à l'hydrogénation, en présence de métaux divisés (surtout de nickel réduit) entre 150° et 300°. On obtient ainsi un hydrocarbure utilisable comme *essence de pétrole*. D'ailleurs les deux phases du procédé peuvent être combinées de manière à donner lieu à une transformation continue du pétrole brut ou de l'huile de pétrole en essences. Le procédé peut fournir jusqu'à 75 p. 100 d'essence [3].

[1] KOUSNETOF, *Ber.*, **40**, 2871 ; 1907.

[2] IPATIEF et DORGUÉLEWITCH, *J. Soc. Phys. Chim. Russe*, **43**, 1431 ; 1911.

[3] P. SABATIER, *Brevet français* 400141, mai 1909.

CHAPITRE XIII

DÉSHYDROGÉNATIONS (*Suite.*)

§ 3. — DÉSHYDROGÉNATION DES ALCOOLS

548. Berthelot a indiqué depuis longtemps que les vapeurs d'alcool éthylique, traversant un tube de verre progressivement chauffé, commencent à se décomposer vers 500°, c'est-à-dire au voisinage du rouge sombre, et donnent lieu à deux réactions parallèles qui ont lieu simultanément, savoir : *déshydratation* avec séparation d'éthylène, et *déshydrogénation* avec production d'aldéhyde, la réaction se compliquant en outre par le fait de l'action décomposante calorifique exercée sur l'éthylène et sur l'aldéhyde : en particulier celui-ci se détruit partiellement en oxyde de carbone et méthane[1].

549. Les divers alcools *primaires* donnent lieu au rouge sombre à des dédoublements analogues, issus des deux réactions simultanées de déshydratation et de déshydrogénation.

Ainsi on aura :

$$C^nH^{2n+1} . CH^2 . CH^2OH \longrightarrow \begin{cases} H^2O + \underline{C^nH^{2n+1} . CH : CH^2} \\ \qquad\qquad \text{carbure éthylénique} \\ H^2 + \underline{C^nH^{2n+1} . CH^2 . CO . H} \\ \qquad\qquad \text{aldéhyde} \end{cases}$$

et de même :

$$\underline{C^6H^5 . CH^2OH} \atop \text{alcool benzylique} \longrightarrow \begin{cases} H^2O + (C^6H^5 . CH)^x \\ H^2 + \underline{C^6H^5 . CO . H} \\ \qquad\qquad \text{benzylal} \end{cases}$$

Jusqu'à 400°, aucune de ces actions n'a lieu d'une manière appréciable.

550. Les alcools *secondaires* fournissent plus facilement des réactions semblables, donnant par déshydratation, des *hydrocarbures*; par déshydrogénation, des *acétones*, l'une des deux réactions se produisant plus ou moins vite selon les cas. Ainsi pour les alcools secon-

---

[1] BERTHELOT et JUNGFLEISCH, *Traité élém. de Chimie Org.*, I, 2e édit., Paris, 1886, 256.

daires forméniques, la production de carbures éthyléniques précède celle des acétones ; tandis que pour le *benzhydrol*, la benzophénone est engendrée dès 290° [1].

551. En présence de *catalyseurs*, c'est-à-dire de matières capables d'exercer une action chimique temporaire sur l'un des produits des réactions qui précèdent, la réaction correspondante sera réalisée à température plus basse, et rendue plus ou moins rapide.

Les *catalyseurs de déshydrogénation* auront pour effet de provoquer spécialement la destruction des alcools en aldéhydes ou acétones.

Les *catalyseurs de déshydratation* provoqueront leur dédoublement en eau et hydrocarbures.

Les métaux, surtout sous forme très divisée, *cuivre, cobalt, nickel, fer, platine, palladium*, sont des catalyseurs de *déshydrogénation*, et il en est de même, mais avec une activité bien moindre, pour un petit nombre d'oxydes anhydres, comme l'*oxyde manganeux*.

Certains oxydes métalliques sont au contraire, vis-à-vis des alcools, des catalyseurs exclusifs de *déshydratation ;* tels sont l'*oxyde de thorium*, l'*alumine*, l'*oxyde bleu de tungstène*.

Enfin un grand nombre de substances, oxydes anhydres ou sels métalliques, jouissent à la fois des deux fonctions, et peuvent, à des degrés très variables, provoquer en même temps la déshydratation et la déshydrogénation des alcools. L'*oxyde de glucinium*, celui de *zirconium*, exercent à peu près également les deux rôles ; tous les intermédiaires se rencontrent entre les deux types extrêmes de catalyseurs exclusifs [2].

552. De tous les catalyseurs de déshydrogénation, celui qui convient le mieux pour dédoubler régulièrement les alcools primaires ou secondaires en aldéhydes ou acétones, c'est le *cuivre réduit*, qui peut d'ailleurs être remplacé dans la pratique par le cuivre très divisé que le commerce fournit pour la dorure en faux.

On peut aussi se servir, avec moins d'avantages, du *cobalt*, du *fer*, du *platine*, et c'est le *nickel* qui est ici le moins convenable [3].

EMPLOI DU CUIVRE

553. **Alcools primaires**. — Les alcools primaires forméniques dont on dirige les vapeurs sur du cuivre réduit, maintenu entre 200° et

[1] KNŒVENAGEL et HECKEL, *Ber.*, **36**, 2816 ; 1903.
[2] P. SABATIER et MAILHE, *Ann. Ch. Phys.*, 8, **20**, 289 et 341, 1910.
[3] P. SABATIER et SENDERENS, *C. R.*, **136**, 738, 921, 983 ; 1903.

300°, sont régulièrement dédoublés en aldéhyde et hydrogène : le produit condensé contient, à côté de l'aldéhyde produit, une certaine dose d'alcool primitif, ainsi qu'une faible dose d'acétal correspondant. Le rendement pratique est habituellement supérieur à 50 p. 100, avec moins de 5 p. 100 de produits supérieurs, et 45 p. 100 d'alcool qui peut être séparé par fractionnement et traité de nouveau. C'est une méthode très avantageuse de préparation des *aldéhydes forméniques*, particulièrement de ceux que leur volatilité médiocre rend difficiles à préparer par l'oxydation ménagée des alcools.

554. La transformation ne peut jamais être totale, même en présence d'une longue colonne de cuivre, parce que l'hydrogène dégagé par la réaction peut se fixer de nouveau sur l'aldéhyde formé, en présence du cuivre au-dessus de 200°. Le phénomène est donc nécessairement limité, mais les conditions sont favorables au dédoublement, parce qu'on opère en présence d'une faible proportion d'hydrogène.

555. Si la température s'élève au delà d'une certaine valeur, les aldéhydes formés sont partiellement détruits au contact du métal avec séparation d'oxyde de carbone :

$$\text{R}\,.\,\text{CO}\,.\,\text{H} = \text{CO} + \underset{\text{hydrocarbure}}{\text{RH}}$$

Mais, sauf pour le méthanal et les aldéhydes aromatiques, cette destruction n'est pas encore rapide à 300°.

556. Ce dédoublement est d'ailleurs d'autant plus important que le catalyseur est plus actif. Avec le *méthanol* à 350°, un cuivre léger violacé, issu de la réduction lente de l'oxyde précipité, donne lieu à un dégagement très rapide d'un gaz qui contient à peu près 2 volumes d'hydrogène pour 1 volume d'oxyde de carbone : le méthanal produit a été totalement détruit ; c'est à peine si quelques traces se retrouvent dans le liquide condensé.

On a eu :

$$\text{H}\,.\,\text{CH}^2\,.\,\text{OH} = \text{CO} + 2\,\text{H}^2$$

Au contraire avec du cuivre compact, rouge-orangé, préparé par réduction au rouge sombre d'un oxyde dense, le volume gazeux est environ douze fois moins rapide, et il est constitué par de l'hydrogène à peu près pur : la presque totalité du méthanal survit[1].

[1] P. Sabatier et Mailhe, *Ann. Chim. Phys.*, (8). **20**, 344 ; 1910.

557. En opérant sous pression réduite, on a le double avantage de permettre une volatilisation plus facile des alcools, et de diminuer l'action inverse qu'exerce l'hydrogène, par conséquent d'accroître le rendement pratique de la réaction [1].

558. L'appareil employé par Sabatier et Senderens est le même que celui employé pour les hydrogénations, en supprimant seulement le tube qui amène l'hydrogène [2].

559. Bouveault s'est servi d'un tube catalyseur vertical de 25 à 30 millimètres de diamètre, et de longueur variable allant jusqu'à 1 mètre : l'extrémité inférieure, rétrécie à 10 millimètres, pénètre dans le bouchon du ballon générateur des vapeurs d'alcool. Le tube est bourré avec des sortes de cigarettes de 15 centimètres de long et 10 à 15 millimètres de diamètre, en toile de cuivre bourrée d'hydrate cuivrique, et chauffé par résistance d'une spirale de nickel, que parcourt un courant électrique convenablement réglé. La réduction a lieu dans l'hydrogène, à 300°, et doit être menée très lentement pour avoir un cuivre adhérent.

Le courant étant réglé de manière à obtenir la température désirée, les vapeurs issues du ballon montent dans le catalyseur vertical, et de son sommet, arrivent dans une colonne à rectification, qui condense dans un récipient les parties les plus volatiles, c'est-à-dire l'aldéhyde, et renvoie le reste dans le ballon. Un tube catalyseur de 1 mètre permet de préparer dans une journée 500 grammes d'aldéhyde [3].

Il est évident que l'appareil peut être mis en communication avec une trompe à vide, munie d'un régulateur, de manière à opérer sous pression réduite, si on le juge convenable.

560. Le *méthanol* se dédouble bien dès 200°, mais le méthanal est déjà un peu détruit à 280°, surtout avec un cuivre très léger.

L'*éthanol*, dédoublé au-dessus de 200°, est rapidement transformé en aldéhyde de 250° à 350°, sans perturbations. A 420°, $\frac{1}{6}$ de l'éthanal est détruit.

Le *propanol* 1 est transformé régulièrement de 230° à 300° : à 420°, le quart de l'aldéhyde est détruit.

Le *butanol* 1 fournit très bien le *butanal* de 220° à 280° : à 370°, la destruction atteint seulement le sixième du produit.

---

[1] BOUVEAULT, *Bull. Soc. Chim.*, (4), **3**, 50 et 119 ; 1908.

[2] P. SABATIER et SENDERENS, *Ann. Chim. Phys.*, (8), **4**, 332 : 1905.

[3] BOUVEAULT, *loc. cit.*

L'*alcool isobutylique* est facilement transformé de 240° à 300° en aldéhyde : à 400°, la moitié de celui-ci est dédoublée.

L'*alcool isoamylique* est changé sans complications en aldéhyde, de 240° à 300°. A 370°, la destruction n'atteint que $\frac{1}{17}$ du produit ; à 430°, elle est voisine du quart[1].

Un alcool forménique à 10 atomes de carbone a été régulièrement changé en aldéhyde, par chauffage sous pression réduite (Bouveault).

561. L'*alcool benzylique* est moins facilement transformé que les alcools forméniques : le dédoublement ne commence qu'à 300°, et est alors satisfaisant. A 380°, la réaction est complexe et fournit avec le *benzylal* une certaine dose de *toluène* et de *benzène*, les gaz dégagés contenant, à côté de l'hydrogène, de l'oxyde de carbone et de l'anhydride carbonique : sur 18 parties d'alcool, 13 seulement ont fourni de l'aldéhyde, 5 ont donné du toluène ou du benzène.

L'*alcool phényléthylique*, $C^6H^5.CH^2.CH^2OH$, fournit facilement, surtout sous pression réduite, le *phényléthanal*.

562. L'alcool éthylénique *allylique* $CH^2 = CH.CH^2OH$ est transformé sur le cuivre de 180° à 300°, avec dégagement de très peu d'hydrogène, en *aldéhyde propylique* avec une faible dose d'aldéhyde acrylique. L'hydrogène issu du dédoublement de l'alcool sert à hydrogéner la double liaison de l'aldéhyde formé[2].

Il en est de même pour l'alcool *undécylénique* $CH^2 = CH.(CH^2)^8.$ CH^2OH, qui fournit seulement l'aldéhyde saturé, l'*undécanal*. Au contraire, sous pression réduite, le *géraniol* (264) fournit presque intégralement à 205° le *citral*[3].

563. **Alcools secondaires.** — La transformation des alcools secondaires en acétones, avec séparation d'une molécule d'hydrogène, est effectuée par le *cuivre* divisé, plus facilement encore que celle des alcools primaires, parce que, la stabilité des acétones étant supérieure à celle des aldéhydes, on dispose d'un intervalle plus étendu de températures pour effectuer la réaction. En général, même au voisinage de 400°, il n'y a aucune complication appréciable, le gaz dégagé est de l'hydrogène pur. Le rendement immédiat en acétone peut dépasser 75 p. 100.

564. L'*alcool isopropylique* est dédoublé lentement à partir de 150°,

[1] P. SABATIER et SENDERENS, *Ann. Chim. Phys.*, (8), **4**, 463 ; 1905.

[2] P. SABATIER et SENDERENS, *loc. cit.*

[3] BOUVEAULT, *loc. cit.*

la formation de *propanone* est rapide de 250° à 430°, sans séparation de propylène.

Le *butanol* 2, atteint dès 160°, fournit facilement à 300° la *butanone*, sans production de *butylène*.

L'*octanol* 2 fournit nettement l'*octanone* 2 de 250° à 300°. Ce n'est qu'au-dessus de 400° que l'on observe une scission en oxyde de carbone et hydrocarbures.

565. Le *cyclohexanol* est dédoublé nettement vers 300° sur le cuivre en hydrogène et cyclohexanone [1].

L'*orthométhylcyclohexanol* est à 300° transformé en *orthométhyl-cyclohexanone*, avec mise en liberté d'un peu d'eau et d'*orthométhyl-cyclohexène*, et d'*orthocrésol*, faciles à éliminer. Le résultat est presque aussi bon avec le *métaméthylcyclohexanol*, et au moins aussi satisfaisant avec le *paraméthylcyclohexanol*. La méthode s'applique avec la même facilité aux divers *diméthylcyclohexanols* [2].

566. Le *bornéol* se transforme très facilement et à peu près totalement en *camphre* au contact du cuivre à 300° [3].

567. Le *benzhydrol* $C^6H^5.CHOH.C^6H^5$, chauffé seul à 280°-295°, se change en benzophénone par perte d'hydrogène : la présence du *cuivre* ne facilite pas cette réaction, et paraît au contraire l'orienter vers une formation d'éther-oxyde $(C^6H^5,CH)^2O$, qui serait obtenu à 210° avec un rendement de 75 p. 100 [4]. C'est là une exception remarquable à l'activité déshydrogénante du cuivre.

568. Le procédé convient même pour la transformation de la fonction *alcool secondaire* en fonction cétonique dans des molécules à fonction mixte.

Les *acyloïnes*, ou acétones-alcools secondaires, de la forme $R.CHOH.CO.R'$, fournissent aisément sur le cuivre les dicétones α qui leur correspondent [5].

569. Les *éthers-sels* β *hydroxylés* peuvent être transformés dans les mêmes conditions en éthers-sels *acétoniques*. Ainsi le β-*isobutyl*-β-*oxy-propionate* *d'éthyle* $(CH^3)^2CH.CH^2.CHOH.CH^2.CO^2C^2H^5$ est changé en *isovalérylacétate d'éthyle* [6].

---

[1] P. Sabatier et Senderens, *Ann. Chim. Phys.*, (8), **4**, 467 ; 1905.

[2] P. Sabatier et Mailhe, *Ann. Chim. Phys.*, (8), **10**, 550, 554, 557, 568 ; 1907.

[3] Goldsmith, *Brevet Anglais*, 17573, 1906. — Aloy et Brustier, *Bull. Soc. Chim.*, (4), **9** 733 ; 1911.

[4] Knœvenagel et Heckel, *Ber.*, **36**, 2816 ; 1903.

[5] Bouveault et Locquin, *Bull. Soc. Chim.*, (3), **35**, 650, 1906.

[6] Bouveault, *loc. cit.*

Emploi des autres métaux

570. Nickel. — Le nickel réduit agit sur les alcools plus violemment que le cuivre, et la déshydrogénation des alcools primaires ou secondaires est toujours accompagnée d'une scission plus ou moins importante de l'aldéhyde ou de l'acétone avec production d'oxyde de carbone. Ce dernier subit d'ailleurs de la part du nickel une action plus ou moins profonde : une portion peut être hydrogénée en mé-thane, par l'hydrogène issu de l'alcool ; une autre peut donner du charbon et de l'anhydride carbonique (503). La séparation d'oxyde de carbone commence habituellement en même temps que le dédoublement de l'alcool.

571. Le *méthanol* est atteint dès 180°, mais les $\frac{2}{3}$ du méthanal libéré sont détruits. La réaction est rapide à 250°, mais les $\frac{8}{9}$ de l'aldéhyde sont décomposés, et le gaz dégagé ne contient que 45 p. 100 d'hydrogène, à côté de méthane et d'oxyde de carbone. A 350°, il n'y a plus d'aldéhyde, ni d'oxyde de carbone : le gaz est un mélange de méthane et d'anhydride carbonique.

L'*éthanol* est décomposé à partir de 150°, rapidement au-dessus de 230°. Déjà à 180° près du tiers de l'aldéhyde libéré est détruit. A 330°, la destruction est totale.

Les résultats sont de même nature avec le *propanol,* où la destruction du propanal atteint déjà les $\frac{3}{4}$ à 260° ; pour le *butanol* 1, où à 250° les $\frac{12}{13}$ de l'aldéhyde sont décomposés ; pour le *méthyl* 2 *propanol.* Avec l'*alcool isoamylique* ordinaire, la destruction de l'aldéhyde porte déjà sur la moitié à 210°.

572. L'*alcool isopropylique* au contact du nickel est dédoublé lentement en acétone et hydrogène à partir de 150°. La réaction est rapide à 210°, mais environ $\frac{1}{8}$ de l'alcool, atteint par la décomposition, se dédouble en eau, éthane et méthane.

Le *butanol* 2 donne lieu dès 200° à une transformation assez régulière ; mais la dislocation atteint déjà le cinquième du produit.

Les résultats sont de même ordre avec l'*octanol* 2.

573. Cobalt. — L'action du cobalt réduit sur les alcools primaires et secondaires est intermédiaire entre celle du nickel et celle du cuivre[1].

---

[1] P. Sabatier et Senderens. *Ann. Chim. Phys.,* (8), **4**, 473 : 1905.

574. Fer. — L'action du fer réduit est analogue à celle du cobalt. Employé à haute température, vers 600° à 700°, il procure une destruction très rapide. Un tube de fer rempli ou non de tournure du même métal à 700° a donné une destruction intense de l'éthanol conduisant à 30 p. 100 d'aldéhyde, et environ 7 p. 100 de charbon déposé[1].

575. Platine. — La mousse de platine agit sur les alcools à la manière du nickel, mais son action ne commence qu'à température plus haute, supérieure à 250°. D'ailleurs la destruction des *aldéhydes* est inséparable de leur formation et toujours prédominante.

Le *méthanol* est, vers 250°, scindé nettement en hydrogène et oxyde de carbone, avec seulement des traces d'aldéhyde.

L'*éthanol* est atteint à 270° : à 370° l'action est rapide, mais les $\frac{3}{4}$ de l'éthanal sont dédoublés en oxyde de carbone et méthane.

L'*alcool propylique* est scindé dès 280° : mais à 310° l'aldéhyde est presque totalement disloqué en éthane et oxyde de carbone.

576. Les résultats sont meilleurs pour les alcools secondaires, parce que la stabilité des acétones est bien plus grande que celle des aldéhydes.

Le *propanol* 2 est facilement transformé en *propanone* à 320°, sans complications notables; à 400°, la destruction de l'acétone n'atteint que le trentième du produit[2].

577. Palladium. — L'affinité considérable que ce métal possède pour l'hydrogène semble le désigner pour effectuer des déshydrogénations d'alcools. On peut citer celle du *benzhydrol*, qui est très rapidement dédoublé en benzophénone au contact de *mousse de palladium*[3].

578. Zinc. — Ce métal exerce vers 650°, une action dédoublante intense sur les alcools : ainsi l'*éthanol* fournit environ 60 p. 100 d'aldéhyde, et des gaz, éthylène, oxyde de carbone, méthane. L'*alcool isobutylique* donne 75 p. 100 d'aldéhyde, et des gaz formés en grande partie de butylène.

---

[1] Ipatief, *Ber.*, **35**, 1047, 1902.
[2] Sabatier et Senderens, *Ann. Chim. Phys.*, (8), **4**, 473 ; 1905.
[3] Knoevenagel et Heckel, *Ber.*, **36**, 2816 : 1903.

Le *laiton*, alliage de cuivre et de zinc, se comporte vers 600° comme ce dernier métal[1].

EMPLOI D'AUTRES MATIÈRES

579. L'usage des autres matières pour déshydrogéner les alcools est peu avantageux parce que leur action ne s'exerce que beaucoup moins énergiquement que celle des métaux, et qu'elle exige l'application de températures plus élevées, où les aldéhydes sont dédoublés partiellement en oxyde de carbone et carbures forméniques.

580. **Oxyde manganeux**. — Son action ne commence guère à s'exercer que vers 320°. A 360°, il fournit avec le *méthanol*, un dédoublement six fois moindre que celui donné par un *cuivre réduit compact* rouge orangé ; la majeure partie du méthanal survit, et l'hydrogène dégagé est à peu près pur.

Pour l'*éthanol*, le dédoublement est, à 360°, quarante fois moins intense qu'avec du cuivre léger, et une partie de l'aldéhyde est déjà détruite en méthane, oxyde de carbone, et même anhydride carbonique, ce dernier étant produit à partir de l'oxyde de carbone avec dépôt corrélatif de charbon, selon un mécanisme analogue à celui que produisent les métaux (503).

Les alcools *propylique, isoamylique, benzylique* fournissent des résultats analogues[2].

581. **Oxyde stanneux**. — Il agit au-dessus de 300° sur les divers alcools comme catalyseur de déshydrogénation à la manière des métaux : mais il est en même temps réduit *lentement* en étain métallique, facile à apercevoir au milieu de l'oxyde. Cet étain divisé paraît posséder une aptitude catalysante semblable à celle de l'oxyde, de telle sorte que le mélange de métal et d'oxyde continue très longtemps à scinder les alcools en aldéhydes et hydrogène. Mais comme la température de réaction surpasse 220°, point de fusion de l'étain, les petits globules de métal issus de la réduction de l'oxyde s'agglomèrent peu à peu en globules plus gros, et par suite l'activité catalytique diminue.

582. Ainsi avec l'*éthanol*, l'oxyde stanneux brun orangé (issu de

---

[1] IPATIEF, *Ber.*, **34**, 3579 ; 1901 et **37**, 2961 et 2986 ; 1904.

[2] P. SABATIER et MAILHE, *Ann. Chim. Phys.*, (8). **20**, 313 ; 1910.

la réduction rapide de l'oxyde stannique par les vapeurs de l'alcool) commence à agir vers 260°. A 350°, la vitesse du dédoublement atteint presque la moitié de celle que procure un même volume de *cuivre réduit* très léger. L'hydrogène dégagé est presque pur, l'éthanal étant à peu près indécomposé. Au bout de quatre heures de réaction, l'activité s'est trouvée réduite de moitié.

L'alcool amylique est catalysé régulièrement à 340°, en aldéhyde.

Le *méthanol* est atteint au-dessus de 260°, avec production de méthanal. A 350°, celui-ci est en majeure partie dédoublé en oxyde de carbone et hydrogène[1].

583. Oxyde de cadmium. — Il se comporte à la manière de l'oxyde stanneux, et donne lieu à une catalyse de déshydrogénation, en même temps qu'il est réduit peu à peu à l'état de métal, qui possède une activité catalysante peu différente de celle de l'oxyde. Ainsi avec *l'éthanol* à 300°, le dédoublement se produit avec une vitesse voisine de $\frac{1}{10}$ de celle que procure le même volume de cuivre très actif, et se maintient très longtemps malgré la réduction progressive à l'état métallique.

584. L'*alcool benzylique* donne lieu à une réaction tout à fait analogue : à 350°, il y a réduction lente de l'oxyde, et en même temps dédoublement de l'alcool en *benzylal* et hydrogène. A 380°, le benzylal est partiellement détruit en benzène et oxyde de carbone. L'absence totale du carbure résineux (629) indique la non existence de la réaction de déshydratation.

Avec le *méthanol* le dédoublement, qui débute vers 250°, est assez rapide au-dessus de 300° : il se produit du méthanal, partiellement décomposé en oxyde de carbone et hydrogène[2].

585. Autres oxydes. — La plupart des oxydes métalliques *irréductibles* sont, vis-à-vis des alcools primaires, des *catalyseurs mixtes*, provoquant à la fois la déshydratation et la déshydrogénation. Pour quelques-uns :

Oxyde uraneux ;
Oxyde bleu de molybdène ;
Oxyde vanadeux V^2O^3 ;

[1] P. SABATIER et MAILHE, *Ann. Chim. Phys.*, (8), **20**, 309 ; 1910.
[2] P. SABATIER et MAILHE, *Ann. Chim. Phys.*, (8), **20**, 302 ; 1910.

Oxyde de zinc,

c'est l'aptitude déshydrogénante qui domine.

Dans un autre groupe :

Oxyde de glucinium ;

Oxyde de zirconium ;

Oxyde de chrome Cr^2O^3, calciné au-dessus de 500°,

les deux aptitudes sont à peu près équivalentes.

Pour un troisième groupe :

Oxyde de chrome Cr^2O^3 (non calciné) ;

Oxyde titanique ;

Oxyde silicique,

c'est la déshydratation qui prédomine.

586. La classification des oxydes est d'ailleurs assez différente vis-à-vis du *méthanol*, parce que la déshydratation ne pouvant être effectuée que sous forme d'oxyde de méthyle, les conditions relatives ne sont plus les mêmes. Sauf l'*alumine* qui à 300° se borne à déshydrater, et quelques oxydes (*oxyde de thorium, oxyde bleu de tungstène, oxyde de chrome*, et *alumine* au-dessus de 350°) qui possèdent l'aptitude mixte, tous les oxydes sont pour le méthanol des catalyseurs de déshydrogénation. Il y a production de *méthanal* qui est plus ou moins scindé en oxyde de carbone et méthane.

587. Le tableau suivant indique les dégagements gazeux obtenus par minute à 350°, dans des conditions semblables, avec les divers catalyseurs (employés à même volume).

Méthanal maintenu à peu près entièrement : le gaz est de l'hydrogène à peu près pur.

OXYDES	VOLUME GAZEUX en centimètres cubes par minute.
GlO	très minime.
SiO^2	0,3
TiO^2	1,2
ZnO	1,5
ZrO^2	1,8
MnO	2,0
Al^2O^3	6,0

Méthanal partiellement scindé.
L'hydrogène contient de l'oxyde de carbone.

PbO [1]	45 (début).
Mo^2O^3	54
CdO [1]	57 (début).

Méthanal détruit à peu près complètement.
Le gaz est voisin de $CO + 2H^2$.

Fe^2O^3 [1] . . . . 106 (début).
V^2O^4 140
SnO [1] 160
Cuivre léger. 152

588. L'aptitude déshydrogénante des oxydes ne peut guère s'interpréter que par la production d'une combinaison instable de l'oxyde par addition avec l'aldéhyde [2].

589. La *poudre de zinc*, mélange intime de zinc métallique très divisé et d'oxyde de zinc, qui contient généralement une certaine proportion de cadmium et d'oxyde de cadmium, agit en vertu de ces divers principes comme un déshydrogénant assez actif, surtout vis-à-vis du *méthanol*, le méthanal étant en majeure partie dédoublé en oxyde de carbone et hydrogène. Jahn avait depuis longtemps indiqué que la poudre de zinc au-dessous du rouge scinde le méthanol en un gaz qui contient 30 p. 100 d'oxyde de carbone, et 70 p. 100 d'hydrogène [3].

590. Charbon. — La braise de boulanger se comporte vis-à-vis des alcools comme un catalyseur mixte, donnant à la fois déshydrogénation et déshydratation.

Avec l'*éthanol* à 375°-385°, on arrive à une réaction complexe, l'éthanal étant détruit à peu près entièrement en méthane et oxyde de carbone.

L'*alcool isopropylique* fournit surtout la réaction de déshydratation [4].

§ 4. — CYCLISATIONS PAR PERTE D'HYDROGÈNE

591. Nickel. — La *méthylorthotoluidine*, soumise vers 300°-330° à l'action du nickel réduit (en présence d'hydrogène), donne par déshydratation formation d'un nouveau cycle, et fournit environ 6 p. 100 d'*indol*, à côté de méthane et d'*orthotoluidine* [5].

$$C^6H^4\!\!\begin{array}{c}\diagup CH^3 \\ \diagdown NH\,.\,CH^3\end{array} \longrightarrow C^6H^4\!\!\begin{array}{c} CH \\ \diagup\ \diagdown CH \\ \diagdown\ \diagup \\ NH \end{array}$$

---

[1] Les volumes gazeux indiqués sont évalués après défalcation de l'anhydride carbonique qui provient de la réduction lente de l'oxyde.

[2] P. Sabatier et Mailhe, *Ann. Chim. Phys.*, (8), **20**, 340 à 346 ; 1910.

[3] Jahn, *Ber.*, **13**, 983 ; 1880.

[4] Lemoine, *Bull. Soc. Chim.*, (4), **3**, 851 et 935 ; 1908.

[5] Carrasco et Padoa, *Lincei*, **15**, (2), 699 ; 1906.

592. De même la *diméthylorthotoluidine*, à 300°, donne, avec un rendement de 24 p. 100, le *méthylindol n*, en même temps que du méthane, de la toluidine et de la méthyltoluidine[1] :

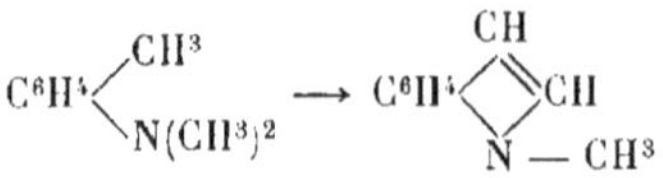

$$C^6H^4 \left\langle \begin{array}{l} CH^3 \\ N(CH^3)^2 \end{array} \right. \longrightarrow C^6H^4 \left\langle \begin{array}{l} CH \\ CH \\ N - CH^3 \end{array} \right.$$

593. Chlorure d'aluminium. — L'emploi du *chlorure d'aluminium anhydre* permet de provoquer à des températures peu élevées, comprises entre 80° et 140°, l'élimination d'hydrogène amenant comme conséquence la production de nouveaux cycles.

Le *dinaphtyle* α fournit ainsi le *pérylène*[2] :

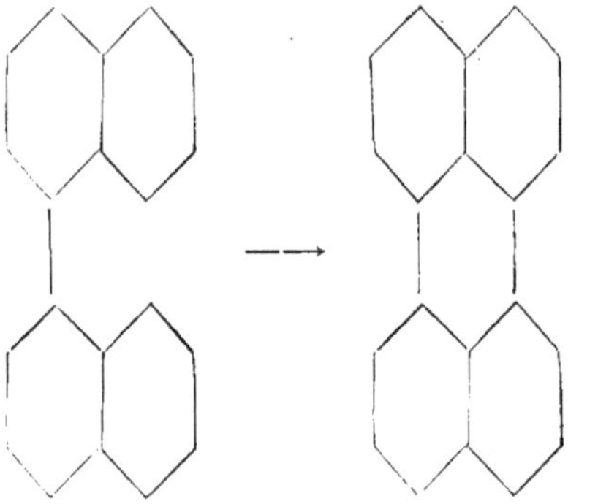

La *méso-benzo-dianthrone* donne de même à 140°, quantitativement, la *mésonaphtodianthrone*[3] :

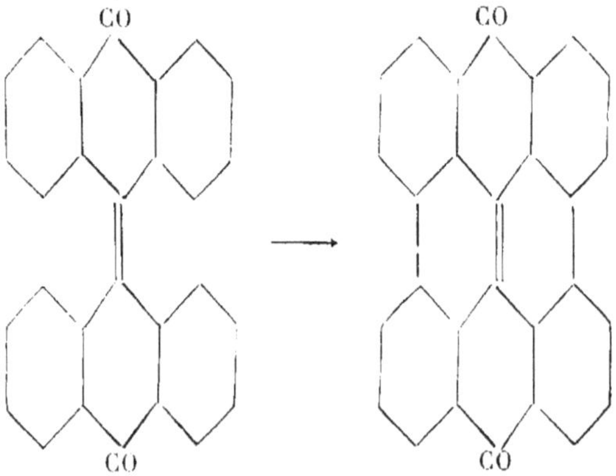

[1] Carrasco et Padoa, *Gaz. Chim. Ital.*, **37**, (2), 49 ; 1907.
[2] Scholl, Seer et Weltzenbock, *Ber.*, **43**, 2203 ; 1910
[3] Scholl et Mansfeld, *Ber.*, **43**, 1737 ; 1910.

La *phényl.α-naphtylcétone* donne à 140°, avec un bon rendement, la *benzanthrone* :

et cette réaction est un exemple typique de beaucoup d'autres réactions analogues qui sont facilement effectuées grâce à l'emploi de ce nouveau procédé [1].

[1] SCHOLL et SEER, *Sitz. Akad. Wien.*, **120**, 11,B, 925 ; 1911. — *Lieb. Ann.* **394**. III, 1912.

CHAPITRE XIV

DÉSHYDRATATIONS

594. Il existe un nombre immense de réactions organiques qui sont accomplies avec élimination d'eau. Beaucoup d'entre elles peuvent être provoquées ou accélérées par la présence de *catalyseurs* dits *déshydratants*. Comme le fait prévoir la très grande variété des réactions de ce genre, les catalyseurs déshydratants comprennent beaucoup de corps de natures très différentes, savoir : des *corps simples* (phosphore, carbone, métaux divisés), des *acides minéraux* forts (acides sulfurique, chlorhydrique, phosphorique, etc.) concentrés ou dilués, des *anhydrides* d'acides (phosphorique, borique), des *chlorures anhydres* (chlorures d'aluminium, de zinc, de fer), divers *sels minéraux* (sels ammoniacaux, bisulfate de potassium, sulfate de calcium, sulfate d'aluminium, phosphates, etc.), des *acides organiques* (acide acétique), ainsi que leurs sels (acétates de potassium ou de sodium).

595. Nous étudions tout d'abord dans le présent chapitre la déshydratation des *alcools seuls*, donnant lieu à la formation d'*oxydes* ou d'*hydrocarbures*.

Le chapitre suivant xv aura pour objet la déshydratation des alcools en présence d'*ammoniac*, d'*hydrogène sulfuré*, ou d'*acides*, donnant lieu respectivement à la production d'*amines*, de *thiols*, et d'*éthers-sels*.

Dans le chapitre xvi, nous nous occuperons de la déshydratation des *phénols*, qui seuls fournissent des *oxydes*, et en présence d'hydrogène sulfuré ou d'alcools donnent des *thiols* ou des *oxydes mixtes ;* ensuite de la déshydratation des *aldéhydes* ou des *acétones ;* enfin des *sulfonations* aromatiques.

§ 1. — DÉSHYDRATATION DES ALCOOLS SEULS

596. Les alcools *primaires* peuvent fournir successivement deux réactions de déshydratation. La première donne l'*éther-oxyde ;* la seconde fournit un hydrocarbure généralement *éthylénique*. Ainsi avec l'alcool ordinaire, on a :

$$2(CH^3 . CH^2OH) = H^2O + \underline{(CH^3 . CH^2)^2O}$$
$$\text{oxyde d'éthyle}$$

ou bien :

$$CH^3 . CH^2OH = H^2O + \underline{CH^2 = CH^2}$$
$$\text{éthylène}$$

L'*alcool benzylique* donne :

$$2(C^6H^5 . CH^2OH) = H^2O + \underline{(C^6H^5 . CH^2)^2O}$$
$$\text{oxyde de benzyle}$$

ou bien :

$$n(C^6H^5 . CH^2OH) = nH^2O + \underline{(C^6H^5 . CH)^n}$$
$$\text{carbure résineux}$$

L'*alcool méthylique* ne peut au contraire par déshydratation régulière fournir que l'éther oxyde, l'*oxyde de méthyle* $(CH^3)^2O$.

597. Les *alcools secondaires*, pour lesquels la déshydratation est plus facile, ne donnent qu'exceptionnellement l'éther-oxyde (par exemple pour le *benzhydrol*), mais d'ordinaire ne donnent que l'hydrocarbure.

598. Pour les *alcools tertiaires*, l'éther-oxyde ne peut jamais être obtenu, tandis qu'on arrive habituellement avec la plus grande facilité au carbure éthylénique.

598. Ces déshydratations peuvent être accomplies par une multitude de matières avides d'eau, employées en excès par rapport à l'alcool qui doit être déshydraté. Mais si les hydrates formés sont instables à la température où l'on opère, la matière primitive est régénérée par élimination de vapeur d'eau, et elle peut recommencer son action sur une nouvelle proportion d'alcool.

C'est ce qui se passe avec le *chlorure de zinc*, ou avec l'*acide sulfurique concentré*, dont une petite quantité peut à chaud déshydrater beaucoup d'alcool.

599. Le mécanisme d'action de l'*acide sulfurique* est classique et désigné sous le nom de mécanisme de Williamson [1]. L'acide con-

---

[1] WILLIAMSON, *Ann. Chim. Phys.*, (3), **40**, 98 ; 1854.

centré agit sur l'alcool pour donner un éther sulfurique acide :

$$\underset{\text{éthanol}}{CH^3 . CH^2OH} + SO^4H^2 = H^2O + CH^3 . CH^2 . O . SO^3H.$$

Ce dernier, vers 140°, réagit sur une nouvelle proportion d'alcool, et fournit l'éther-oxyde en même temps qu'il y a régénération de l'acide sulfurique :

$$CH^3 . CH^2 . O . SO^3H + CH^3 . CH^2 . OH = SO^4H^2 + \underset{\text{oxyde d'éthyle}}{(CH^3 . CH^2)^2O.}$$

L'acide sulfurique peut former de nouveau de l'éther sulfurique acide, et cela indéfiniment, parce que la température étant assez haute, l'eau produite est éliminée du système, en même temps que l'oxyde d'éthyle. Théoriquement, son action serait indéfinie : c'est un *catalyseur* bien net. Mais une portion subit une certaine réduction en *anhydride sulfureux*, ce qui le détruit peu à peu.

600. Si on chauffe plus haut, vers 160°-170°, l'éther sulfurique acide donne un dédoublement rapide en acide sulfurique et *éthylène* :

$$CH^3 . CH^2 . O.SO^3H = SO^4H^2 + CH^2 = CH^2.$$

Le catalyseur dégage alors de l'éthylène, mais la température étant plus haute, il s'use plus vite par réduction en acide sulfureux.

601. L'*acide phosphorique sirupeux* peut produire un effet absolument analogue, et comme il est plus difficilement réduit que l'acide sulfurique, son activité catalytique de déshydratation se conserve bien plus longtemps[1].

602. C'est à un mécanisme tout à fait analogue qu'il convient de rapporter l'action déshydrante exercée sur les alcools par la plupart des catalyseurs, par exemple le *chlorure de zinc*, ou certains oxydes métalliques, tels que l'*alumine* et l'*oxyde de thorium*. Le chlorure de zinc, qui donne si aisément des hydrates, fournit avec les alcools des produits analogues de fixation, que la chaleur détruit en eau, carbure éthylénique, et chlorure régénéré.

603. Les oxydes peuvent être regardés comme les anhydrides d'hydrates métalliques capables d'exercer la fonction acide, soit exclusivement comme l'acide silicique, l'acide titanique, soit conjointement avec la fonction basique (hydrates d'aluminium, de tho-

---

[1] P. Sabatier et Mailhe, *Bull. Soc. Chim.*, (4), I, 524 ; 1907.

rium, de chrome, etc.). Ainsi avec l'alumine, la vapeur d'alcool donnerait un *aluminate* instable, qui se détruirait au contact d'alcool pour donner l'éther-oxyde, ou à température plus haute, se scinderait de suite en dégageant le carbure éthylénique ; l'alumine régénérée peut recommencer indéfiniment la même transformation :

$$Al^2O^3 + 2\,(C^nH^{2n+1}.OH) = H^2O + Al^2O^2(OC^nH^{2n+1})^2$$

puis :

$$2\,(C^nH^{2n+1}.OH) + Al^2O^2(OC^nH^{2n+1})^2 = \underbrace{2\,(C^nH^{2n+1})^2O}_{\text{oxyde}} + Al^2O^2(OH)^2$$

et

$$Al^2O^2(OH)^2 = H^2O + Al^2O^3$$

ou bien :

$$Al^2O^2(OC^nH^{2n+1})^2 = \underbrace{2\,C^nH^{2n}}_{\text{carbure}} + Al^2O^2(OH)^2$$

réaction suivie de la déshydratation immédiate de l'alumine.

De tels composés alcooliques peuvent être isolés par diverses voies : ainsi l'*aluminate d'éthyle* ou éthylate d'aluminium, que l'action de la chaleur dédouble nettement en régénérant l'alumine et dégageant de l'éthylène [1].

Dans le cas de méthanol, on a seulement le premier type de réaction ; dans la plupart des cas, c'est le second type qui intervient seul [2].

FORMATION D'ÉTHER-OXYDE

604. La production de l'éther-oxyde par déshydratation directe des alcools n'est possible que dans un petit nombre de cas.

On a déjà fait remarquer que pour le *méthanol* c'est la forme unique de la réaction de déshydratation : divers catalyseurs déshydratants le changent en *oxyde de méthyle* gazeux, mais leur nombre est bien inférieur à celui des catalyseurs capables de déshydrater les autres alcools en hydrocarbures.

Ainsi, parmi les oxydes métalliques anhydres, un seul, l'*alumine*, est au-dessous de 300° déshydratant exclusif : pour tous les autres, et pour l'alumine elle-même au-dessus de 300°, la catalyse de déshydrogénation existe à côté de celle de déshydratation, et pour la plupart, elle est à peu près exclusive. L'*acide sulfurique concentré*

[1] GLADSTONE et TRIBE, *Chem. Soc.*, **41**, 5 ; 1882.
[2] P. SABATIER et MAILHE, *Ann. Chim. Phys.*, (8), **20**, 349 ; 1910.

est habituellement employé pour effectuer la réaction [1]. Le *chlorure de zinc* ne peut convenir parce qu'il fournit une décomposition complexe [2].

605. L'*oxyde d'éthyle* est facilement obtenu par l'*acide sulfurique* à 140° (599); mais on peut aussi se servir d'*acide phosphorique* ou *arsénique* [3], ou de *chlorure de zinc* anhydre [4].

Parmi les *oxydes métalliques*, seule l'*alumine* précipitée et séchée à basse température permet de l'obtenir par action sur l'*éthanol* à 240°. Il se dégage un peu d'éthylène ; la méthode peut être appliquée avec de l'alcool à 90° [5].

606. L'*oxyde de propyle* est obtenu plus difficilement ; on peut l'atteindre par l'*acide sulfurique concentré* à 135°, mais il se dégage beaucoup de propylène.

En faisant agir l'acide sur un mélange d'alcools méthylique et éthylique à 140°, on obtient, à côté d'oxyde de méthyle et d'oxyde d'éthyle, une certaine proportion d'oxyde mixte de *méthyl-éthyle*. On peut obtenir d'une façon analogue l'*oxyde d'éthyl-propyle*. Mais on ne peut arriver par action de l'acide sulfurique à l'*oxyde d'isobutyle*, non plus qu'à ceux des alcools plus riches en carbone, qui fournissent exclusivement le carbure [6].

L'*alumine* vers 250° donne un peu d'*oxyde de propyle*, mais surtout du propylène : elle ne peut fournir les autres oxydes.

607. Par une exception remarquable, le *benzhydrol* C^6H^5 . CHOH . C^6H^5, quoique alcool secondaire, donne lieu à une formation très aisée de l'oxyde correspondant. Le *cuivre* divisé, à 210°-220°, transforme le benzhydrol en oxyde $(C^6H^5)^2CH$. O . CH . $(C^6H^5)^2$ avec un rendement de 75 p. 100 [7].

DÉSHYDRATATION EN HYDROCARBURE

La déshydratation en hydrocarbure est le mode normal que subissent les alcools, et que fournissent aussi les *éthers-oxydes*. Un assez grand nombre de *catalyseurs* peuvent provoquer ce dédoublement.

[1] DUMAS et PÉLIGOT, *Ann. Chim. Phys.*, (2), **58**, 19 ; 1835.

[2] LEBEL et GREENE, *Jahresber. Chem.*, 1878 ; 388.

[3] BOULLAY, *Gilberts. Ann.*, **44**, 270 ; 1813.

[4] MASSON, *Lieb. Ann.*, **31**, 63 ; 1839.

[5] SENDERENS, *Ann. Chim. Phys.*, (8), **25**, 449 ; 1912.

[6] NORTON et PRESCOTT, *Am. Chem. J.*, **6**, 243 ; 1884.

[7] KNOEVENAGEL et HECKEL, *Ber.*, **36**, 2823 ; 1903.

Ceux dont l'emploi est le plus avantageux sont l'*alumine*, l'*oxyde de thorium*, l'*oxyde bleu de tungstène*, enfin l'*argile*. Nous allons passer en revue successivement les principaux catalyseurs utiles.

609. Corps simples. — Le *noir animal*, lavé à l'acide chlorhydrique, constitue un catalyseur assez médiocre des alcools : il fournit à partir de 350°, avec l'*éthanol*, de l'éthylène, accompagné d'une certaine dose de méthane, d'oxyde de carbone et d'hydrogène, issus d'une formation d'éthanal, détruit en majeure partie. Le *propanol* donne au-dessus de 300° un gaz renfermant 87 p. 100 de propylène, avec de l'éthylène et d'autres produits gazeux [1].

610. Le *phosphore rouge* agit plus activement, à des températures beaucoup moindres, et doit vraisemblablement cette activité à la présence d'une petite proportion d'acides phosphoreux ou phosphorique, préexistant dans le produit, et s'y produisant en quantité notable par le fait d'une oxydation que l'alcool exerce sur le phosphore corrélativement avec une production de *phosphure d'hydrogène* gazeux.

Avec l'*éthanol*, on obtient à 240° un dégagement rapide d'*éthylène* contenant 5 p. 100 d'hydrogène phosphoré. Le résultat est analogue avec le *propanol* 1 ; la dose du gaz phosphoré est moindre pour le *butanol* 1 ou l'*alcool isobutylique* ; elle paraît négligeable dans le cas de l'*alcool isopropylique*, déjà dédoublé à 150°.

La présence d'hydrogène phosphoré, difficile à éliminer de l'hydrocarbure, ôte beaucoup d'intérêt à cette catalyse.

611. Les *métaux divisés* exercent sur les alcools primaires et secondaires une catalyse très importante de déshydrogénation (552) ; mais vis-à-vis des alcools *tertiaires*, ils donnent lieu à température peu élevée à un dédoublement rapide en carbure éthylénique. Le *nickel réduit* agit ainsi sans complications de 220° à 300° ; le *cuivre réduit* se comporte de même à partir de 280° à 300° [2]. L'emploi du cuivre agissant sur un alcool vers 300° fournit donc un moyen simple de reconnaître la qualité d'un alcool forménique. Un alcool primaire fournit un aldéhyde, un alcool secondaire, une acétone, un alcool tertiaire ne donne que de l'eau et un carbure éthylénique [3].

---

[1] Senderens, *loco citato*.

[2] P. Sabatier et Senderens, *Ann. Chim. Phys.*, 8, **4**, 467 et 472 ; 1905.

[3] P. Sabatier et Senderens. *Bull. Soc. Chim*., (3), **33**, 263 ; 1905.

612. Acides minéraux concentrés. — L'*acide sulfurique concentré*, employé en petite quantité, peut à température convenable, suffisante pour éliminer l'eau produite, servir à préparer avantageusement les carbures éthyléniques inférieurs, *éthylène*, *propylène*, et même *butylène* : on facilite le dégagement gazeux en ajoutant au mélange d'alcool et d'acide une certaine quantité de *sable fin quartzeux*, qui, d'après Senderens, jouerait un véritable rôle de catalyseur chimique. Les résultats sont, d'après le même auteur, bien plus favorables, quand on ajoute au mélange habituel d'acide sulfurique et d'alcool environ 5 p. 100 de *sulfate d'aluminium* anhydre. A 157°, pour l'*éthanol*, le dégagement d'éthylène est ainsi rendu trois fois plus rapide ; le *propylène* est préparé à 130° au lieu de 145° ; l'*alcool isobutylique* est dédoublé dès 125°[1].

L'*acide phosphorique concentré* peut remplacer l'acide sulfurique (601).

613. Oxydes métalliques anhydres. — C'est Grégorieff qui a le premier, en 1901, signalé dans un *oxyde* une aptitude spéciale à déshydrater les alcools : il constata que, à 300°, l'*alumine* dédouble l'éthanol et le propanol en 90 p. 100 de carbure éthylénique[2].

614. Cette propriété de l'*alumine* fut contrôlée par Ipatieff, et retrouvée dans la matière qui forme les creusets de plombagine et qui est un mélange de graphite (inactif) et d'*argile*, tandis que d'autres oxydes (zinc, fer, étain, chrome, etc.) étaient révélés comme des catalyseurs déshydrogénants[3].

615. La valeur catalysante des divers oxydes a fait l'objet d'une étude approfondie de Sabatier et Mailhe[4], qui ont pu mettre en évidence des catalyseurs d'une grande valeur pour les déshydratations, l'*oxyde de thorium* et l'*oxyde bleu de tungstène*. On a déjà indiqué (585) que les oxydes irréductibles ou lentement réductibles par les alcools peuvent être distingués en catalyseurs *déshydrogénants*, catalyseurs *déshydratants*, et catalyseurs *mixtes* qui provoquent à la fois les deux réactions.

616. Le sens et l'importance de l'activité des divers oxydes peu-

---

[1] SENDERENS, *C. R.*, **151**, 392 ; 1910.

[2] GREGORIEFF, *J. Soc. Phys. Chim. Russe*, **33**, 173 ; 1901.

[3] IPATIEF, *Ber.*, **34**. 596 ; 1901. — **35**, 1047 ; 1902. — **36**, 1990 ; 1903.

[4] P. SABATIER et MAILHE, *Bull. Soc. Chim.*, (4), **1**, 107, 341, 524, 773 ; 1907. — *C. R.*, **146**, 1376 ; 1908. — **147**, 16 et 106 ; 1909, et **148**, 1734 ; 1909. — *Ann. Chim. Phys.*, (8), **20**, 289 ; 1910.

vent être définis assez nettement par la comparaison des volumes
et de la composition des gaz qu'ils dégagent à la température commune de 340°-350°, sous même volume, avec une dose identique
d'*alcool éthylique* : les oxydes comparés avaient été tous préparés
au-dessous de 350° [1].

OXYDES		VOLUME de gaz dégagé en centimètres cubes par minute.	100 CENTIMÈTRES CUBES DE GAZ CONTIENNENT :	
			Éthylène.	Hydrogène.
Déshydratants	ThO^2	31	100	traces.
	Al^2O^3	21	98,5	1,5
	Tu^2O^5	57	98,5	1,5
Mixtes	Cr^2O^3	4,2	91	9
	SiO^2	0,9	84	16
	TiO^2	7,0	63	37
	GlO	1,0	45	55
	ZrO^2	1,0	45	55
	UO^2	14	24	76
	Mo^2O^5	5	23	77
	Fe^2O^3	32	14	86
	V^2O^3	14	9	91
	ZnO	6	5	95
Déshydrogénants	MnO	3,5	0	100
	MgO	traces.	0	100

617. L'*état physique* de l'oxyde exerce une grande influence sur
son activité déshydratante.

La catalyse étant une action de surface, les oxydes amorphes,
issus de la précipitation des hydrates et d'une dessiccation à température peu élevée, sont beaucoup plus actifs que les oxydes cristal-
lisés, ou que ceux qui, par le fait d'une calcination au rouge, ont
subi de ce chef une agglomération notable.

Ces derniers possèdent, à masse égale, une surface bien moindre,
et ils sont très souvent, surtout pour les oxydes issus de métaux
à atomes légers (aluminium, fer, silicium, chrome, etc.), dans un
état de condensation moléculaire sans doute très avancée. L'action des
acides a révélé depuis longtemps de telles différences.

618. L'*alumine* amorphe, obtenue par dessiccation de l'hydrate
au-dessous de 400°, se dissout facilement dans les acides minéraux,
et exerce une catalyse très active sur les alcools. Au contraire, l'alumine cristallisée, ou l'alumine amorphe calcinée au rouge vif, sont

[1] P. SABATIER et MAILHE, *Ann. Chim. Phys.*, (8), **20**, 341 ; 1910.

insolubles dans les acides, et leur pouvoir catalyseur sur les alcools est à peu près nul.

Des différences analogues s'observent pour les variétés de *silice*.

619. En outre la nature même de la catalyse est modifiée par ces changements de constitution des oxydes.

Pour le *sesquioxyde de chrome* agissant à 350° sur l'éthanol, l'oxyde préparé par dessiccation de l'hydrate bleu précipité donne par minute 4,2 cm³ de gaz ayant 91 p. 100 d'éthylène. Après calcination à 500°, le même oxyde fournit seulement 2,8 cm³ de gaz, avec 40 p. 100 d'éthylène. L'oxyde préparé par décomposition explosive du bichromate d'ammonium, et par conséquent engendré avec incandescence, donne 1,2 cm³ de gaz, ayant 38 p. 100 d'éthylène [1].

L'oxyde cristallisé ne donne à 350° aucun dégagement gazeux : il faut atteindre 400° pour avoir 2 centimètres cubes d'*hydrogène* à peu près pur. La fonction du catalyseur a été modifiée, en même temps qu'elle s'atténuait [1].

620. On a indiqué pour la *silice* et pour l'*alumine* des variations analogues à la fois dans l'intensité et dans le sens du dédoublement [2], et observé également la relation entre l'activité catalytique de l'alumine et sa solubilité dans les acides [3].

621. Au contraire l'*oxyde de thorium* ne présente pas cet inconvénient, et son activité n'est pas diminuée sensiblement quand on le calcine au rouge : il semble qu'une molécule aussi lourde ne puisse plus donner lieu à des condensations polymoléculaires importantes.

622. Il y a de très grandes différences dans la *durée* de l'activité catalytique des divers oxydes catalyseurs : en général elle va en s'affaiblissant peu à peu, parce que la surface de l'oxyde finit par se recouvrir à la longue de petites doses de matières goudronneuses ou charbonneuses, qui gênent les échanges gazeux, et aussi sans doute parce que, même à la température de réaction inférieure à 400°, des condensations moléculaires interviennent lentement dans l'oxyde. Si on se borne aux trois bons catalyseurs de déshydrogénation, alumine, thorine, oxyde bleu de tungstène, c'est l'*alumine*, molécule légère (Al^2O^3 pèse 92 grammes), qui donne lieu à l'affaiblissement le plus rapide. Un échantillon actif, qui à 340° avec l'éthanol dégageait par minute au début 14 centimètres cubes d'éthylène, n'en dégageait

---

[1] P. Sabatier et Mailhe, *Ann. Chim. Phys.*, (8), **20**, 339 ; 1910.

[2] Senderens, *Bull. Soc. Chim.*, (4), **3**, 823 ; 1908.

[3] Ipatief, *Ber.*, **37**, 2986 ; 1904.

plus que 7 centimètres cubes après trois heures de fonctionnement.

623. L'*oxyde bleu de tungstène* donne lieu à une conservation beaucoup plus marquée : le dégagement peut se poursuivre plusieurs heures sans affaiblissement notable. Il en est de même avec l'*oxyde de thorium*, qui présente en outre le grand avantage de pouvoir être très facilement régénéré, quand un long usage l'a encrassé; il suffit de le calciner au rouge pendant quelques instants, pour obtenir une thorine tout à fait blanche et en possession de son activité primitive.

624. Pour un même catalyseur, l'élévation de *température* accélère beaucoup la réaction. En opérant dans des conditions uniformes avec l'éthanol et l'oxyde bleu de tungstène, on constate que le dégagement d'*éthylène* commence vers 250°, et devient de plus en plus rapide à mesure que la température monte. On obtient par minute :

degrés.	centimètres cubes.
A 260	5
A 300	17,5
A 310	27
A 330	48,5
A 340	57,5
A 370	73

Mais il ne faut pas oublier que pour un même oxyde, l'élévation de température tend à introduire et à faire prédominer de plus en plus la réaction de déshydrogénation [1].

625. La *pression* retarde la déshydratation des alcools, ou plutôt élève la température à laquelle celle-ci peut avoir lieu ; la production intermédiaire d'oxyde alcoolique à partir des alcools primaires est facilitée par l'accroissement de pression, qui est défavorable à la séparation de l'hydrocarbure [2].

626. La déshydratation des alcools plus élevés que l'alcool propylique, réalisée par les oxydes, aussi bien que par les autres catalyseurs, conduit généralement à la production de plusieurs carbures éthyléniques *isomères*, et aussi le plus souvent à la formation d'une certaine proportion de carbures *polymères* (467, 472).

627. ALUMINE. — Les meilleurs résultats sont fournis par l'alumine préparée en précipitant par l'ammoniaque le nitrate d'aluminium et séchant à 300° le précipité bien lavé.

La déshydratation du *méthanol* commence vers 250°; elle est

[1] P. SABATIER et MAILHE, *Ann. Chim. Phys.*, (8), **20**, 328, 339 ; 1910.
[2] IPATIEF, *J. Soc. Phys. Chim. Russe*, **36**, 786 et 813. 1904. — **38**, 63 et 92 : 1906.

rapide au-dessus de 300° et fournit exclusivement de l'oxyde de méthyle, absorbable par l'acide sulfurique concentré. Vers 350°, l'oxyde de méthyle est accompagné d'une faible production aldéhydique : on condense un peu de méthanal, et il se dégage de l'hydrogène contenant un peu d'oxyde de carbone, issu de la destruction partielle de l'aldéhyde.

628. Avec l'*éthanol*, dès 240°, il y a production d'oxyde d'éthyle ; à 290°, on a dégagement régulier d'*éthylène* pur, qui devient rapide vers 340°.

Le *propanol* donne, au-dessus de 300°, un courant régulier de propylène sans aucune trace d'oxyde alcoolique.

L'*alcool butylique* normal et l'alcool *isobutylique* fournissent de même, vers 320°, un dégagement régulier de carbures entièrement absorbables par l'acide sulfurique, et qui seraient constitués par un mélange de carbures C^4H^8 isomères [1]. Ipatief a obtenu au contraire, à partir de l'alcool isobutylique, de l'*isobutylène* pur [2].

L'*alcool isoamylique* fournit un mélange d'hydrocarbures C^5H^{10} isomères.

L'*alcool butylique* secondaire à 450° donne du butylène pur. L'alcool butylique *tertiaire*, ou *triméthylcarbinol*, se transforme exclusivement en *isobutylène* [3].

L'*alcool allylique* au rouge sombre fournit un dégagement de propène assez pur et production d'*acroléine* [4].

629. L'alcool benzylique est facilement déshydraté, au-dessus de 300°, en hydrocarbure résineux jaunâtre $(C^7H^6)^x$, sans dégagement gazeux [5].

630. Le *bornéol* est changé en menthène. Le *cyclohexanol* fournit très facilement le *cyclohexène*.

En opérant avec l'*alumine* à 350°, sous pression de 30 à 40 atmosphères, la *quinite* $C^6H^{10}(OH)^2$ est déshydratée en *dihydrobenzène* C^6H^8, accompagné d'une certaine quantité de *tétrahydrophénol* C^6H^9 . OH.

Dans les mêmes conditions, le *décahydronaphtol* passe à l'état d'*octohydronaphtalène* $C^{10}H^{16}$, bouillant à 197° [6].

[1] SENDERENS, *Bull. Soc. Chim.*, (4), **1**, 692 ; 1907.

[2] IPATIEF et SDZITOWECKI, *Ber.*, **40**, 1827 ; 1907.

[3] IPATIEF et SDZITOWECKI, *loc. cit.*

[4] KRESTINSKY et NIKITINE, *J. Soc. Phys. Chim. Russe*, **44**, 471 ; 1912.

[5] P. SABATIER et MAILHE, *Ann. Chim. Phys.*, (8), **20**, 298 ; 1910.

[6] IPATIEF, *Ber.*, **43**, 3383 ; 1910 et *J. Soc. Phys. Chim. Russe*, **42**, 1552 ; 1911.

631. Oxyde bleu de tungstène. — L'*oxyde tungstique* est facilement réduit par les vapeurs d'alcool au-dessus de 250°, et ramené à l'état d'*oxyde bleu* intermédiaire entre TuO^3 et TuO^2, dont la composition tend à se rapprocher de plus en plus de Tu^2O^5, et qui, exposé à l'air après refroidissement, se réoxyde spontanément plus ou moins vite en régénérant l'oxyde jaune primitif.

Cet oxyde bleu constitue un catalyseur médiocre pour le *méthanol*, qu'il n'atteint qu'après 330° par déshydratation et déshydrogénation simultanées, mais il est au contraire un excellent catalyseur de déshydratation, très actif et très régulier, pour les autres alcools.

632. En employant à 340° une traînée d'oxyde bleu longue de 51 centimètres, et vaporisant 17 grammes d'éthanol par heure, on a pu obtenir un dégagement régulier de 101 centimètres cubes par minute, d'éthylène ne contenant que 1 à 2 p. 100 d'hydrogène. 5,1 gr. d'alcool avaient échappé au dédoublement. En doublant le débit d'alcool, le dégagement gazeux a atteint 140 centimètres cubes par minute.

Les alcools *propylique, isobutylique, isoamylique*, fournissent de même à 320° une bonne production des carbures éthyléniques.

L'alcool *benzylique* donne rapidement à 320° les croûtes jaunes de carbure (629, 739).

633. **Thorine.** — Elle constitue, pour tous les alcools autres que le méthanol, un catalyseur très régulier, dont les qualités ont déjà été signalées (623).

Avec l'*éthanol* la réaction commence vers 280°, et s'accélère rapidement quand la température s'élève. En se servant d'une nacelle contenant 4,7 gr. de thorine, on avait par minute, à 325°, un dégagement de 11 centimètres cubes, à 350°, de 31 centimètres cubes d'éthylène sensiblement pur.

Les résultats sont aussi bons avec l'alcool *propylique*, ou *isobutylique*.

L'alcool secondaire *isopropylique* commence vers 260° à se dédoubler en propylène.

634. Chlorure de zinc. — Le chlorure de zinc anhydre obtenu par fusion est très souvent employé pour réaliser la transformation des alcools en carbures éthyléniques ; mais on l'emploie généralement en excès, c'est-à-dire en poids plus que suffisant pour fixer en hydrate stable toute l'eau éliminée. La même action peut être exercée par catalyse quand l'alcool est de point d'ébullition élevé, par exemple pour les alcools de la série *cyclohexanique ;* une petite quantité de chlorure suffit à les déshydrater en cyclohexènes, parce que l'eau fixée est éliminée par distillation en même temps que l'hydrocarbure, et permet la régénération constante du chlorure catalyseur.

635. Sels minéraux. — L'*argile* ou *silicate d'aluminium hydraté* possède vis-à-vis des alcools une activité déshydratante très remarquable.

Les fragments de creuset de *plombagine* (mélange de graphite et d'argile) ont donné à Ipatief un dédoublement des alcools en carbures éthyléniques [1].

En 1906, Bouveault a reconnu l'activité spéciale de l'argile, et a indiqué, pour l'appliquer à la déshydratation des divers alcools, un appareil tout à fait analogue à celui qu'il employait pour leur déshydrogénation par le cuivre (559). Le catalyseur est constitué par des boulettes d'argile de 1 centimètre cube environ, séchées à 300° dans un courant d'air : en les disposant dans le tube vertical de 1 mètre de l'appareil, on peut déshydrater, à 300°, environ 1 kilogramme d'alcool par jour. Les alcools *éthylique, propylique, isobutylique*, le *cyclohexanol*, sont très commodément déshydratés par ce moyen. Dans le cas de l'*alcool isoamylique*, des isomérisations se produisent pour les carbures, comme avec l'alumine ou le chlorure de zinc [2].

Tous les sels basiques d'*aluminium* participent plus ou moins à l'activité catalytique de l'alumine.

Les *sulfates d'aluminium basiques*, obtenus par calcination au rouge sombre du sulfate neutre d'aluminium, jouissent de propriétés analogues [3].

636. Le *sulfate de calcium* constitue un catalyseur assez médiocre : obtenu par déshydratation du gypse à température peu élevée, il fournit à 420° avec l'éthanol, un dégagement d'éthylène renfermant 6 p. 100 d'hydrogène ; préparé par calcination au rouge, il ne donne qu'à 460° un dégagement très lent d'hydrogène contenant 14 p. 100 d'éthylène [4].

637. Le *phosphate d'aluminium* a été recommandé comme un bon catalyseur de déshydratation par Senderens, qui explique singulière-

[1] Ipatief, *Ber.*, **36**, 1990 ; 1903.

[2] Bouveault, *Bull. Soc. Chim.*, (4) **3**, 117 ; 1908.

[3] P. Sabatier et Mailhe, *Ann. Chim. Phys.*, 8, **20**, 300 ; 1910.

[4] Senderens, *Bull. Soc. Chim.*, (4), **3**, 633 ; 1908.

ment cette aptitude par une sorte de cumulation de celle de l'alumine avec celle du phosphore [1]. *L'éthanol* est dédoublé au-dessus de 330°, rapidement à 380°. La déshydratation commence pour le *propanol* à 300°, et elle est rapide à 340° ; pour le *butanol*, le dégagement est important à 320°. C'est également au-dessus de 300° qu'est atteint l'*alcool isoamylique*. Quant à l'alcool *isopropylique*, 250° suffisent pour produire le dédoublement qui est rapide à 300°. Le *triméthylcarbinol* est atteint à partir de 140° [2].

638. *Passage catalytique d'un alcool au carbure correspondant.* — Ce passage est réalisé facilement en deux étapes successives : 1° déshydratation de l'alcool, sur l'alumine ou la thorine, en hydrocarbure incomplet ; 2° hydrogénation sur un nickel peu actif vers 200-250°, de ce dernier carbure :

$$\underset{\text{alcool}}{C^nH^{2m+1}OH} = C^nH^{2m} + H^2O$$

et :

$$C^nH^{2m} + H^2 = C^nH^{2m+2}.$$

Un grand nombre de synthèses d'hydrocarbures ont été indiquées de la sorte par Sabatier et Murat [3].

On a pu superposer les deux réactions en soumettant à l'action simultanée du nickel et de l'alumine, dans l'appareil à hydrogène comprimé, les alcools à transformer. Ainsi l'*alcool fenchylique* à 230-240° fournit le *fenchane* ; le *bornéol* donne l'*isocamphane*, le *carvomenthol* fournit le *menthane* [4].

DÉSHYDRATATION CATALYTIQUE DES POLYALCOOLS

639. La déshydratation des polyalcools conduit, non pas à des hydrocarbures, mais à des corps généralement aldéhydiques ou acétoniques.

L'alumine peut être employée pour de tels dédoublements.

Le *glycol* $CH^2OH . CH^2OH$, chauffé à 400° avec de l'alumine, donne surtout de l'*éthanal* $CH^3 . COH$, partiellement condensé en *paraldéhyde*.

[1] SENDERENS, *Bull. Soc. Chim.*, (4), **1**, 690 ; 1907.
[2] SENDERENS, *C. R.*, **144**, 1109 ; 1907.
[3] P. SABATIER et MURAT, *C. R.*, **154**, 1390 et 1771 ; 1912. **155**, 385 ; 1912.
[4] IPATIEF, MATOF et RUTALA, *Ber.*, **45**, 3205 : 1912.

La *pinacone*, $(CH^3)^2 COH . COH (CH^3)^2$ se change à 300°-320° en *pinacoline*, comme par l'action de l'acide sulfurique dilué [1].

640. L'*alumine* [2], le *sulfate d'aluminium* ou le *bisulfate de potassium*, incorporés à petite dose dans la *glycérine*, permettent de la déshydrater vers 110° en *acroléine*.

On emploiera pour 100 parties de glycérine, 4 parties de sulfate d'aluminium anhydre, ou 8 parties de sulfate hydraté, ou 5 parties de bisulfate de potassium. Le rendement est de 17 à 19 p. 100, c'est-à-dire un peu plus faible que par la méthode ordinaire où on emploie 227 p. 100 de bisulfate [3].

Ce procédé a l'inconvénient de dégager de l'éthanal et de l'anhydride sulfureux ; et il en est de même quand on remplace ces catalyseurs par du *sulfate ferrique* ou *cuivrique*.

Les résultats obtenus sont bien meilleurs avec le *sulfate de magnésium* anhydre. A 330-340°, on atteint plus de la moitié du rendement théorique, avec des produits accessoires négligeables. A 360°, l'éthanal apparaît [4].

[1] IPATIEF, *J. Soc. Phys. Chim. Russe*, **38**, 92 : 1906.
[2] SENDERENS, *Bull. Soc. Chim.*, (4), **3**, 828 ; 1908.
[3] SENDERENS, *C. R*, **151**, 530 ; 1910.
[4] WOHL et MYLO, *Ber.*, **45**, 2046 ; 1912.

CHAPITRE XV

DÉSHYDRATATIONS (*Suite.*)

§ 2. — DÉSHYDRATATION DES ALCOOLS A COTÉ D'AMMONIAQUE. SYNTHÈSE DES AMINES

641. On a vu plus haut que la déshydratation catalytique des alcools par divers oxydes métalliques anhydres avait été expliquée par Sabatier et Mailhe au moyen de la production d'une sorte d'*éther-sel* instable, fourni avec l'alcool en vertu de la fonction acide de l'hydrate d'où provient l'oxyde, par exemple un *thorinate* alcoolique (603).

Or dans la méthode fondamentale d'Hofmann, l'ammoniaque réagit sur les éthers-sels des acides minéraux pour donner naissance à des amines. Sabatier et Mailhe ont pensé que les éthers-sels instables formés par les oxydes devraient se comporter de même : on pouvait espérer que, tout au moins pour quelques oxydes, la réaction de l'ammoniaque sur l'éther-sel temporaire serait plus rapide que la décomposition de cet éther-sel en carbure éthylénique [1].

642. L'expérience a vérifié pleinement cette prévision. Ainsi, avec la thorine et un alcool forménique, on a :

$$2\,(C^nH^{2n+1}.OH) + ThO^2 = H^2O + \underline{ThO(OC^nH^{2n+1})^2}$$
$$\text{thorinate}$$

puis

$$ThO(OC^nH^{2n+1})^2 + 2\,NH^3 = H^2O + \underline{2\,(C^nH^{2n+1}.NH^2)} + \underline{ThO^2}$$
$$\qquad\qquad\qquad\qquad\text{amine}\qquad\quad\text{régénérée}$$

succession de réactions qui équivaut à la réaction unique.

$$C^nH^{2n+1}.OH + NH^3 = H^2O + \underline{C^nH^{2n+1}.NH^2}$$
$$\text{amine}$$

643. Cette action n'a pas lieu en l'absence du catalyseur : elle

[1] P. Sabatier et Mailhe, *C. R.*, **150**, 823 ; 1910.

se produit au contraire facilement en présence de thorine, de 300° à 350°, la réaction de déshydratation en carbure éthylénique ne se produisant que d'une façon accessoire. Ainsi avec l'*alcool éthylique*, fortement dédoublé en éthylène par la thorine à 350°, l'intervention de gaz ammoniac annule à peu près complètement le dégagement de l'hydrocarbure, mais on constate qu'il y a production d'*éthylamine*. Il en est de même avec les autres catalyseurs déshydratants, *alumine*, *oxyde bleu de tungstène*, et également avec les catalyseurs mixtes, tels que l'*oxyde titanique*, l'*oxyde chromique*, l'*oxyde bleu de molybdène*, la *zircone*, etc. La formation de l'amine oriente à son profit l'activité des catalyseurs : le dédoublement des alcools en aldéhyde et hydrogène, aussi bien que celui en eau et carbure éthylénique, n'ont plus lieu qu'en minime proportion ; la réaction qui prédomine est celle qui fournit l'amine.

644. D'ailleurs l'*amine primaire* libre ainsi engendrée réagit à son tour sur l'alcool en présence de l'oxyde catalyseur comme l'ammoniac, et fournit l'*amine secondaire* :

$$C^nH^{2n+1}.OH + C^nH^{2n+1}.NH^2 = H^2O + (C^nH^{2n+1})^2NH$$

et on conçoit même la possibilité d'une certaine formation d'*amine tertiaire*, due à l'action de l'amine secondaire sur l'alcool.

645. C'est une *méthode générale de préparation des amines* par action directe du gaz ammoniac sur les alcools. Dans un tube contenant quelques grammes d'oxyde de thorium, chauffé au-dessous de 350° (selon le cas, de 250° à 350°), on dirige en même temps les vapeurs de l'alcool et du gaz ammoniac (fourni très commodément par une bouteille à ammoniac liquéfié). Le liquide condensé dans un réfrigérant à la sortie du tube est un mélange d'eau ammoniacale, d'amines primaire et secondaire (avec des traces de tertiaire) et d'alcool non transformé, tenant en dissolution une certaine dose de carbure éthylénique. Ces derniers produits sont facilement séparés des amines par distillation fractionnée [1].

646. On peut ainsi préparer facilement, à partir de l'alcool propylique, la *propylamine* et la *dipropylamine ;* à partir de l'alcool isoamylique, l'*isoamylamine* et la *diisoamylamine*.

647. De même l'*alcool benzylique*, soumis à l'action du gaz ammoniac en présence de thorine entre 300° et 350°, ne donne lieu qu'à une formation peu importante du carbure résineux $(C^7H^6)^x$, mais

---

[1] P. Sabatier et Mailhe, *C. R.*, **148**, 898 ; 1909.

fournit surtout de la *benzylamine*, de la *dibenzylamine*, et même une très faible dose de *tribenzylamine* qui cristallise par refroidissement dans les queues de distillation. En opérant à 330°, la benzylamine est le produit principal. A 370°-380°, la dibenzylamine prédomine, mais il y a alors dédoublement notable de l'alcool en hydrogène et benzylal, qui est lui-même scindé en benzène et oxyde de carbone[1].

648. L'alcool secondaire *isopropylique* ne subit encore à 250° sur la thorine aucune déshydratation appréciable ; mais à cette température, l'action du gaz ammoniac est effective et donne environ 20 p. 100 d'*isopropylamine* accompagnée d'un peu de *diisopropylamine*.

Vers 300°, on observe un dégagement assez important de propylène : le liquide condensé renferme environ $\frac{1}{3}$ d'isopropylamine, et à peu près autant d'amine secondaire, à côté d'eau et d'alcool non transformé.

649. La méthode s'applique moins aisément au *benzhydrol* : pourtant ses vapeurs entraînées avec un excès de gaz ammoniac sur de la thorine à 280° donnent une certaine dose de *benzhydrylamine* : mais la déshydratation est prépondérante, et produit du *tétraphényléthylène*.

650. Les alcools secondaires *cyclohexaniques* (cyclohexanol et homologues) se déshydratent rapidement en cyclohexènes au contact de thorine à 300°-350°; mais en présence de gaz ammoniac entre 290° et 320°, la réaction est en majeure partie orientée vers la formation des amines, la production simultanée d'hydrocarbures divalents ne dépassant guère, suivant les cas, 30 ou 40 p. 100. On a ainsi préparé à partir du cyclohexanol la *cyclohexylamine*, avec un peu de *dicyclohexylamine*, et de même à partir des trois *méthylcyclohexanols*, les amines primaires correspondantes accompagnées d'un peu d'amines secondaires[2].

651. **Amines mixtes**. — La réaction précédente peut être accomplie en remplaçant le gaz ammoniac par une *amine primaire* forménique : on est aussi en possession d'une méthode fournissant avec un bon rendement les *amines secondaires mixtes*. Il suffit de diriger sur la thorine vers 320°, les vapeurs d'un mélange à molécules égales de l'amine primaire avec un alcool forménique, aromatique, ou cyclo-

[1] P. SABATIER et MAILHE. *C. R.*, **153**, 160 : 1911.
[2] P. SABATIER et MAILHE, *C. R.*, **153**, 1204 : 1911.

hexanique. Parmi les alcools forméniques, c'est le *méthanol* qui donne les résultats les moins avantageux.

652. En partant d'un mélange d'éthanol et d'isoamylamine, on prépare sans complications l'*éthylisoamylamine* (qui bout à 126°). On obtient d'une manière analogue la *propylisoamylamine* qui bout à 145°, et aussi l'*isobutylisoamylamine* qui bout à 158°[1].

653. En associant la *cyclohexylamine* aux divers alcools forméniques, à l'alcool benzylique, au cyclohexanol et à ses homologues, on peut obtenir un grand nombre d'amines secondaires mixtes cyclohexaniques[2].

654. En faisant agir le gaz ammoniac sur le mélange des vapeurs de deux alcools, on obtient, en même temps que les amines primaires et secondaires correspondant à chacun d'eux, une certaine dose d'*amine mixte* secondaire. C'est ce que fournit en effet sur la thorine à 330° un mélange des alcools *propylique* et *isoamylique*[3].

655. **Alcoylpipéridines**. — La méthode précédente peut être appliquée à la *pipéridine*, opposée aux divers alcools, en présence de thorine à 350°. Les résultats sont satisfaisants avec l'*alcool propylique*, qui est peu dédoublé en propylène, et fournit la *N. propylpipéridine*, bouillant à 149°, ainsi qu'avec l'alcool *isoamylique*, qui fournit la *N. isoamylpipéridine* (bouillant à 186°). Ils sont médiocres avec le cyclohexanol, qui donne beaucoup de cyclohexène, et peu de *N. cyclohexylpipéridine*, bouillant à 216°[4].

§ 3. — DÉSHYDRATATION DES ALCOOLS A COTÉ
D'HYDROGÈNE SULFURÉ. SYNTHÈSE DES THIOLS

656. Si l'action directe des alcools sur les oxydes déshydratants tels que la thorine donne naissance à une sorte d'éther-sel instable (*thorinate*), on peut prévoir que lorsqu'on mettra en présence de ce dernier un acide de fonction plus énergique que celle de l'hydrate de l'oxyde, cet acide pourra déplacer cet oxyde tout au moins en partie, et fournir le nouvel éther-sel correspondant. Ainsi on aurait :

$$\underset{\text{thorinate}}{\underline{ThO(OC^nH^{2n+1})^2}} + 2\,AH = \underset{\text{éther-sel}}{\underline{2\,(A\,.\,C^nH^{2n+1})}} + ThO^2 + H^2O$$

[1] P. Sabatier et Mailhe, *C. R.*, **148**, 900 : 1909.
[2] P. Sabatier et Mailhe, *C. R.*, **153**, 1207 : 1911.
[3] P. Sabatier et Mailhe, *Expériences inédites*.
[4] Gaudion, *Bull. Soc. Chim.*, (4), **9**, 417 : 1911.

et si l'acide AH est incapable d'agir sur la fonction basique de l'hydrate de thorium, pour le transformer en un sel stable, l'oxyde de thorium régénéré réagira sur une nouvelle dose d'alcool, pour reproduire de la même façon la réaction qui précède.

657. Sabatier et Mailhe ont pensé que l'*acide sulfhydrique*, n'exerçant aucune action sur la thorine (non plus que sur l'alumine), pourrait se comporter de cette manière, l'activité de ses fonctions acides paraissant devoir surpasser celle de l'hydrate de thorium. On aura successivement :

$$\mathrm{ThO(OC^nH^{2n+1})^2 + 2\,H^2S = \underset{thiol}{2\,(C^nH^{2n+1}\,.\,SH)} + ThO^2 + H^2O}$$

et ensuite plus difficilement, à partir de la fonction acide qui subsiste encore dans le thiol (sulfhydrate acide) :

$$\underset{thorinate}{\mathrm{ThO(OC^nH^{2n+1})^2}} + \underset{thiol}{\mathrm{2\,(C^nH^{2n+1}\,.\,SH)}} = \mathrm{2\,(C^nH^{2n+1})^2S + ThO^2 + H^2O.}$$

L'oxyde de thorium étant régénéré peut réagir de nouveau sur les alcools, et si on continue à faire intervenir de l'acide sulfhydrique, il pourra fonctionner indéfiniment comme catalyseur pour engendrer des thiols et même des sulfures neutres alcooliques, pourvu que les réactions exercées par l'acide sur le thorinate instable soient plus rapides que le dédoublement de ce thorinate en *carbure éthylénique*, eau et thorine.

658. L'expérience montre qu'il en est habituellement ainsi. C'est une *méthode directe de préparation des thiols*, à partir des alcools. Il suffit de diriger sur une traînée de thorine, maintenue entre 300° et 380°, un mélange d'hydrogène sulfuré et des vapeurs de l'alcool qu'on veut transformer. On condense, avec l'eau libérée et l'alcool non atteint, le *thiol*, accompagné d'une petite proportion de *sulfure neutre*.

659. Une portion de l'alcool subit une déshydratation en carbure divalent : mais elle est peu importante avec les alcools primaires forméniques, pourvu qu'on conduise la réaction à température pas trop haute. Elle est au contraire assez élevée pour les alcools secondaires, où le dédoublement en hydrocarbure est plus rapide.

660. On a ainsi préparé le *méthane-thiol*, l'*éthane-thiol*, le *propane-thiol*, le *méthylpropane-thiol* 1, le *méthyl 2-butane-thiol* 4, avec un rendement qui surpasse 75 p. 100, pourvu que la réfrigération des produits soit convenable. Le rendement est également élevé pour le *propène-thiol*, obtenu à partir de l'alcool allylique.

L'alcool benzylique donne aussi une assez forte proportion de *phénylméthanethiol*, accompagné d'une certaine dose de sulfure.

661. Les rendements sont moins satisfaisants, et ne dépassent guère un tiers, pour les divers *alcools secondaires*. On a ainsi obtenu le *propanethiol* 2, le *cyclohexanethiol*, les trois *méthylcyclohexanethiols* (ortho, méta et para)[1], et aussi le *thiol du benzhydrol* C^6H^5 . $CHSH . C^6H^5$, qui bout à 278°[2].

662. Divers autres oxydes catalyseurs se sont montrés très inférieurs à la *thorine*, pour la préparation directe des thiols. Vis-à-vis de l'alcool isoamylique, avec une température maintenue à 370°-380°, les rendements approximatifs en thiol ont été pour 100 parties d'alcool détruit :

Oxyde de thorium	70
— de zirconium	44
— uraneux	30
— bleu de tungstène	22
— de chrome	18
— bleu de molybdène	17
— d'aluminium	10

Ainsi l'alumine fournit surtout de l'amylène[3].

§ 4. — DÉSHYDRATATION DES ALCOOLS A COTÉ DES ACIDES. ÉTHÉRIFICATION

663. On sait que la formation des éthers-sels par action directe des acides organiques sur les alcools n'a lieu à la température ordinaire qu'avec une lenteur excessive, la transformation n'étant d'ailleurs jamais totale, parce qu'elle est limitée par l'action inverse de l'eau sur l'éther-sel. Il faut plusieurs années de contact pour atteindre cette limite. L'élévation de température accélère beaucoup la formation, qui continue toutefois à exiger beaucoup de temps, plusieurs jours à 100°, plusieurs heures à 150°.

664. La production d'éther est aussi fort lente dans l'état gazeux, même à des températures supérieures à 250° : quand on fait passer dans un tube chauffé au-dessus de 250° les vapeurs du mélange de molécules égales d'alcool ordinaire et d'acide acétique, l'éthérification réalisée dans la traversée du tube est tout à fait négligeable.

<hr>

[1] P. SABATIER et MAILHE, *C. R* , **150**, 1217 ; 1911.

[2] P. SABATIER et MAILHE, *Bull. Soc. Chim.*, (4), **11**, 99 ; 1912.

[3] P. SABATIER et MAILHE, *C. R* , **150**, 1569 ; 1910.

665. Mais, soit dans l'état liquide, soit dans l'état gazeux, il suffit de l'intervention de *catalyseurs,* agissant en petite proportion, pour accélérer extraordinairement la production d'éther et atteindre très vite la limite de sa formation.

ÉTHÉRIFICATION PAR CATALYSE A L'ÉTAT LIQUIDE

666. Les catalyseurs d'éthérification en système liquide sont principalement les *acides minéraux* forts, acide chlorhydrique, acide sulfurique, et à côté d'eux, quelques sels, *sels ammoniacaux, bisulfates alcalins, chlorure de zinc, acétate de sodium.*

667. **Catalyse par les acides minéraux.** — Quand on mélange molécules égales d'éthanol et d'acide acétique, et qu'on distille le mélange, la dose d'éther acétique produite pendant la distillation n'atteint pas 1 p. 100.

Mais Berthelot a reconnu depuis longtemps qu'il suffit d'ajouter au mélange d'acide organique et d'alcool quelques centièmes d'acide chlorhydrique ou sulfurique, avant la distillation, pour provoquer une formation abondante de l'éther acétique, benzoïque ou analogue[1]. Il indique que *des traces d'acide sulfurique* suffisent pour réaliser la préparation directe de l'éther acétique[2].

668. Au mélange de molécules égales d'éthanol et d'acide acétique (106 grammes), on ajoute une petite quantité d'acide chlorhydrique,

$$\text{Savoir } \frac{1}{60} \text{ de molécule, ou } 0,67 \text{ gr. } (1^{\text{re}} \text{ liqueur})$$

$$\text{ou } \frac{1}{8} \qquad — \qquad — \; 4,77 — (2^{\text{e}} \quad — \;)$$

$$\text{ou } \frac{1}{3} \qquad — \qquad — 11,84 — (3^{\text{e}} \quad — \;).$$

Les doses d'acide acétique transformées en éther à la température ordinaire ont été, p. 100 :

	1re liqueur.	2e liqueur.	3e liqueur.
Immédiatement après le mélange .	9,6	58,7	72,3
Après six heures	»	73,6	75,8

La limite d'éthérification sans acide auxiliaire serait 66,6 p. 100 : cette limite est élevée par la présence de l'acide chlorhydrique[3], et

<hr>

[1] BERTHELOT, *Bull. Soc. Chim.,* (2), **31**, 342 ; 1879.

[2] BERTHELOT et JUNGFLEISCH, *Traité de Chimie Organ.,* 3e éd. 1886, I. 268.

[3] Berthelot explique le relèvement de cette limite par l'intervention propre de l'acide chlorhydrique dans l'équilibre, où il accroît l'équivalent acide total par rapport à l'équivalent alcoolique.

sensiblement atteinte après six heures pour les dernières dissolutions. A froid, sans acide, il aurait fallu plusieurs années. Il n'y a d'ailleurs formation d'aucune proportion de chlorure d'éthyle.

669. Des résultats analogues sont fournis avec l'acide sulfurique. A un mélange de 1 molécule d'éthanol, 1 molécule d'acide acétique, une demi-molécule d'eau, on ajoute $\frac{1}{50}$ de molécule d'acide sulfurique, soit environ 2 grammes. En vingt-quatre heures à froid, la formation d'éther acétique atteint 59,6 p. 100. En deux heures à 100°, on arrive à 60,6 qui est la limite pour le système considéré.

670. L'intervention de l'acide sulfurique est facile à expliquer par la formation de *sulfate acide d'éthyle* produit immédiatement par action de l'acide sulfurique, et dont la réaction sur l'acide acétique engendre l'éther acétique et régénère l'acide sulfurique qui recommence son action. Dans le cas de l'acide chlorhydrique, Berthelot explique son rôle utile par la formation d'une combinaison d'addition entre l'acide chlorhydrique et l'alcool [1].

671. Beaucoup de chimistes continuaient néanmoins à penser que l'addition d'une grande quantité d'acide minéral auxiliaire serait bien plus favorable à l'éthérification, et l'usage s'était généralisé d'employer pour la préparation des éthers-sels les solutions d'alcool saturées de gaz chlorhydrique. On semblait donc avoir oublié que l'on peut atteindre le même but en employant seulement de petites doses d'acides. En 1895, Em. Fischer et Speïer ont donné à ce sujet des indications très précises, établissant que l'emploi de petites quantités d'acides minéraux conduit à une manière d'opérer plus commode et à des rendements plus satisfaisants [1].

672. Ainsi, pour la préparation du *benzoate d'éthyle*, le procédé classique consistait à saturer d'acide chlorhydrique gazeux la solution alcoolique de l'acide (1 partie d'acide + 4 parties d'alcool). Le rendement ne dépasse pas 73 p. 100. Erdmann recommandait de chauffer dix à douze heures au bain-marie, en agitant souvent, 1 partie d'acide, 0,8 p. d'alcool, et 0,4 p. d'acide sulfurique concentré : le rendement atteint 75 p. 100.

En dissolvant 3 p. 100 d'acide chlorhydrique gazeux dans un mélange de 2 parties d'alcool et 1 partie d'acide, E. Fischer a pu recueillir 76 p. 100 d'éther. Avec 1 p. 100 d'acide chlorhydrique, le

[1] Berthelot, *Bull. Soc. Chim.*, (2), **31**, 342 ; 1379.
[1] Em. Fischer et Speïer, *Ber.*, **28**, 3252 ; 1895.

rendement est seulement de 64,5 p. 100, pour une égale durée de chauffe.

673. L'emploi de l'acide sulfurique est encore bien plus avantageux. On chauffe trois heures au réfrigérant ascendant 1 partie d'acide benzoïque avec 2 parties d'alcool, et $\frac{1}{5}$ p. d'acide sulfurique concentré : on arrive à un rendement pratique de 90 p. 100. Si on tient compte des pertes inévitables pendant les lavages, on peut conclure que dans ces conditions l'opération est à peu près quantitative, et comme l'alcool employé en excès peut être retrouvé presque en totalité, l'opération est très avantageuse au point de vue économique.

674. E. Fischer a montré que ce procédé peut être appliqué non seulement aux acides forméniques, ce qu'avait indiqué Berthelot, et à l'acide benzoïque, mais encore à un grand nombre de types d'acides de la série grasse ou aromatique :

Acides monobasiques (*naphtoïque, phényl acétique*) ;

Acides monobasiques incomplets (*crotonique, cinnamique*) ;

Acides bibasiques complets (*succinique, phtaliques*), ou incomplets (*fumarique*) ;

Acides-alcools (*glycolique, phénylglycolique*) ;

Acides-phénols (*salicylique*) ;

Acides-cétones (*lévulique*) ;

Acides polybasiques-alcools (*malique, tartrique, citrique, mucique*).

675. Les rendements obtenus sont généralement très satisfaisants ; nous citons quelques-uns des résultats obtenus en chauffant pendant quatre heures un mélange de 1 partie d'acide avec 3 à 4 parties d'alcool éthylique.

	p. 100.	éthérifié p. 100.
Acide α naphtoïque	2,2 HCl	74,8
— phénylacétique	2.2 SO⁴H²	87,0
— cinnamique	0,7 HCl	78,8
	7,5 SO⁴H²	89,7
— crotonique	7,5 SO⁴H²	54,3
— phénylglycolique	2,2 HCl	67,5
— lévulique	0,7 HCl	76,5
— succinique	0,8 HCl	73,9
	8,0 SO⁴H²	73,9
— fumarique	0,8 HCl	68,2
— tartrique	0,8 HCl	72,8
— malique	0,8 HCl	70,5

676. **Senderens et Aboulenc**, qui ne paraissent pas avoir connu

les travaux qui précèdent, ont décrit comme nouvelle la méthode directe d'éthérification des alcools en présence de petites doses d'acide sulfurique. Les résultats qu'ils indiquent sont une vérification et une extension à plusieurs autres alcools, d'une partie des résultats d'Emil Fischer. Mais ils ont cru pouvoir établir une distinction essentielle, au point de vue du mécanisme de réaction, entre les acides forméniques ou les acides aromatiques qu'on peut regarder comme des substitués de l'acide acétique, tels que l'*acide phénylacétique*, et d'autre part les acides aromatiques normaux où le carboxyle est attaché directement au noyau, comme les acides *benzoïque, toluiques*.

Pour les premiers, la proportion éthérifiée et la rapidité d'éthérification seraient indépendantes de la dose d'acide sulfurique, tandis que pour l'acide benzoïque, par exemple, elles augmentent avec la dose d'acide. « *Celui-ci par conséquent n'agit plus simplement à la façon d'un catalyseur* ».

Cette distinction ne saurait être admise ; un catalyseur solide agit jusqu'à une certaine limite, proportionnellement à sa surface active. Un catalyseur soluble, tel que les diastases ou les acides dans les actions d'hydratation, ou l'acide sulfurique dans le cas actuel, agit proportionnellement à sa masse, tout au moins tant que celle-ci n'est pas trop grande par rapport au volume total du liquide, et c'est aussi vrai pour l'acide acétique que pour l'acide benzoïque. Les résultats cités plus haut d'après Berthelot pour la formation de l'éther acétique, en présence d'un peu d'acide chlorhydrique, montrent que, à froid, l'activité d'éthérification est à peu près proportionnelle à la dose du catalyseur.

La différence entre les acides forméniques ou analogues, et l'acide benzoïque, c'est que l'accélération d'éthérification procurée par l'acide auxiliaire est bien plus grande pour les premiers. Pour avoir dans le même temps avec l'acide benzoïque un rendement équivalent, il faudra donc recourir à une dose plus élevée de l'agent utile.

677. L'*acide oxalique* donne lieu à une formation régulière comme l'acide succinique.

D'ailleurs les rendements pratiques sont d'autant plus avantageux que les alcools éthérifiés ont un poids moléculaire plus élevé, parce que les éthers devenant moins solubles, les pertes subies dans les lavages indispensables, à l'eau et aux carbonates alcalins, deviennent de plus en plus faibles.

678. On peut d'après les mêmes auteurs substituer à l'*acide sul-*

furique une dose double de *sulfate d'aluminium* anhydre, ou de *bisulfate de potassium* [1].

679. Ethérification par l'anhydride acétique. — Une méthode fréquente de préparation des éthers acétiques des alcools ou des polyalcools consiste à chauffer ces derniers avec de l'*anhydride acétique* ; on a :

$$R . OH + (CH^3 . CO)^2O = 2 (CH^3CO^2R) + H^2O.$$

On arrive ainsi à éthérifier toutes les fonctions alcooliques d'une molécule complexe. La présence d'une certaine quantité d'*acétate de sodium* favorise l'action de l'anhydride.

680. On obtient des résultats encore bien meilleurs en ajoutant au mélange de l'alcool et de quatre fois son poids d'*anhydride acétique* un petit fragment de *chlorure de zinc fondu*. La réaction est aussitôt rendue très rapide. Dans le cas de la *glycérine*, elle donne lieu à une véritable explosion. Elle est au contraire régulière avec la *mannite,* et fournit en quelques minutes l'*hexacétylmannite* fondant à 120°[2].

ÉTHÉRIFICATION PAR CATALYSE EN SYSTÈME GAZEUX

681. L'hypothèse de la production d'une combinaison instable entre les alcools et les oxydes anhydres déshydratants a permis de prévoir divers résultats vérifiés par l'expérience, formation des thiols (657) et des amines forméniques (642). Sabatier et Mailhe ont pensé qu'on pouvait également s'attendre à ce que, ces combinaisons jouant un rôle analogue à celui des éthers sulfuriques acides, les oxydes déshydratants se comporteraient comme des *catalyseurs d'éthérification* [3].

682. Ainsi qu'on l'a déjà indiqué (664), si on dirige dans un tube de 60 centimètres, chauffé entre 300° et 360°, un mélange des vapeurs d'un alcool et d'un acide organique, la proportion d'éther-sel formé pendant la courte durée de la traversée du tube, est absolument négligeable.

683. Mais la présence d'un *oxyde catalyseur* va changer complètement l'allure du phénomène. Supposons que le tube contienne un

---

[1] SENDERENS et ABOULENC, *C. R.*, **152**, 1671 et 1855. — **153**, 881 ; 1911.

[2] FRANCHIMONT, *Ber.*, **12**, 2059 ; 1879.

[3] P. SABATIER et MAILHE, *C. R.*, **150**, 823 ; 1910.

oxyde catalyseur MO, issu d'un hydrate métallique $M(OH)^2$ à fonction mixte.

La réaction pourra se produire dans trois directions différentes :

1° Il y a combinaison de l'acide pour donner un sel, instable pour les oxydes catalyseurs des acides et régénérant l'oxyde en même temps qu'une acétone symétrique (779) :

$$(1) \quad MO + 2(R.COOH) = H^2O + (R.COO)^2M = H^2O + MO + CO^2 + \underset{\text{acétone}}{R.CO.R.}$$

2° Il y a combinaison de l'oxyde avec l'alcool en un sel toujours instable :

$$MO + 2(C^nH^{2n+1}.OH) = H^2O + M(OC^nH^{2n+1})^2.$$

Ce composé instable pourra se détruire de deux manières; ou seul en donnant le carbure éthylénique[1] :

$$(2) \quad M(OC^nH^{2n+1})^2 = MO + H^2O + 2\,C^nH^{2n}$$

ou bien par intervention de l'acide, avec production d'éther-sel :

$$(3) \quad M(OC^nH^{2n+1})^2 + 2(R.CO.OH) = MO + H^2O + 2(R.CO.OC^nH^{2n+1}).$$

684. Dans tous les cas, l'oxyde catalyseur est régénéré et peut continuer indéfiniment les mêmes effets. En outre, dans le cas de la réaction (3), l'eau produite tend à détruire la combinaison $M(OC^nH^{2n+1})^2$ en régénérant l'alcool, et par conséquent, *limite* la formation de l'éther-sel qui en provient. Ces réactions étant très rapides, il en résulte que la limite d'éthérification sera atteinte très vite, l'oxyde catalyseur agissant ici à la manière de la mousse de platine dans la combinaison de l'iode et de l'hydrogène (10).

685. Il peut donc y avoir en même temps, formation de *cétone*, production de carbure éthylénique (ou d'éther-oxyde), et formation limitée et rapide d'éther-sel : c'est en effet ce qu'on observe quand on dirige sur de la *thorine* ou de l'*alumine* chauffée vers 400°, le mélange d'acide acétique et d'alcool éthylique.

686. Si les conditions sont telles que les deux réactions (1) et (2) n'aient pas lieu, la réaction (3) se produira seule et donnera une formation catalytique avantageuse des éthers-sels.

Pour obtenir ce résultat, il faut opérer à température assez basse pour que la destruction des acides ne puisse pas se produire, et que le dédoublement en carbure éthylénique ne soit pas trop rapide.

---

[1] Dans le cas du méthanol, le dédoublement donne l'oxyde de méthyle.

687. La *thorine*, qui est le plus actif des *catalyseurs d'acides* (783), et qui possède également une grande activité déshydratante vis-à-vis des alcools (633), sera donc sans doute d'un emploi beaucoup moins avantageux que l'*oxyde titanique*, qui produit beaucoup moins bien ces deux effets.

688. Avec les acides *aromatiques*, tels que l'acide *benzoïque* et ses homologues carboxylés sur le noyau, la thorine ne produit encore à 450° aucune action dédoublante appréciable (786) : on pouvait donc prévoir que sur la thorine, la réaction (1) ne se produirait pas. L'expérience a montré qu'il en est ainsi, et que, à 350°, la réaction (2) n'apparaît que très peu à côté de la réaction (3), beaucoup plus importante, parce qu'elle a lieu plus vite. En faisant arriver sur une traînée de thorine chauffée à 350° les vapeurs fournies par la solution saturée d'*acide benzoïque* dans un alcool (il y a au moins 12 molécules d'alcool pour 1 molécule d'acide), on n'observe aucune production appréciable de carbure éthylénique : l'acide benzoïque est presque totalement transformé en éther. On a ainsi obtenu très avantageusement les *benzoates de méthyle*, d'*éthyle*, *de propyle*, de *butyle*, d'*isobutyle*, d'*isoamyle*, d'*allyle*.

689. Malgré la facilité plus grande de leur dédoublement en carbure éthylénique, les alcools secondaires peuvent donner l'éther benzoïque avec un rendement assez avantageux : c'est ce qui a lieu avec l'*alcool isopropylique*, où le dégagement de propylène demeure peu important. Le *cyclohexanol* est plus fragile, mais fournit toutefois un assez bon rendement de benzoate.

690. Les résultats sont analogues avec les trois *acides toluiques*, dont la transformation en éthers-sels est accomplie facilement sur la thorine à 350°-380° : mais la préparation pratique de ces éthers est ici moins avantageuse à cause de la solubilité minime de ces acides dans les alcools, surtout pour l'*acide paratoluique* ; c'est l'acide métatoluique qui est le plus soluble [1].

691. L'*oxyde titanique* permet de réaliser de la même façon l'éthérification pratique des divers acides. Si on dirige sur une traînée de cet oxyde maintenue à 280°-300° les vapeurs d'un mélange à molécules égales d'un alcool primaire et d'un acide forménique autre que l'acide formique, on obtient une éthérification intense, atteignant une limite un peu plus élevée que celle qui avait été observée par Berthelot ou par Mentschukine, dans leurs expériences d'éthérification

---

[1] P. SABATIER et MAILHE, *C. R*, **152**, 358 ; 1911.

directe. Le dégagement gazeux corrélatif d'une certaine destruction de l'acide ou de l'alcool est absolument négligeable.

692. On sait que dans les réactions limitées, la présence d'un catalyseur ne change pas la valeur de la limite, mais diminue beaucoup le temps nécessaire pour l'atteindre.

Dans le cas particulier de l'éthérification, Berthelot a indiqué que la valeur de la limite est peu modifiée par l'élévation de température. Pour molécules égales d'alcool et d'acide acétique, il a trouvé comme valeurs de la limite :

	p. 100.
A froid (10 ans)	65,2
A 100° (200 heures).	65,6
A 170° (42 heures)	66,5
A 200° (24 heures)	67,3

Ces chiffres indiquent, non une fixité absolue de la limite, mais une progression lente avec la température : ils permettent de prévoir une limite encore un peu plus haute pour 280°-300°.

693. A 155°, Mentschukine avait obtenu pour divers alcools opposés à molécules égales à divers acides les limites suivantes[1] :

					p. 100.
Acide acétique	+	alcool	méthylique		69,6
—	—	+	—	éthylique	66,6
—	—	+	—	propylique	66,9
—	—	+	—	butylique	67,3
—	—	+	—	isobutylique.	67,4
—	propionique	+	—	—	68,7
—	butyrique	+	—	—	69,5
—	isobutyrique	+	—	—	69,5

695. Sabatier et Mailhe ont obtenu sur l'oxyde titanique à 280°-300° les limites suivantes :

Acide acétique	+	alcool	isobutylique.		69,5
—	propionique	+	—	méthylique	72,9
—	—	+	—	isoamylique.	72
—	butyrique	+	—	éthylique	71
—	—	+	—	isoamylique.	72,7
—	isobutyrique	+	—	éthylique	71

Ces valeurs sont un peu supérieures aux valeurs correspondantes obtenues à températures plus basses.

696. On retrouve d'ailleurs, dans cette éthérification rendue rapide

---

[1] Mentschukine, *Ann. Chim. Phys.*, (5), **20**, 289 et **23**, 64 ; 1880.

par la présence du catalyseur, des lois identiques à celles que Berthelot avait formulées.

L'excès de l'un des constituants élève la limite des combinaisons de l'autre. Ainsi en opposant 1 molécule d'acide isobutyrique à 1 molécule, 2 molécules, 4 molécules d'alcool éthylique, on a obtenu comme proportion éthérifiée p. 100 :

Avec 1 molécule d'alcool 71,0
  — 2   —   —   83,5
  — 4   —   —   91,0

En présence de plus de 10 molécules d'alcool, l'éthérification est à peu près complète, et inversement en présence d'un grand excès d'acide, tout l'alcool est éthérifié. Le prix relatif des deux facteurs de la réaction détermine dans chaque cas les conditions qui doivent être choisies.

697. Sabatier et Mailhe ont ainsi préparé facilement les étherssels que fournissent les alcools *méthylique, éthylique, propylique, butylique, isobutylique, isoamylique,* avec les acides *acétique, propionique, butyrique, isobutyrique, isovalérique, caproïque, pélargonique, crotonique,* etc.

L'alcool benzylique fournit également de bons résultats avec ces divers acides. La déshydratation en carbure résineux $(C^7H^6)^x$ qui est si rapidement accomplie par les oxydes catalyseurs, n'a presque plus lieu en présence des vapeurs acides [1].

698. Sabatier et Mailhe ont reconnu d'ailleurs qu'il n'est pas indispensable d'atteindre la température de 280°, dont l'emploi donne le plus souvent des résultats avantageux.

L'activité catalytique des oxydes se continue, en s'affaiblissant peu à peu, à des températures beaucoup plus basses, où les acides et les alcools sont stables. *L'oxyde titanique* se révèle, ici encore, comme supérieur à la *thorine*. En opérant sur molécules égales d'éthanol et d'acide acétique, dont les vapeurs sont soumises à une traînée de 50 centimètres d'oxyde et envoyées à raison de $\frac{1}{5}$ de molécule ou $\frac{106}{5}$ grammes par heure, Sabatier et Mailhe ont obtenu comme proportion éthérifiée pour 100 :

Sur la thorine :

A 150°. 11
A 170°. 26
A 230°. 45

[1] P. Sabatier et Mailhe, *C. R.*, **152**, 494 ; 1911.

Sur l'oxyde titanique :

A 150°. 20
A 230°. 60

D'ailleurs le pouvoir catalyseur de l'oxyde titanique se conserve à peu près indéfiniment; il n'était pas diminué après plus de vingt jours d'essais sur des mélanges variés d'acides et d'alcools.

699. L'*acide formique* peut être éthérifié à ces températures, où il est à peu près stable.

En opérant avec molécules égales d'éthanol et d'acide formique, distribuées par le même tube capillaire, que le volume moléculaire traverse plus vite, on a, malgré cette circonstance défavorable, obtenu comme proportion éthérifiée sur l'oxyde titanique :

A 120° . . . . 47 p. 100.
A 150° . . . . 65 —

La limite d'éthérification est déjà presque atteinte à 150°, où la destruction de l'acide en produits gazeux est encore très peu importante.

700. On arrive pratiquement à préparer les *éthers formiques* en faisant passer sur l'oxyde titanique à 150° le mélange d'acide formique avec un excès de l'alcool qu'on veut éthérifier ; on a ainsi préparé facilement les *formiates de méthyle*, d'*éthyle*, de *propyle*, de *butyle*, d'*isoamyle*, de *benzyle*.

701. La comparaison des résultats a conduit Sabatier et Mailhe à cette conclusion, que l'activité d'éthérification des alcools primaires par les acides forméniques en présence des catalyseurs est en relation directe avec les *vitesses cinétiques* des molécules réagissantes ; *elle est d'autant plus grande que celles-ci sont plus légères*, et la raison doit en être imputée à la rapidité plus grande des échanges gazeux sur le catalyseur.

702. L'alcool secondaire *isopropylique*, opposé à l'*acide isobutyrique*, ne donne au-dessous de 300° sur l'oxyde titanique aucun dégagement de propylène. La proportion éthérifiée a été pour 100 :

A 235°. 16.5
A 256°. 21
A 292°. 37

Pour l'alcool *propylique* primaire, la proportion est à 235° de 50 p. 100 ; à 292°, de 72 p. 100.

703. Le *triméthylcarbinol* (alcool butylique tertiaire) opposé de

même à l'*acide isobutyrique*, ne donne encore à 235° aucun dégagement d'hydrocarbure. L'éthérification est de 6 p. 100. Elle est de 22 p. 100 avec son isomère primaire *isobutylique*. Ce n'est que vers 255° que le dédoublement de l'alcool en butène commence à se manifester. A 265°, il est déjà assez rapide, et par le fait de la destruction de l'alcool l'acidité du mélange augmente, au lieu de diminuer par éthérification.

704. Ces résultats confirment bien l'affaiblissement de la fonction alcoolique dans les alcools secondaires et surtout tertiaires. La vitesse d'éthérification catalytique doit être à la fois fonction de la rapidité des échanges gazeux, par suite, de la petitesse des molécules, et aussi de la facilité avec laquelle l'alcool contracte avec l'oxyde catalyseur la combinaison temporaire instable [1].

705. L'*oxyde de glucinium* peut également être employé comme catalyseur d'éthérification des alcools. L'oxyde étant chauffé à 310°, on obtient des rendements qui peuvent dépasser 70 p. 100. Le catalyseur peut être régénéré par calcination au rouge. On peut de la sorte préparer même les éthers-sels des alcools tertiaires et ceux des acides de molécule élevée [2].

[1] P. SABATIER et MAILHE. *C. R.*, **152**, 1044 : 1911.
[2] HAUSER et KLOTZ, *Chem. Zeit.*, 1913, n° 15, 146.

CHAPITRE XVI

DÉSHYDRATATIONS (*Suite.*)

§ 5. — DÉSHYDRATATION DES PHÉNOLS SEULS

706. Un procédé de préparation des *oxydes phénoliques* consiste à soumettre à la distillation sèche l'*aluminate phénolique* : il réussit bien pour l'oxyde de phényle, ainsi que pour les *oxydes d'orthocrésyle* et de *paracrésyle*[1]. Ce mode de formation conduisait à prévoir que les oxydes phénoliques pourraient être préparés catalytiquement, par action d'un oxyde catalyseur tel que la thorine sur les vapeurs de phénol à température convenable, le mécanisme de cette hydratation reposant, comme pour les alcools, sur la formation d'un thorinate instable qui se détruit en régénérant l'oxyde. On aurait :

$$2 (C^6R^5 . OH) + ThO^2 = H^2O + \underset{\text{thorinate}}{\underline{ThO(OC^6R^5)^2}}$$

et de suite :

$$ThO(OC^6R^5)^2 = ThO^2 + \underset{\text{oxyde}}{\underline{(C^6R^5)^2O}}.$$

Ces prévisions étaient fondées ; Sabatier et Mailhe ont pu baser sur l'emploi de la thorine une *préparation avantageuse des oxydes phénoliques*[2].

707. **Oxydes phénoliques simples**. — Sur une traînée de thorine, maintenue entre 400° et 500°, on dirige les vapeurs du phénol ; s'il est liquide, on l'introduit directement par le tube capillaire (181) ; s'il est solide, on emploie sa solution benzénique. Les produits de la réaction sont agités avec de la soude qui dissout le phénol non transformé et laisse l'oxyde qu'une rectification fournit facilement tout à fait pur.

[1] GLADSTONE et TRIBE, *Chem. Soc.*, **41**, 9, 1882 et 49, 29 ; 1886.
[2] P. SABATIER et MAILHE, *C. R.*, **151**, 492 ; 1910.

On peut ainsi préparer, avec des rendements qui peuvent aller à 50 p. 100, l'*oxyde de phényle*, les *oxydes de métacrésyle* et de *paracrésyle*, plus difficilement l'*oxyde d'orthocrésyle*, l'*oxyde du carvacrol*, celui du *xylénol* 1.3.4. [1].

708. Oxydes diphényléniques. — Cette préparation conduit aussi en même temps aux *oxydes diphényléniques*, composés fluorescents, moins volatils que les oxydes, qui les fournissent par perte de H[2].

Ainsi avec le phénol ordinaire à 475°, on obtient à côté de l'*oxyde de phényle* qui bout à 253° et fond à 28°, une assez forte proportion d'*oxyde de diphénylène*

$$\left.\begin{array}{l} C^6H^4 \\ | \\ C^6H^4 \end{array}\right\rangle O$$

bouillant à 287° et fondant à 85°, qu'on avait antérieurement obtenu par distillation sèche du phénate de calcium[2]. Les *crésols*, les *xylénols*, les *naphtols* donnent lieu à des formations similaires [3].

709. Oxydes phénoliques mixtes. — En opérant la déshydratation sur la thorine, non plus d'un phénol unique, mais d'un mélange de deux phénols, on obtient en même temps qu'une certaine dose des deux oxydes correspondant à chaque phénol, et des oxydes diphényléniques, une proportion généralement importante de l'*oxyde phénolique mixte*, dont la séparation peut être réalisée assez facilement par un fractionnement attentif. Sabatier et Mailhe ont ainsi préparé les oxydes mixtes de *phényl-orthocrésyle*, de *phényl-métacrésyle*, de *phényl-paracrésyle*, de *phényl-α-naphtyle*, de *phényl-β-naphtyle*, etc., ainsi que des oxydes de *phénylène-naphtylène* [4].

§ 6. — DÉSHYDRATATION SIMULTANÉE DE PHÉNOLS ET D'ALCOOLS. SYNTHÈSE DES OXYDES MIXTES

710. Sabatier et Mailhe ont montré que les oxydes catalyseurs tels que la thorine permettent de réaliser facilement la déshydratation simultanée des alcools et des phénols avec production d'un *oxyde*

[1] P. Sabatier et Mailhe, *Bull. Soc. Chim.*, (4), **11**, 843 ; 1912.
[2] Niederhausern, *Ber.*, **15**, 1120 ; 1882.
[3] P. Sabatier et Mailhe, *C. R.*, **151**, 494 ; 1910.
[4] P. Sabatier et Mailhe, *C. R.*, **155**, 260 ; 1912.

mixte [1]. On obtient ainsi une *préparation très avantageuse des oxydes mixtes*. Il suffit de diriger sur une traînée de thorine maintenue vers 390°-420° le mélange du phénol et d'un excès d'alcool. Dans le cas de l'*alcool méthylique*, dont la déshydratation par la thorine n'a lieu qu'avec lenteur, les résultats sont particulièrement favorables. Le liquide condensé est séparé par distillation fractionnée de l'alcool non utilisé, ainsi que de la majeure partie du phénol qui a survécu. Les portions moyennes sont traitées par une solution de soude, qui dissout le phénol et laisse l'oxyde mixte, qu'une seule rectification fournit très pur.

Sabatier et Mailhe ont ainsi préparé les éthers méthyliques du *phénol*, des trois *crésols*, du *xylénol* 1.3.4, du *thymol*, du *carvacrol*, des *naphtols* α et β.

On recueille en même temps de petites quantités, plus ou moins importantes selon le phénol, d'*oxyde phénolique* ou *diphénylénique*.

711. Les autres alcools peuvent, malgré leur décomposition propre très active sur la thorine, donner facilement les oxydes mixtes : on opère vers 420° sur le phénol dissous dans un excès de l'alcool, dont une portion est détruite en carbure éthylénique. On a ainsi préparé les *phénates d'éthyle*, de *propyle*, d'*isoamyle*, etc.

§ 7. — DÉSHYDRATATION DES PHÉNOLS A COTÉ D'HYDROGÈNE SULFURÉ

712. Sabatier et Mailhe ont reconnu qu'en dirigeant sur la thorine chauffée entre 430° et 480° le mélange des vapeurs d'un phénol et d'acide sulfhydrique, on obtient le *thiophénol* correspondant :

$$C^6R^5 . OH + H^2S = H^2O + C^6R^5 . SH.$$

Mais le rendement est bien moins élevé que pour les alcools (656), et, dans le cas le plus favorable, n'a pas dépassé 10 p. 100. Une température de 500° le diminue, à cause de la destruction déjà importante que subit l'hydrogène sulfuré. La réaction n'est donc pas avantageuse comme mode de préparation, mais présente surtout un intérêt théorique [2].

713. Les rendements sont d'ailleurs encore moindres quand on

[1] P. Sabatier et Mailhe, *C. R.*, **151**, 359 ; 1910.
[2] P. Sabatier et Mailhe, *C. R.*, **150**, 1220 ; 1910.

emploie d'autres oxydes comme catalyseurs. Ainsi on a eu, avec le *phénol ordinaire* vers 450° [1] :

```
Oxyde d'aluminium. . . . . . . . . . . . . . . . . . .   0,4 p. 100.
  —   de zirconium. . . . . . . . . . . ., . . . . .   1,5   —
  —   bleu de molybdène. . . . . . . . . . . . . .   1,8   —
  —   bleu de tungstène . . . . . . . . . . . . .   1,5   —
  —   chromique. . . . . . . . . . . . . . . . . .   2,5   —
  —   uraneux. . . . . . . . . . . . . . . . . .   3,8   —
  —   de thorium . . . . . . . . . . . . . . . . .   8,0   —
```

§ 8. — DÉSHYDRATATION DES ALDÉHYDES OU DES ACÉTONES

714. La présence de certaines matières provoque fréquemment la condensation de deux ou de plusieurs molécules d'aldéhydes ou d'acétones avec élimination d'eau, et formation d'une molécule unique retenant une seule fonction aldéhydique ou acétonique, et possédant des liaisons éthyléniques.

Le mécanisme est nommé *crotonisation*, du nom de l'*aldéhyde crotonique* formé de la sorte à partir de l'*éthanal* :

$$CH^3 . CO . H + CH^3 . CO . H = H^2O + CH^3 . CH : CH . CO . H.$$

715. Les catalyseurs capables de produire cette condensation sont assez variés, et leur action est généralement assez lente : on peut citer la *soude* ou la *potasse*, l'*acide chlorhydrique*, le *chlorure de zinc*, la *chaux*, le *chlorure d'aluminium*, l'*acétate de sodium*.

Pour transformer l'*éthanal* en aldéhyde *crotonique*, on le chauffe à 97° pendant trente-six heures avec $\frac{1}{5}$ de son poids d'une solution aqueuse d'acétate de sodium [2], ou bien à 100° pendant quarante-huit heures avec 0,7 p. 100 d'une solution de *chlorure de zinc* [3].

716. Le même procédé s'applique à la transformation du *propanal*, qu'on peut aussi crotoniser par chauffe avec une solution aqueuse de *soude caustique* [4]. C'est ce dernier agent qui est employé pour l'*aldéhyde butyrique* [5]. On s'est servi de l'*acide chlorhydrique* sec [6], ou de la solution d'acétate de sodium pour crotoniser l'*aldéhyde isobutyrique* [7].

[1] P. Sabatier et Mailhe, *C. R.*, **150**, 1570 ; 1910.

[2] Lieben, *Monatshefte*, **13**, 319 ; 1892.

[3] Müller, *Bull. Soc. Chim.*, (3), **6**, 796 ; 1866.

[4] Hoppe, *Monatsh.*, **9**, 637 ; 1888.

[5] Raupenstrauch, *Monatsh.*, **8**, 112 ; 1887.

[6] Œkonomides, *Bull. Soc. Chim.*, (2), **36**, 209 ; 1881.

[7] Fossek, *Monatsh.*, **2**, 616 ; 1881.

717. Le chlorure de zinc ou la potasse alcoolique permettent de condenser deux ou quatre molécules d'*aldéhyde heptylique*[1].

718. Le contact de copeaux de *zinc* suffit pour crotoniser l'*aldéhyde isovalérique*, comme le font aussi le *sodium*, la potasse caustique, ou l'acide chlorhydrique[2].

719. L'*acétone* ordinaire, maintenue longtemps au contact de chaux[3], ou de *chlorure d'aluminium*[4], se transforme en *oxyde de mésityle* :

$$(CH^3)^2C : CH . CO . CH^3$$

puis en *phorone* :

$$(CH^3)^2C : CH . CO . CH : C(CH^3)^2.$$

720. La *cyclohexanone* au contact d'éthylate de sodium, ou d'acide chlorhydrique, donne lieu à une formation analogue à celle de l'oxyde de mésityle :

$$CH^2{<}^{CH^2 - CO}_{CH^2 - CH^2}{>}C = C{<}^{CH^2 - CH^2}_{CH^2 - CH^2}{>}CH^2$$

composé huileux[5].

721. Des crotonisations peuvent intervenir d'une manière analogue entre des molécules différentes, principalement entre 1 molécule d'acétone et 1 ou 2 molécules d'aldéhyde. La présence de *soude* aqueuse ou alcoolique est le plus souvent efficace pour déterminer ces condensations, qui, étant effectuées avec élimination de 1 ou 2 molécules d'eau, conduisent à des composés possédant une fonction acétonique à côté de 1 ou 2 doubles liaisons.

722. L'*aldéhyde benzoïque* donne facilement de tels produits. Ainsi avec l'*acétone* ordinaire, au contact prolongé d'une solution aqueuse de soude, il donne successivement la benzylidène-propanone, puis la dibenzylidène-propanone[6] :

$$C^6H^5 . CO . H + CH^3 . CO . CH^3 = H^2O + C^6H^5 . CH : CH . CO . CH^3$$

et

$$2(C^6H^5 . CO . H) + CH^3 . CO . CH^3 = H^2O + (C^6H^5 . CH : CH)^2CO.$$

723. Le benzylal condensé avec l'*acétophénone* au contact de gaz

---

[1] Perkin, *Ber.*, **15**, 2804 ; 1882.

[2] Riban, *Bull. Soc. Chim.*, (2), **18**, 64 ; 1872. — Kékulé, *Ber.*, **3**, 135 : 1870. — Borodin, *Ber.*, **6**, 983 ; 1873.

[3] Fittig, *Lieb. Ann.*, **110**, 32 ; 1859.

[4] Louise, *Bull. Soc. Chim.*, (2), **39**, 522 : 1883.

[5] Wallach, *Chem. Cent.*, 1897, **1**, 222.

[6] Claisen et Ponder, *Lieb. Ann.*, **223**, 139 ; 1884.

chlorhydrique[1], ou de quelques centimètres cubes d'une solution méthylique de soude[2], fournit la *diphénylpropénone* $C^6H^5.CH : CH. CO.C^6H^5$.

724. Le même aldéhyde, en présence d'un peu de potasse alcoolique, donne avec l'*indanone* $C^6H^4\diamond\genfrac{}{}{0pt}{}{CH^2}{CO}\diamond CH^2$ une *benzylidène-hydrindone* $C^6H^4\diamond\genfrac{}{}{0pt}{}{CH^2}{CO}\diamond C : CH.C^6H^5$[3].

725. L'*aldéhyde cinnamique* $C^6H^5.CH : CH.COH$, abandonné pendant plusieurs heures avec de l'acétophénone, au contact de soude, se change en *diphénylpentadiènone*[4]

$$C^6H^5 . CH : CH . CH : CH . CO . C^6H^5.$$

La *cyclohexanone* fournit aussi avec 2 molécules de *benzylal* une crotonisation au contact de soude[5].

726. Des condensations avec élimination d'eau comparables aux *crotonisations* peuvent être assez fréquemment fournies par les aldéhydes avec des molécules de nature variée. Les réactions sont le plus souvent déterminées par la présence de matières déshydratantes, telles que l'*acide sulfurique*, l'*acide oxalique sec*, le *chlorure de zinc*, employées le plus souvent à doses massives ; il est probable que, dans beaucoup de cas au moins, le rôle catalyseur de ces matières pourrait être mis en évidence par la possibilité de n'en faire intervenir que de petites quantités. C'est ce qui est bien établi dans certains cas. Par exemple, le benzylal au contact d'un peu de *chlorure de zinc* se condense avec le *nitro-méthane* en un dérivé nitré phényléthylénique[6] :

$$C^6H^5 . CO . H + CH^3 . NO^2 = H^2O + C^6H^5 . CH : CH . NO^2.$$

ALDÉHYDES OU ACÉTONES AVEC LES ALCOOLS

727. Les aldéhydes peuvent se combiner directement avec les alcools pour donner des *acétals*

$$\underset{\text{aldéhyde}}{R . CO . H} + \underset{\text{alcool}}{2 (R'OH)} = H^2O + \underset{\text{acétal}}{R . CH(OR')^2.}$$

[1] CLAISEN et CLAPARÈDE, *Ber.*, **14**, 2463 ; 1881.

[2] CLAISEN, *Ber*, **20**, 657 ; 1887.

[3] KIPPING, *Chem. Soc.*, **65**, 498 : 1894.

[4] SCHOLTZ, *Ber.*, **28**, 1720 : 1895.

[5] VORLANDER et HOBOHM, *Ber.*, **29**, 1840 ; 1896.

[6] PRIEBS, *Lieb. Ann.*, **225**, 321 ; 1884.

Mais la formation directe est très imparfaite, à moins qu'on ne fasse intervenir des *catalyseurs* convenables.

728. On obtient des rendements élevés en faisant passer dans le mélange d'aldéhyde et d'alcool, fortement refroidi, un courant prolongé d'*hydrogène phosphoré* non spontanément inflammable : on a ainsi obtenu la combinaison de l'*aldéhyde ordinaire* avec les alcools *éthylique, propylique, isobutylique* [1].

La combinaison des alcools et des aldéhydes est beaucoup favorisée par la présence d'une certaine dose d'*acide acétique cristallisable* [2].

729. Le *trioxyméthylène*, produit de condensation du *méthanal*, peut fournir facilement avec le *méthanol* l'acétal correspondant ou *méthylal* $H.CH(OCH^3)^2$, en chauffant au bain-marie, pendant dix heures, le mélange des deux corps avec environ 3 p. 100 de *chlorure ferrique* [3].

730. Le meilleur moyen de préparer les acétals issus des aldéhydes consiste à mélanger avec ces derniers la dose convenable d'alcool contenant 1 p. 100 d'acide chlorhydrique (dissous à l'état gazeux), et laisser digérer pendant dix-huit à vingt heures : le rendement est généralement très bon [4].

731. L'action de l'*orthoformiate d'éthyle* sur les aldéhydes ou les acétones permet de produire facilement leurs combinaisons avec l'éthanol ; mais la réaction n'a lieu que par le secours de catalyseurs convenables.

Ceux-ci peuvent être de nature assez variée, savoir les *acides minéraux* forts, le *chlorure ferrique*, le *chlorhydrate d'ammoniaque*, le *chlorhydrate d'éthylamine*, de *diéthylamine*, ou de *triéthylamine*, le *bisulfate de potassium*, le *sulfate* ou le *nitrate d'ammoniaque*. Quelques minutes d'ébullition suffisent à assurer la formation.

Ainsi pour préparer l'acétal de l'*éthanol* et du *benzylal*, on mélange 1 molécule de ce dernier, et $\frac{1}{10}$ molécule d'orthoformiate d'éthyle ; on dissout dans 3 molécules d'alcool, et on ajoute un peu d'acide chlorhydrique sec. Après 10 minutes d'ébullition, on obtient le composé $C^6H^5.CH.(OC^2H^5)^2$ avec un rendement de 99 p. 100.

En employant 2 gr. de chlorhydrate d'ammoniaque, le rendement est de 97 p. 100.

[1] Engel et Girard, *Jahresber.*, 1880 : 694.

[2] Geuther, *Lieb. Ann.*, **126**, 25 : 1863.

[3] Trillat et Cambier, *Bull. Soc. Chim.*, (3), **2**, 817 : 1894.

[4] Em. Fischer et Groebe, *Ber.*, **30**, 3053 ; 1897.

L'acétal éthylique de la *propanone* est obtenu ainsi avec un rendement de 66 p. 100.

Si on prolonge trop l'ébullition, le rendement diminue de plus en plus, ce qui montre que le catalyseur tend à détruire par hydratation l'acétal qu'il a formé [1].

§ 9. — SULFONATION DIRECTE DES COMPOSÉS AROMATIQUES

732. La présence de *sulfate mercurique* facilite dans certains cas la production directe des dérivés sulfonés par l'acide sulfurique concentré, et oriente cette formation d'une manière spéciale.

Ainsi l'*acide benzoïque* chauffé avec de l'acide sulfurique seul fournit seulement les dérivés *méta* et *para*. En présence de sulfate mercurique, on obtient l'*ortho* [2].

733. De même l'*anthraquinone* donne avec l'acide sulfurique seul le dérivé β. En chauffant à 130°, avec 0,5 de mercure pour 110 parties d'acide SO^4H^2 et 29 parties d'anhydride sulfurique, on obtient le dérivé α. A 160°, avec 1 partie de mercure pour 200 parties de SO^4H^2 et 40 parties d'anhydride, on obtient les dérivés *disulfonés* (1,5), (1,6), (1,7), (1,8) [3].

[1] CLAISEN, *Ber.*, **40**, 3903 ; 1907.

[2] DIMMROTH et VON SCHMŒDEL, *Ber.*, **40**, 2411 : 1907.

[3] ILJINSKY, *Ber.*, **36**, 4194 : 1904.

CHAPITRE XVII

SÉPARATIONS D'HYDRACIDES
OU DE MOLÉCULES SIMILAIRES

734. L'élimination d'hydracides, acide chlorhydrique, bromhydrique ou iodhydrique, peut avoir lieu soit à partir d'une molécule unique, soit par condensation réalisée entre deux ou plusieurs molécules. Ce sont surtout les *chlorures anhydres* qui peuvent intervenir comme catalyseurs dans l'un et l'autre cas.

ENLÈVEMENT D'HYDRACIDE A UNE MOLÉCULE

735. L'action du *chlorure d'aluminium*, ainsi que du *bromure* et de l'*iodure*, sur le chlorure de propyle, avait été signalée : il y a dédoublement en propylène et acide chlorhydrique[1].

736. Sabatier et Mailhe ont montré qu'un grand nombre de chlorures métalliques anhydres peuvent par catalyse dédoubler facilement les chlorures, bromures et iodures forméniques en carbure éthylénique et hydracide dégagé :

$$C^nH^{2n+1} . Cl = HCl + C^nH^{2n}.$$

737. Les chlorures de *baryum*, de *nickel*, de *cobalt*, de *plomb*, de *cadmium*, le chlorure *ferreux*, conviennent très bien pour effectuer la réaction. Les dérivés chlorés primaires sont ainsi dédoublés au-dessus de 260°, rapidement à 300° ; les dérivés bromés et iodés réclament une température un peu plus haute. Les dérivés secondaires ou tertiaires subissent encore plus facilement ce dédoublement.

La recombinaison du carbure éthylénique avec l'hydracide libéré se produit en quelque mesure dans le tube au delà du chlorure cataly-

[1] Kerez, *Lieb. Ann.*, **231**, 306 ; 1885.

seur, et peut donner lieu à une certaine proportion d'isomères secondaires ou tertiaires du dérivé chloroforménique primitif.

Le chlorure de baryum sec fournit de très bons résultats, et peut servir indéfiniment à effectuer la décomposition : si on le reprend par l'eau, après un usage prolongé, il reste un léger résidu visqueux de produits hydrocarburés très condensés d'odeur pétrolique.

Les chlorures de métaux monovalents, chlorures d'*argent*, de *sodium*, de *potassium*, sont inefficaces.

D'ailleurs, comme on pouvait s'y attendre, le *chlorure de méthyle* ne subit aucun dédoublement dans ces conditions.

738. Les auteurs expliquent la catalyse par la formation d'une combinaison instable organométallique issue du chlorure forménique. On aurait :

$$C^nH^{2n+1} . Cl + BaCl^2 = HCl + Ba\Big\langle{}^{C^nH^{2n}.\,Cl}_{Cl.}$$

Le composé mixte ainsi formé se détruit rapidement en donnant le carbure éthylénique :

$$Ba\Big\langle{}^{C^nH^{2n}.\,Cl}_{Cl} = BaCl^2 + C^nH^{2n}.$$

Le chlorure régénéré peut recommencer indéfiniment la même série de réactions. La production d'une combinaison mixte peut être mise en évidence avec le *chlorure d'aluminium* sec : mêlé à — 10° avec du chlorure d'isobutyle, il ne produit aucun dédoublement, mais le mélange réchauffé au-dessus de 0° dégage de l'acide chlorhydrique et de l'isobutylène, et donne une liqueur de coloration intense.

Le *chlorure ferrique* fournit à 300° séparation de gaz chlorhydrique, sans que l'*isobutylène* se dégage : il se produit un solide de molécule très condensée.

Le *chlorure chromique* $CrCl^3$ n'agit pas [1].

739. Le *chlorure de benzyle* est facilement dédoublé sur les divers chlorures anhydres et particulièrement sur les chlorures de baryum et de nickel, en gaz chlorhydrique et en une matière résineuse très condensée de formule brute C^7H^6, déjà signalée par Cannizaro, identique à celle que fournit la déshydratation de l'alcool benzylique (629) [2],

[1] P. SABATIER et MAILHE, *C. R.*, **141**, 238 ; 1905.
[2] CANNIZARO, *Lieb. Ann.*, **92**. 114 ; 1854.

et qui est peut-être l'*hexaphénylcyclohexane* $(C^6H^5 . CH)^6$. La réaction est :

$$x(C^6H^5 . CH^2Cl) = xHCl + (C^6H^5 . CH)^x.$$

740. Les *oxydes métalliques* anhydres, mis en présence de chlorures forméniques, peuvent de la même manière provoquer leur dédoublement, par suite de la production d'une certaine proportion du chlorure correspondant. Quand on dirige du chlorure d'isobutyle sur de l'*alumine* au-dessus de 250°, la légère dissociation que produit l'élévation de température suffit pour fournir un peu de chlorure ou d'oxychlorure d'aluminium, qui commence son rôle catalyseur, et dont la proportion est accrue rapidement par suite de l'acide chlorhydrique dégagé. C'est la cause des catalyses de chlorures aliphatiques qui ont été indiquées pour l'alumine [1].

741. C'est encore à une formation de chlorure de nickel qu'il convient de rapporter l'effet catalyseur identique que produit le *nickel réduit* sur les chlorures forméniques en présence d'hydrogène : le dédoublement a lieu facilement au-dessus de 250° [2].

CONDENSATIONS MOLÉCULAIRES EFFECTUÉES
AVEC ÉLIMINATION D'HYDRACIDE

742. Le *chlorure d'aluminium anhydre* provoque la condensation, par élimination d'acide chlorhydrique, des carbures aromatiques avec les dérivés chlorés des carbures forméniques ou cycloforméniques, et permet d'arriver à la synthèse d'un grand nombre de composés aromatiques. C'est le principe de la *méthode de Friedel et Crafts* [3].

Le cas le plus simple est celui du *chlorure de méthyle* agissant sur le *benzène* :

$$C^6H^6 + CH^3Cl = HCl + \underset{\text{toluène}}{\underline{C^6H^5 . CH^3}}.$$

743. Mode opératoire. — On se sert habituellement d'un ballon bien sec, avec bouchon traversé par un tube très large, dont l'ouverture supérieure fermée par un bouchon permet de projeter à l'intérieur le chlorure solide, et sur le côté duquel est greffée une tubulure oblique se dirigeant vers le haut et raccordée à un réfrigérant ascendant. L'acide chlorhydrique, qui se dégage à l'extrémité de ce dernier, peut

---

[1] SENDERENS, *Bull. Soc. Chim.*, (4), **3**, 823 ; 1908.
[2] P. SABATIER et MAILHE, *C. R.*, **138**, 407 ; 1904.
[3] FRIEDEL et CRAFTS, *Ann. Chim. Phys.*, (6), **1**, 489 ; 1884.

être recueilli dans un vase contenant de l'eau et taré : l'augmentation de poids de ce vase permet de suivre la marche de la réaction, et de la terminer quand on a recueilli le poids théorique d'hydracide.

On introduit dans le ballon le mélange du carbure aromatique pris en grand excès (10 fois la dose nécessaire) avec le dérivé halogéné qui doit réagir ; on chauffe au bain-marie, et on projette en plusieurs fois le chlorure d'aluminium anhydre, bien pulvérisé, par portions de 2 à 20 grammes. Quand le dégagement d'hydracide se ralentit, on projette une nouvelle dose de chlorure.

Si le dérivé halogéné est gazeux (chlorure de méthyle ou d'éthyle), on le fait arriver dans le ballon, après addition d'une certaine dose de chlorure d'aluminium.

Quand la réaction est supposée terminée, on laisse refroidir, et on verse le mélange dans un excès d'eau froide acidulée d'acide chlorhydrique : on décante les produits surnageants, et après les avoir lavés et séchés, on les soumet à une distillation fractionnée.

744. On obtient souvent de très bons rendements : mais le produit principal est toujours accompagné de produits accessoires, et particulièrement de bi- et trisubstitués, provenant de l'action propre du composé principal engendré par la réaction. Ainsi dans le cas le plus simple, du benzène et chlorure de méthyle, ce dernier réagit sur le *toluène* formé, pour donner un mélange de *xylènes*. Ceux-ci peuvent à leur tour donner des *triméthylbenzènes* (1.2.4. et 1.3.5.), et si la réaction est prolongée, on engendrera encore le *tétraméthylbenzène* (1.2.4.5.), puis le *pentaméthylbenzène*, et même l'*hexaméthylbenzène*[1]. En arrêtant l'opération quand on a obtenu le dégagement théorique d'hydracide, on évite en grande partie ces productions successives.

On peut indifféremment obtenir les réactions avec les dérivés chlorés, bromés, ou iodés, le gaz dégagé par ces derniers étant l'acide bromhydrique ou iodhydrique.

745. Au lieu d'employer le chlorure d'aluminium anhydre comme il a été dit plus haut, on peut garnir le ballon de rognures d'aluminium (préalablement dégraissées par ébullition avec de l'alcool, et lavage à l'éther) et y faire passer un courant de gaz chlorhydrique sec[2].

On peut aussi dans certains cas recouvrir le chlorure d'aluminium de sulfure de carbone ou d'éther de pétrole, dans lequel on fait tomber le mélange des corps qu'on désire condenser.

---

[1] FRIEDEL et CRAFTS, *Ann. Chim. Phys.*, (6), **1**, 461, 472, 467 ; 1884.

[2] GATTERMANN et STOCKHAUSEN, *Ber.*, **25**, 3521 ; 1892. — Voir aussi sur un mode opératoire analogue : RADZIEWANOWSKI, *Ber.*, **28**, 1135 ; 1895.

746. Résultats obtenus. — La réaction peut être appliquée aux divers carbures aromatiques, *benzène* et homologues, ainsi qu'au *naphtalène*, au *diphényle*.

Primitivement établie pour les dérivés *monochlorés forméniques*, elle peut également réussir pour les dérivés monochlorés *cyclohexaniques* : le *chlorocyclohexane* condensé avec le *benzène* donne le *phénylcyclohexane*[1].

Elle s'applique aux dérivés chlorés dans les branches forméniques des carbures aromatiques, tels que le *chlorure de benzyle* C^6H^5. CH^2Cl[2].

Elle peut réussir aussi avec les dérivés monochlorés ou monobromés *éthyléniques*. Ainsi l'*éthylène monobromé* $CH^2 = CHBr$ condensé avec le benzène fournit le *styrolène*[3].

747. On peut aussi se servir de dérivés *dihalogénés*.

Le *dichloroéthane* 1.2 fournit avec le benzène le *diphényléthane* symétrique[4].

Le *dibromoéthylène* 1.1 donne de même le *diphényléthène* 1.1, $CH^2 : C (C^6H^5)^2$[5].

Le *chlorure d'éthylidène* CH^3. $CHCl^2$ donne dans les mêmes conditions le *diphényléthane* 1.1, CH^3. $CH (C^6H^5)^2$[6] : mais la réaction peut se compliquer par formations accessoires d'*éthylbenzène* et d'*hydrure de diméthylanthracène*[7].

748. Le chlorure de *méthylène* se condense avec le *diphényle* C^6H^5. C^6H^5 pour donner le *fluorène* $C^6H^4{\diagdown}\!\!\diagup CH^2$[8].

Le *chlorure de benzylidène* C^6H^5. $CHCl^2$ donne, avec un poids quintuple de *benzène* et un peu de chlorure d'aluminium, du *triphénylméthane*[9]. Ce dernier peut aussi être engendré à partir du *chloroforme* $CHCl^3$ et du benzène[10].

[1] Koursanof, *Bull. Soc. Chim.*, **28**, 271 ; 1902.

[2] Friedel et Crafts, *Ann. Chim. Phys*, (6), **1**, 478 ; 1884.

[3] Anschütz. *Lieb. Ann.*, **235**, 231 ; 1886.

[4] Silva, *C. R.*, **89**, 606 : 1879.

[5] Demole, *Ber.*, **12**, 2245 : 1879.

[6] Silva, *Bull. Soc. Chim.*, **36**, 66 : 1880, **41**, 448 ; 1884.

[7] Genvresse, *Bull. Soc. Chim.*, **49**, 579 ; 1888.

[8] Adam. *Ann. Chim. Phys.*, (6), **15**, 253 ; 1888.

[9] Linebarger, *Am. Chem. J.*, **13**. 557 : 1891.

[10] Friedel et Crafts, *Bull. Soc. Chim.*, (2), **37**, 6 : 1882. — E. et O. Fischer, *Lieb. Ann.*, **194**, 252 ; 1878. — Allen et Kölliker, *Lieb. Ann.*, **227**, 107 ; 1885.

749. La réaction s'applique aux *chlorures acides* gras ou aromatiques, ainsi qu'à l'*oxychlorure de carbone*, et permet d'engendrer ainsi des dérivés à fonction *acétonique*.

Le *chlorure d'acétyle* $CH^3.CO.Cl$, condensé avec le *benzène*, fournit l'*acétophénone* $CH^3.CO.C^6H^{5}$ [1]. Le *chlorure de benzoyle* $C^6H^5.CO.Cl$ donne, avec le benzène, la *benzophénone* $C^6H^5.CO.C^6H^5$ [2], à laquelle conduit également la condensation du benzène avec l'*oxychlorure de carbone*.

750. Les dérivés substitués chlorés, bromés ou nitrés (dans le noyau) des chlorures acides aromatiques peuvent être utilisés avec la même facilité. Ainsi le dérivé nitré (méta) du chlorure de benzoyle $C^6H^4 {<}^{NO^2}_{COCl}$ fournit avec le benzène la *métanitrobenzophénone* $C^6H^5.CO.C^6H^4.NO^2$ 1.3 [3]. De même pour les dérivés chlorés [4] ou bromés [5].

751. Les chlorures d'acides bibasiques peuvent donner une double réaction et fournir des dicétones. Ainsi le *chlorure succinique* avec le benzène fournit la *diphényl 1.4. butadione* 1.4, $C^6H^5.CO.CH^2.CH^2.CO.C^6H^5$. On opère en solution dans le sulfure de carbone [6].

Les chlorures *malonique* et *glutarique* donnent lieu à une formation semblable [7].

752. L'action sur le *chlorure carbamique* $CO {<}^{Cl}_{NH^2}$ donne lieu aux amides aromatiques : ainsi le benzène fournit la *benzamide* $C^6H^5.CO.NH^2$ [8].

Le *chlorosulfure de carbone* $CSCl^2$ donne, avec les carbures aromatiques, naissance à des *thiocétones* : ainsi avec le benzène, on obtient la *thiobenzophénone* $C^6H^5.CS.C^6H^5$ [9].

---

[1] Friedel et Crafts, *Ann. Chim. Phys.*, (6), **14**, 455 ; 1888.

[2] Friedel et Crafts, *Ann. Chim. Phys.*, (6), **1**. 510, 518 ; 1884.

[3] Geigy et Königs, *Ber.*, **18**, 2401 ; 1885.

[4] Overton, *Ber.*, **26**, 29 ; 1893. — Hantsch, *Ber.*, **24**, 57 ; 1891. — Demuth et Dittrich, *Ber.*, **23**, 3609 ; 1890.

[5] Cathcart et Meyer, *Ber.*, **25**, 1498 ; 1892.

[6] Claus, *Ber.*, **20,** 1375 ; 1887.

[7] Auger, *Ann. Chim. Phys.*, (6), **22**, 349 ; 1891.

[8] Gattermann, *Lieb. Ann.*, **244**, 29 ; 1888.

[9] Bergreen, *Ber.*, **21**, 341 ; 1888.

753. Le *tétrabromoéthane* (1 . 1 . 2 . 2) ou tétrabromure d'acétylène se condense avec le *benzène*, en donnant de l'anthracène[1] :

$$2\ C^6H^6 + CHBr^2 . CHBr^2 = 4\ HBr + C^{14}H^{10}.$$

La condensation peut porter sur deux molécules semblables du composé chloré. Ainsi le *phényl. 1. chloro. 2. éthane* $C^6H^5.CH^2.CH^2$ Cl, réagit vivement sur le chlorure d'aluminium en solution dans le sulfure de carbone ou la ligroïne, et fournit une résine insoluble $(C^6H^4.CH^2.CH^2)^x$.

De même le *phényl. 1. chloro. 4. butane*, $C^6H^5.CH^2.CH^2.CH^2.CH^2Cl$, dissous dans 6 parties de ligroïne, réagit au bain-marie sur son poids de chlorure d'alumium en donnant avec un bon rendement le

$$\textit{tétrahydronaphtalène } C^6H^4 \begin{array}{c} CH^2\!-\!CH^2 \\ | \qquad | \\ CH^2\!-\!CH^2 \end{array}$$

Le *phényl. 1. chloro. 5. pentane* fournit de la même manière le *phénycyclopentane* (qui bout à 213°)[2].

754. Mécanisme de la réaction. — Le chlorure d'aluminium ne paraît pas intervenir dans la réaction qu'il provoque. Friedel et Crafts ont admis la formation temporaire d'un composé organométallique mixte aromatique, issu du chlorure d'aluminium et de l'hydrocarbure :

$$C^6R^5H + AlCl^3 = HCl + Al \begin{array}{c} Cl^2 \\ C^6R^5. \end{array}$$

Ce dernier composé réagirait de suite sur le dérivé halogéné présent dans le système, et on aurait :

$$Al \begin{array}{c} Cl^2 \\ C^6R^5 \end{array} + R'Cl = \underset{\text{régénéré}}{AlCl^3} + R'.C^6R^5.$$

Le chlorure d'aluminium régénéré agirait de nouveau sur l'hydrocarbure, et les mêmes réactions se reproduiraient. C'est donc un catalyseur, et une petite quantité de ce sel pourrait donc effectuer la transformation d'une dose illimitée de matière. C'est bien ce qui a lieu dans plusieurs cas, où 4 ou 5 grammes de chlorure d'aluminium peuvent condenser 100 fois leur poids de benzène avec d'autres molécules.

755. Pratiquement, il est souvent nécessaire d'employer des poids

[1] Anschütz, *Lieb. Ann.*, **235**, 165 ; 1886.

[2] Von Braun et Deutsch, *Ber.*, **45**, 1267 ; 1912.

élevés du chlorure métallique, qui surpassent même quelquefois celui du carbure aromatique. Aussi le rôle catalyseur de ce sel a-t-il été contesté par quelques chimistes. Il n'est pourtant pas douteux, et la nécessité d'employer parfois des poids élevés du catalyseur tient, soit dans certains cas à ce que les réactions ne se produisant pas vite, il faut pour les rendre rapides augmenter la proportion de l'intermédiaire utile, soit dans d'autres cas à ce que le chlorure d'aluminium forme avec certains facteurs de la réaction des combinaisons stables, qui en immobilisent une certaine proportion. Quant à la réalité de la formation de combinaisons mixtes du chlorure d'aluminium avec les éléments organiques en présence, elle a été établie par Gustavson, qui a pu isoler dans le cas du benzène une huile orangée $AlCl^3, 3C^6H^6$, destructible par l'eau[1], et dans le cas du mélange de chlorure d'éthyle et de benzène, $AlCl^3$, $(C^2H^4)^2, 3C^6H^6$, que la chaleur dissocie en benzène et $Al\big\langle{}^{Cl}_{(C^2H^4Cl)^2}$, lequel se conserve, et sert de catalyseur pour la transformation du mélange[2].

756. Autres chlorures catalyseurs. — Plusieurs chlorures métalliques anhydres peuvent être employés à la manière du *chlorure d'aluminium*, pour l'application de la méthode de Friedel et Crafts. Ce sont le *chlorure de zinc*, le *chlorure ferreux* et le *chlorure ferrique*.

Ainsi le *chlorure benzoïque*, condensé avec le benzène en présence de chlorure ferrique, fournit la benzophénone[3].

L'action de ces divers chlorures est moins énergique que celle du chlorure d'aluminium, et pour cette raison ils ont quelquefois l'avantage de donner naissance à moins de produits accessoires.

757. L'emploi du *chlorure de zinc*, ou mieux de *zinc métallique* qui en fournit de suite une certaine proportion, a été recommandé pour les réactions de la naphtaline[4]. Ainsi les *dinaphtylcétones* sont préparées par l'action du zinc sur le mélange de naphtaline avec les chlorures naphtoïques α ou β[5].

758. La nature des isomères produits peut varier quand on remplace le chlorure d'aluminium par d'autres chlorures. Le *chlorure*

[1] Gustavson, *Ber.*, **11**, 2151 ; 1878. — **22**, 447 ; 1889.
[2] Gustavson, *C. R.*, **136**, 1065 ; 1903 et **140**, 940 ; 1905.
[3] Hamonet et Stoeber, *Bull. Soc. Chim.*, (3), **6**, 151 ; 1891.
[4] Alexeyeff, *Méth. de transform. des comb. organiques*, Paris, 1891, 186.
[5] Grucarevic et Merz, *Ber.*, **6**, 1242 ; 1877.

d'isobutyle, condensé avec le toluène en présence de *chlorure ferrique,* donne le *paraméthylisobutylbenzène,* tandis qu'en présence du chlorure d'aluminium on obtient le dérivé *méta*[1].

759. L'emploi du *chlorure ferrique* a permis d'effectuer dans la série aliphatique des condensations importantes. Ainsi avec le *chlorure propionique,* en présence d'alcool, on a condensation de deux molécules du chlorure acide, et production de l'éther d'un *acide acétonique*[2] :

$$CH^3 . CH^2 . CO . Cl + CH^3 . CH^2 . CO . Cl + C^2H^5 . OH = 2 HCl$$
$$+ CH^3 . CH^2 . CO . CH - CO^2 . C^2H^5.$$
$$\overset{|}{CH^3}$$

760. Des traces d'*iodure cuivreux* provoquent facilement la condensation des *amines aromatiques* primaires avec le bromure de *phényle :* il y a élimination d'acide bromhydrique. On peut opérer avec le dérivé acétylé de l'amine. Ainsi en maintenant quinze heures à l'ébullition 20 grammes de bromure de phényle, 10 grammes d'acétanilide, 5 grammes de carbonate de sodium, et un peu d'iodure cuivreux, on obtient l'*acétyldiphénylamine,* facile à transformer en diphénylamine. L'iodure cuivreux peut être remplacé par du cuivre et de l'iode, ou même par du cuivre et de l'iodure de potassium[3].

ENLÈVEMENT D'UNE MOLÉCULE DE CHLORURE, BROMURE OU IODURE ALCALIN

761. L'action des dérivés halogénés aromatiques, *chlorure, bromure* ou *iodure de phényle* sur les sels alcalins du phénol doit engendrer de l'*oxyde de phényle.* Mais dans la pratique le rendement est dérisoire. Il devient au contraire très élevé lorsqu'on opère sous pression entre 150° et 200° en présence de *cuivre divisé* agissant comme catalyseur. Le rendement atteint 25 p. 100 avec le chlorure, 82 avec le bromure, 78 avec l'iodure.

Le procédé peut s'appliquer aussi à la formation des oxydes des diphénols[4].

[1] Bialobrzeski, *Ber.,* **30,** 1773 ; 1897.
[2] Hamonet, *Bull. Soc. Chim..* (3), **2,** 334 ; 1889.
[3] Goldberg, *Ber.,* **40,** 4541 ; 1907.
[4] Ullmann et Sponagel, *Lieb., Ann.* **360.** 83, 1907.

CHAPITRE XVIII

DÉDOUBLEMENT DES ACIDES

762. Les acides forméniques présentent, vis-à-vis de l'action calorifique, une grande stabilité ; mais il faut en excepter *l'acide formique*, qui est détruit à chaud sous des influences multiples. On étudiera séparément la décomposition par catalyse de *l'acide formique*, puis celle des acides forméniques ou aromatiques, au contact des métaux ou des oxydes. L'action de ces derniers conduit à des applications importantes qui seront étudiées successivement, préparation des *acétones symétriques*, préparation des *acétones mixtes*, préparation des *aldéhydes*.

DÉCOMPOSITION DE L'ACIDE FORMIQUE

763. Cette destruction peut se produire selon plusieurs réactions différentes, savoir :

$$(1) \qquad H \cdot CO^2H = CO^2 + H^2$$

$$(2) \qquad H \cdot CO^2H = CO + H^2O$$

$$(3) \qquad 2(H\,CO^2H) = \underline{H \cdot CO \cdot H} + CO^2 + H^2O$$
$$\text{méthanal}$$

et enfin dans certains cas particuliers,

$$(4) \qquad 3(H \cdot CO^2H) = \underline{CH^3 \cdot OH \cdot} + 2\,CO^2 + H^2O.$$
$$\text{méthanol}$$

La présence d'un catalyseur déterminé aura pour effet d'orienter le dédoublement soit dans un sens unique, soit à la fois dans plusieurs sens, en abaissant plus ou moins la température du dédoublement.

764. La réaction (1), qui est une déshydrogénation, est réalisée dès

la température ordinaire par le *noir de rhodium*[1], ou par le *noir de palladium*[2].

C'est la réaction (2) de déshydratation que produit l'application de matières avides d'eau, telles que l'*acide sulfurique*, qui agit au-dessous de 100°, ou l'*acide oxalique sec*, au-dessus de 105°, ou les *formiates anhydres de potassium ou de sodium* au-dessus de 150°[3].

765. Sabatier et Mailhe ont étudié le dédoublement de l'acide formique sous l'action de divers catalyseurs, qui comprennent des *métaux divisés*, des *oxydes anhydres* et quelques autres substances[4]. Les comparaisons ont été faites dans des conditions expérimentales analogues, le débit des vapeurs d'*acide formique* étant d'environ 0,27 gr. par minute, le catalyseur solide pulvérulent formant une traînée de 0,50 m. dans un tube horizontal en verre d'Iéna chauffé à température connue.

Le tube vide ne fournit au-dessous de 300° qu'une destruction négligeable ; à 340°, on recueille par minute 2,6 cm³ de gaz contenant un mélange d'hydrogène et d'anhydride carbonique (réaction 1), avec quelques centièmes d'oxyde de carbone (réaction 2).

766. Les catalyseurs étudiés peuvent être rangés en trois groupes :

1° Catalyseurs déshydrogénants. — Ce sont ceux qui fournissent exclusivement ou à peu près, la réaction (1), sans doute parce qu'ils donnent lieu à une combinaison temporaire avec l'un des produits du dédoublement, hydrogène ou anhydride carbonique. C'est le premier genre de combinaison qui est sans doute réalisé avec les métaux :

Le *palladium* (en mousse) agit dès 110°, et à 245° produit une destruction totale.

Le *platine* (mousse) dédouble à partir de 120° : la destruction est totale à 215°.

Le *cuivre réduit* (violet léger) dégage, par minute à 190°, 278 centimètres cubes de gaz, contenant parties égales d'hydrogène et d'anhydride carbonique.

Le *nickel* réduit dégage à 280°, par minute, 290 centimètres cubes de gaz, ne contenant que des traces d'oxyde de carbone.

---

[1] Berthelot, *Ann. Chim. Phys.*, (3) **18**, 42 ; 1869. — Sainte-Claire Deville et Debray, *C. R.*, **78**, 1782 ; 1874. — Blackadder, *Zeit. Phys. Chim.* **81**, 385 ; 1912.

[2] Zelinsky et Glinka, *Ber.*, **44**, 2305 ; 1911.

[3] Lorin, *Jahresber.*, 1876, 515.

[4] P. Sabatier et Mailhe, *C. R.*, **152**, 1212 ; 1911.

Le *cadmium* divisé, issu de la réduction de l'oxyde, fournit par minute à 280°, 325 centimètres cubes de gaz.

L'*oxyde stanneux* agit au-dessus de 150° : à 285°, il dégage 172 centimètres cubes de gaz, et est lentement réduit en petits globules d'*étain* qui continuent la catalyse. Le gaz contient un petit excès d'anhydride carbonique, dû à une faible intervention de la réaction (3).

Le résultat est analogue avec l'*oxyde de zinc*, où la production temporaire du carbonate est sans doute la cause de la réaction : il agit vers 190° ; à 230°, il dégage 172 centimètres cubes de gaz contenant pour 100 volumes, 51 d'anhydride carbonique, et 49 d'hydrogène. La production de *méthanal* (réaction 3) intervient pour $\frac{1}{50}$.

767. **2° Catalyseurs déshydratants.** — C'est la réaction (2) qui est fournie exclusivement au-dessus de 170° par l'*oxyde titanique* TiO^2 : à 320°, on recueille par minute 180 centimètres cubes d'oxyde de carbone sensiblement pur.

L'*oxyde bleu de tungstène* (631) se comporte d'une manière analogue : à 270°, il donne 195 centimètres cubes d'oxyde de carbone sensiblement pur.

768. La réaction est dirigée dans le même sens, mais avec une certaine intervention de la réaction (3), production de méthanal corrélative de la présence d'anhydride carbonique *sans hydrogène*, pour l'*alumine*, la *silice*, la *zircone*, l'*oxyde uraneux* UO^2.

Avec l'*alumine* le dédoublement, qui commence vers 234°, fournit de l'oxyde de carbone renfermant 6 p. 100 d'anhydride carbonique. La réaction (2) domine, environ $\frac{1}{10}$ subit la réaction (3) et fournit du *méthanal*.

A 340°, le dégagement gazeux atteint par minute 192 centimètres cubes, mais le gaz contient alors un peu d'hydrogène issu de la destruction partielle du méthanal.

La *silice*, moins active que l'alumine, donne environ pour $\frac{1}{30}$ la réaction (3).

La *zircone* donne, à 340°, 144 centimètres cubes de gaz renfermant 5 p. 100 d'anhydride carbonique : la réaction (3) intervient pour $\frac{1}{10}$.

Pour l'*oxyde uraneux*, la réaction (3) est presque aussi importante que la réaction (2).

769. **3° Catalyseurs mixtes.** — Ce sont ceux, les plus nombreux

de tous, où les deux réactions (1) et (2) sont produites simultanément, et sont généralement accompagnées dans une certaine mesure
de la réaction (3).

C'est ce qui a lieu avec la *thorine*. Le dédoublement, manifesté
par un léger dégagement gazeux, commence vers 230°. Il est encore
très lent à 250°, et fournit un gaz qui contient, pour 100 volumes,
75 volumes d'oxyde de carbone, 15 volumes d'anhydride carbonique,
et 10 d'hydrogène ; le liquide condsené renferme du *méthanal*. Ces
nombres montrent que, sur 100 molécules d'acide, 79 ont subi la réaction (2), les 21 autres ayant par moitié subi la réaction (1) et la
réaction (3).

L'élévation de température modifie les conditions du dédoublement qui s'accélère de plus en plus. A 320°, le dégagement atteint
120 centimètres cubes par minute : la proportion d'anhydride carbonique est de 45 p. 100 ; le liquide contient une dose notable de
méthylal, résultant d'une intervention de la réaction (4), qu'on peut
regarder comme une réduction de l'acide formique par le méthanal :

$$\text{H CO}^2\text{H} + \text{H} . \text{CO} . \text{H} = \text{CO}^2 + \text{CH}^3 . \text{OH}.$$

L'importance de cette production de *méthanol* s'accroît au-dessus
de 350°, et comme le méthanal est alors dédoublé partiellement
en oxyde de carbone et hydrogène, la proportion de ce dernier gaz
s'élève, tandis que celle d'anhydride carbonique s'abaisse. A 375°, on
obtient par minute 144 centimètres cubes de gaz renfermant seulement 33 pour 100 d'anhydride carbonique. Le liquide recueilli contient de l'alcool méthylique.

770. Pour certains catalyseurs mixtes, la réaction (1) prédomine ;
c'est ce qui a lieu pour l'*oxyde bleu de molybdène* Mo^{2}O^5, issu de
la réduction à 340° de l'oxyde molybdique par l'acide formique. Le
dédoublement, déjà net à 105°, fournit à 340° 325 centimètres cubes
de gaz ne contenant que 5 p. 100 d'oxyde de carbone. Sur 12 molécules d'acide, 9 subissent la réaction (1), 2 la réaction (3), 1 la
réaction (2).

L'*oxyde ferreux*, catalyseur très actif, la *chaux* et le *verre d'Iéna
pilé*, catalyseurs médiocres, fournissent aussi une prédominance
marquée de la réaction (1).

771. Les deux réactions (1) et (2) ont à peu près la même importance pour le *verre blanc pilé*, qui dédouble au-dessus de 240°.

772. La réaction (2) de déshydratation est au contraire dominante,
comme l'indique la proportion d'anhydride carbonique inférieure

à 33 p. 100, avec un assez grand nombre de substances d'activités absolues d'ailleurs très inégales, savoir :

Ponce pulvérisée, dégage à 340°. . .   4 centimètres cubes par minute.
Magnésie   10   —   —   —
Charbon de bois léger.   95   —   —   —
Oxyde chromique léger 150   —   —   —
    —   *noir de vanadium* 215   —   —   —
    —   *manganeux.* 225   —   —   —
    —   *de glucinium* 250   —   —   —

La réaction (3) existe toujours plus ou moins dans ces divers cas.

DÉDOUBLEMENT PAR CATALYSE DES ACIDES ORGANIQUES MONOBASIQUES

773. L'action de la chaleur sur les acides forméniques peut donner lieu à deux réactions fondamentales :

(1)
$$R . CO . OH = CO^2 + \underline{RH}_{\text{hydrocarbure}}$$

et

(2)
$$+ \begin{array}{l} R . CO . OH \\ R . CO . OH \end{array} \Big) = CO^2 + H^2O + \underline{R . CO . R.}_{\text{acétone.}}$$

Sans intervention de catalyseur, ces réactions ont lieu simultanément au rouge sombre, mais l'hydrocarbure et même l'acétone sont alors plus ou moins détruits, et il en résulte un mélange pyrogéné complexe. La présence d'un catalyseur, métaux divisés ou oxydes, abaisse beaucoup la température de réaction.

774. Les *métaux divisés* catalyseurs produisent difficilement surtout la réaction (1).

Les oxydes catalyseurs permettent au contraire de produire aisément la réaction (2) et de réaliser ainsi la *préparation catalytique des acétones symétriques.*

775. Les *acides aromatiques* donnent généralement avec plus de facilité la réaction (1), mais l'intervention des catalyseurs y est habituellement peu efficace. Il convient pourtant de signaler que la présence d'alcaloïdes favorise le dédoublement à 70° des acides *campho-carboniques*, en anhydride carbonique et camphre. Avec un alcaloïde inactif sur la lumière polarisée, l'acide droit et l'acide gauche se scindent avec la même vitesse ; avec un alcaloïde actif, les vitesses sont différentes. Ainsi avec la quinine, on constate des différences de 46 p. 100[1].

776. Action des métaux divisés. — Le *cuivre divisé* commence vers 260° à dédoubler les vapeurs d'*acide acétique* ; on obtient un dégagement gazeux, d'abord très lent, qui est assez régulier à 390°-410° et donne un mélange contenant environ 7 volumes d'anhydride carbonique et 1 volume de méthane. On constate en même temps la formation de propanone. Les deux réactions (1) et (2) ont donc été provoquées, et la composition du gaz montre que sur 13 molécules d'acide, 1 seule a subi la première réaction, 12 ont donné de la propanone.

777. Le *nickel réduit* fournit, lentement au-dessous de 240°, rapidement au-dessus de 320°, un dédoublement analogue, mais le gaz contient à peu près 50 p. 100 de méthane ; la réaction (1) semble donc à peu près exclusive, mais il y a destruction d'une partie de l'acide en produits charbonneux déposés sur le métal[2].

778. Les autres acides forméniques donnent des résultats analogues. L'action exercée par le *cuivre divisé* est lente. Celle du *nickel* s'exerce bien plus vite : l'*acide propionique* à 230° donne lieu à un dédoublement en anhydride carbonique et éthane, en grande partie dédoublé en méthane, charbon et hydrogène. Il n'y a pas production d'acétone, mais l'acide a été partiellement réduit en *aldéhyde*. L'*acide butyrique* à 250° fournit des résultats analogues, ainsi que l'*acide isobutyrique* et l'*acide caproïque*[3].

PRÉPARATION DES ACÉTONES SYMÉTRIQUES

779. La calcination des sels de calcium ou de baryum des acides est une méthode fort ancienne de préparation des acétones symétriques. On a :

$$(R . CO^2)^2Ba = R . CO . R + BaCO^3$$

Squibb a eu l'idée de transformer cette préparation en réaction catalytique. En dirigeant sur du *carbonate de baryum*, chauffé vers 500°, les vapeurs d'*acide acétique*, on obtient dédoublement régulier et *indéfini* en *propanone*, anhydride carbonique et eau :

$$2 (CH^3 . CO^2H) = CH^3 . CO . CH^3 + CO^2 + H^2O.$$

[1] Fajans. *Zeit. physik. Chem.*, **73**. 25 ; 1910.
[2] P. Sabatier et Senderens, *Ann. Chim. Phys.*, (8), **4**. 167 : 1905.
[3] Mailhe, *Bull. Soc. Chim.*, (4), **5**, 616 ; 1909.

780. Le procédé, qui fournit un rendement en acétone supérieur à 90 p. 100, a été appliqué industriellement, et on peut se servir de tous les carbonates des métaux dont les acétates fournissent l'acétone par calcination[1]. Le mécanisme est très facile à expliquer. Les vapeurs d'acide arrivant sur le carbonate de baryum donnent de l'acétate de baryum, qui, à la température de 500°, se scinde en acétone en régénérant le carbonate, lequel recommence indéfiniment le même effet.

On a :

$$2\,(CH^3 . CO^2H) + BaCO^3 = CO^2 + H^2O + (CH^3 . CO^2)^2Ba$$

et

$$(CH^3 . CO^2)^2Ba = \underset{\text{régénéré}}{BaCO^3} + CH^3 . CO . CH^3.$$

781. Ipatief indiqua une formation analogue en se servant comme catalyseurs de l'*oxyde de zinc* ou du *carbonate de zinc*, ou des *carbonates de calcium, baryum, strontium*.

L'acide acétique donnait la *propanone*, l'acide propionique, la *diéthylcétone*[2].

Le *carbonate de calcium* précipité constitue effectivement un excellent catalyseur de l'*acide acétique* : une courte colonne à 450° suffit pour transformer totalement ce dernier en *acétone* sensiblement pure, avec dégagement exclusif d'anhydride carbonique.

Avec l'*acide propionique*, le rendement en *propione* est aussi très satisfaisant. Mais il y a production d'un peu de *propanal*, et le gaz contient un peu d'*éthylène*. Cette formation aldéhydique s'accroît avec la complication de la molécule, et paraît corrélative de la production du carbure éthylénique. On aurait :

$$C^nH^{2n+1} CO.OH = \underset{\text{carbure}}{C^nH^{2n}} + \underset{\text{acide formique}}{H.CO.OH}$$

L'acide formique ainsi engendré peut se détruire aussitôt en $CO^2 + H^2$, ou en $CO + H^2O$ (763), mais il peut aussi réagir sur l'acide soumis à la catalyse, en le réduisant en *aldéhyde* (793).

Ces effets secondaires encore peu importants pour l'*acide butyrique*, sont au contraire intenses pour l'*acide isobutyrique*, et l'*acide isovalérique*.

Le carbonate de calcium employé est noirci par le charbonnement d'une faible proportion de la matière ; mais il n'en conserve pas

[1] CONROY, *Rev. Gén. Sc.*, **13**, 563 ; 1902.
[2] IPATIEF et SCHTSCHOUKAREFF, *J. Soc. Phys. Chim. Russe*, **36**, 764 ; 1904.

moins à peu près indéfiniment son activité catalytique, et demeure
en majeure partie à l'état de carbonate[1].

782. Dans un travail relatif à l'action des métaux divisés sur les
acides forméniques, Mailhe a indiqué qu'au-dessus de 350° *l'oxyde
de zinc*, *l'oxyde de cadmium*, *l'oxyde de chrome* dédoublent l'acide
acétique et ses homologues supérieurs en acétone symétrique[2].

783. *L'alumine* effectue de la même manière vers 350°-400° le dédoublement de *l'acide acétique* ou de *l'acide propionique*[3]. L'emploi
comme catalyseur de *l'oxyde de thorium*, dont les précieuses qualités d'activité constante et de revivification facile avaient été indiquées par Sabatier et Mailhe (623), a permis à Senderens de perfec-
tionner la méthode de Squibb pour obtenir les diverses acétones
forméniques symétriques, et quelques acétones aromatiques.

Le procédé consiste à diriger sur une traînée d'oxyde de thorium,
maintenue au-dessous de 400°, les vapeurs de l'acide. On obtient
avec un rendement très élevé *l'acétone* ordinaire, la *propione*, la *buty-
rone*, *l'isobutyrone*, la *valérone*.

784. Les *oxydes d'uranium* ou la *zircone* peuvent être substitués
à la thorine, mais donnent des rendements moins avantageux, et
s'affaiblissent plus vite. *L'alumine* donne de très bons résultats avec
l'acide acétique, moins bons avec l'acide propionique, mauvais avec
l'acide isobutyrique. *L'oxyde chromique* se comporte à peu près
comme l'alumine.

L'oxyde ferreux, ainsi que *l'oxyde ferrique*, qui est ramené bientôt à l'état ferreux, fournissent très facilement *l'acétone* ordinaire, et
donnent avec les divers acides des doses importantes de cétones[4].

C'est à la formation d'un composé ferreux produit tout d'abord
qu'il convient de rapporter le procédé de préparation des cétones,
par chauffe de l'acide avec $\frac{1}{10}$ de leur poids de limaille de fer : ce
procédé convient bien pour les acides gras élevés, depuis *l'acide lau-
rique* jusqu'à *l'acide mélissique*. Ainsi *l'acide stéarique* fournit
80 p. 100 de stéarone.

Les résultats sont moins bons avec les acides *oléique*, *élaïdique*,
brassidique, et ils sont mauvais avec les acides inférieurs, *acétique*,

[1] P. Sabatier et Mailhe, *Bull. Soc. Chim*, (4), **13**, 319; 1913 et *CR.*, **156**, 1730; 1913.
[2] Mailhe, *Mémoire couronné par l'Ac. des Sc. de Toulouse*, 1907.
[3] Senderens. *Bull. Soc. Chim.*, (4), **3**, 824; 1908.
[4] Mailhe, *Bull. Soc. Chim.*, (4). **13**; mai 1913.

butyrique, etc., ainsi qu'avec les acides *phénylacétique, benzoïque, subérique, sébacique*[1].

785. Avec la *chaux*, le sel intermédiaire dont le dédoublement fournit l'acétone est facile à apercevoir, et ne se détruit qu'au delà d'une certaine température, 420° pour l'acétate, 460° pour l'isobutyrate ; les acétones formées sont partiellement dédoublées aux températures nécessaires à la réaction.

Avec l'*oxyde de zinc*, l'acétate se détruit dès 280°, très vite à 340° : la production d'acétone est facile. La difficulté s'accroît avec le poids moléculaire de l'acide et provient en partie de la volatilité du sel de zinc.

L'*oxyde de cadmium* est lentement réduit par les vapeurs acides, mais sans que la formation du métal qu'on voit se sublimer en partie dans le tube affaiblisse notablement l'activité catalytique. Employé à 400-450°, il permet de transformer facilement en acétones symétriques les acides *acétique, propionique, butyrique, valérique*, les résultats étant moins satisfaisants pour les acides à chaînes ramifiées, *isobutyrique, isovalérique*, où le gaz dégagé n'est plus de l'anhydride carbonique pur, mais contient des proportions importantes de carbure éthylénique, d'oxyde de carbone et d'hydrogène[2].

786. La méthode ne peut s'appliquer à l'*acide benzoïque*, qui sur la thorine, de 380° à 460°, ne fournit guère que du benzène et de l'anhydride carbonique, non plus qu'aux *acides aromatiques* normaux où le carboxyle est en relation directe avec le noyau aromatique, tels que les *acides ortho-,méta-*, ou *paratoluiques*, et les *acides naphtoïques*.

Au contraire les acides aromatiques issus par substitution de l'acide acétique, *acide phénylacétique*, ou *acide phénylpropionique*, peuvent entre 430° et 470° être transformés avantageusement en acétones symétriques correspondantes[3].

PRÉPARATION DES ACÉTONES MIXTES

787. Williamson a indiqué depuis longtemps que la calcination du mélange intime des sels de calcium de deux acides gras fournit l'acétone mixte[4] :

$$(R\,CO^2)^2Ca + (R'CO^2)^2Ca = 2\,CaCO^3 + 2\,(R\,COR').$$

[1] EASTERFIELD et TAYLOR, *Chem. Soc.*, **99**, 2208 ; 1911.
[2] MAILHE, *Bull. Soc. Chim.*, (4), **13** ; *mai* 1913.
[3] SENDERENS, *Ann. Chim. Phys.*, (8), **18**, 243 ; 1913.
[4] WILLIAMSON, *Lieb. Ann.*, **81**, 86 ; 1852.

788. On pouvait s'attendre à ce que le dédoublement catalytique sur les oxydes, appliqué non plus à un acide unique, mais à un mélange de deux acides, donnerait au lieu d'une acétone symétrique, l'acétone mixte issue des deux acides. Senderens a trouvé qu'il en est ainsi. On a :

$$R . CO_2H + R' . CO_2H = CO_2 + H_2O + R . CO . R'.$$

Une méthode simple de préparation des acétones mixtes consiste donc à faire passer sur la thorine chauffée vers 400° les vapeurs du mélange des deux acides.

789. Il suffit pour que la méthode réussisse que l'un des deux acides soit capable d'être catalysé par la thorine : on peut donc employer deux acides forméniques, et également un acide forménique avec l'acide benzoïque ou un acide toluique ; mais on ne pourrait associer l'acide benzoïque avec un acide toluique.

790. La réaction principale est généralement celle qui fournit l'acétone mixte ; mais elle est toujours accompagnée de la réaction ou des réactions que peuvent fournir séparément les acides associés. On obtiendra donc à la fois 3 acétones, si on part du mélange de deux acides forméniques, ou d'un acide forménique avec l'acide phénylacétique ; 2 acétones seulement si on part du mélange d'un acide forménique avec l'acide benzoïque, les acides ortho-, méta-, ou paratoluique ou avec les acides naphtoïques.

791. La séparation des acétones est facile à réaliser par distillation fractionnée. On a préparé ainsi de nombreuses acétones mixtes.

792. L'*oxyde vert d'uranium* peut, quoique moins actif, remplacer la thorine pour ces formations mixtes : la *zircone* agit de même, mais se comporte moins bien avec les homologues de l'acide benzoïque. La *chaux*, l'*oxyde de zinc*, l'*alumine*, l'*oxyde chromique* peuvent facilement fournir l'*acétophénone*, mais donnent une action de moins en moins avantageuse à mesure que la molécule de l'acide forménique s'alourdit.

L'*oxyde titanique*, l'*oxyde stannique*, l'*oxyde cérique* fournissent surtout des produits de dédoublement[1].

L'*oxyde de cadmium*, l'*oxyde ferreux*, l'*oxyde ferrique*[2], ainsi que le *carbonate de calcium* lui-même[3] peuvent fournir avantageusement des acétones mixtes.

[1] Senderens. *loco citato.*

[2] Mailhe, *Bull. Soc. Chim.*, (4), **13** ; *mai* 1913.

[3] P. Sabatier et Mailhe, *C. R.*, **156**, 1732 ; 1913.

Préparation catalytique des aldéhydes

793. Si dans la méthode de Williamson pour obtenir les acétones mixtes, l'un des sels de calcium est un formiate, il se produit un *aldéhyde*[1], accompagné d'une certaine dose des produits de la calcination de chaque sel, savoir *l'acétone symétrique* R.CO.R, et du *méthanal*, du *méthanol*, ainsi que divers produits gazeux issus du formiate :

$$(R . CO^2)^2Ca + (H . CO^2)^2Ca = 2\,CaCO^3 + \underbrace{2\,(R . CO . H)}_{\text{aldéhyde}}.$$

Les analogies conduisaient à penser que la catalyse, réalisée sur un oxyde, du mélange d'acide formique et d'un autre acide organique monobasique, fournirait l'aldéhyde correspondant à cet acide, la réaction étant :

$$R . CO^2H + H . CO^2H = R . CO . H + CO^2 + H^2O.$$

794. Sabatier et Mailhe ont pu, en employant comme catalyseur *l'oxyde titanique*, réaliser cette action, qui constitue une méthode générale de préparation des aldéhydes à partir des acides. Il suffit de diriger sur une traînée d'oxyde titanique, chauffé à 300°, les vapeurs du mélange de l'acide qu'on veut transformer et d'un excès d'acide formique. Il se dégage un mélange d'oxyde de carbone, issu de la destruction propre de l'acide formique au contact de l'oxyde titanique (767), et d'anhydride carbonique provenant de la réaction utile. Le produit condensé est un mélange d'eau, d'aldéhyde, et d'acides non transformés, d'où l'aldéhyde est aisément séparé.

On a ainsi préparé avec des rendements élevés, supérieurs à 40 p. 100 et atteignant 90 p. 100, les aldéhydes issus des divers acides forméniques, jusqu'à 9 atomes de carbone.

Ainsi *l'acide nonylique* ou *pélargonique* donne avec un rendement de 85 p. 100 le *nonylal*. Il n'y a généralement pas d'acétone ; on en rencontre de très faibles quantités pour les acides à plus de 5 atomes de carbone.

795. *L'acide crotonique* incomplet se transforme de même en *crotonal*. Mais la réaction ne donne pas de bons résultats avec *l'acide benzoïque* : au contraire elle s'applique très bien à *l'acide phé-*

---

[1] Limpricht, *Lieb. Ann.*, **97**, 368 ; 1856. — Piria. *Ann. Chim. Phys.*, (3). **48**, 113 : 1856.

nylacétique, que sa constitution rapproche davantage des acides forméniques, et où l'aldéhyde est obtenu avec un rendement de 76 p. 100.

796. L'emploi de la *thorine* est moins avantageux parce qu'elle exige une température plus haute, et qu'elle dédouble plus facilement les acides en acétones, dont une certaine dose est obtenue avec l'aldéhyde : toutefois en opérant entre 270° et 300°, on arrive à produire les aldéhydes avec des rendements de 25 à 30 p. 100, et quelquefois supérieurs [1].

Dédoublement des acides bibasiques

797. L'*acide oxalique* $CO^2H.CO^2H$, solide, mêlé avec de l'alumine, se déshydrate au-dessous de 100°, en eau, oxyde de carbone et anhydride carbonique [2].

798. La *glycérine* mêlée avec l'*acide oxalique* cristallisé provoque une transformation différente : à $100^{\circ}\text{-}110^{\circ}$, il se produit de l'anhydride carbonique et de l'*acide formique* :

$$CO^2H . CO^2H \equiv CO^2 + H . CO^2H.$$

Quand le dégagement cesse, il suffit d'ajouter une nouvelle proportion d'acide oxalique pour recommencer la réaction, et ainsi de suite, la glycérine pouvant servir à peu près indéfiniment, et par conséquent jouant le rôle de catalyseur [3]. En réalité, on a tout d'abord production d'un *éther monoxalique* de la glycérine :

$$CH^2OH.CHOH.CH^2OH + CO^2H.CO^2H = H^2O + CH^2OH.CHOH.CH^2.CO^2.CO^2H.$$

A $100\text{-}110^{\circ}$, ce dernier perd CO^2 et donne la *monoformine* $CH^2OH.CHOH.CH^2.CO^2H$; celle-ci, au contact de la molécule d'eau fournie par la première réaction, est saponifiée et libère l'acide formique en même temps que la glycérine, qui, régénérée ainsi, recommence les mêmes effets.

Catalyse des anhydrides d'acides

799. Les anhydrides d'acides peuvent par catalyse fournir, à la

[1] P. Sabatier et Mailhe, *C. R.*, **154**, 561 ; 1912.

[2] Senderens, *Bull. Soc. Chim.*, (4), **3**, 828; 1908.

[3] Lorin, *Bull. Soc. Chim.* (2) **25**, 517 ; 1871.

manière des acides, les *acétones symétriques* correspondantes. On aura :

$$\left.\begin{array}{l} \text{R.CO} \\ \text{R.CO} \end{array}\right\rangle O = CO^2 + \text{R.CO.R}.$$

Le *carbonate de calcium* précipité fournit ainsi de bons résultats à 450-500° sur les *anhydrides acétique, propionique, isovalérique*, etc. La *thorine* convient aussi pour cette catalyse.

La catalyse exercée sur un mélange d'*anhydride* et d'un autre *acide* fournit une *acétone mixte* à côté des deux acétones symétriques[1].

[1] P. Sabatier et Mailhe, *Bull. Soc. Chim.*, (4), **13**. 320 ; 1913 ; et *C. R*, **156**, 1733 ; 1913.

CHAPITRE XIX

DÉDOUBLEMENT DES ÉTHERS-SELS
D'ACIDES ORGANIQUES

§ 1. — ÉTHERS-SELS DES ACIDES MONOBASIQUES

800. Le dédoublement des éthers-sels des acides organiques monobasiques est, en l'absence de catalyseurs, très difficile à réaliser par simple élévation de température ; il est lent, et on doit atteindre des températures très hautes qui amènent l'émiettement des molécules. Il convient toutefois de signaler que le *benzoate d'éthyle* chauffé en tube scellé au-dessus de 300° se scinde lentement en éthylène et acide benzoïque. Colson qui a indiqué cette réaction, ainsi qu'une destruction analogue plus lente du *stéarate d'éthyle*, pensait que cette tendance au dédoublement en acide et carbure éthylénique est générale pour tous les éthers-sels[1].

La présence des catalyseurs agissant à la fois sur les alcools et sur les acides doit évidemment faciliter beaucoup le dédoublement des éthers-sels, qui devrait donner lieu, comme conséquence de la tendance relatée ci-dessus, au carbure éthylénique, et aux produits de dédoublement de l'acide, eau, anhydride carbonique et acétone symétrique. Quelques observations relatives à l'action de l'*alumine* sur l'acétate, le propionate et le butyrate d'éthyle, confirmaient cette prévision. Mais au contraire les mêmes éthers donnaient avec la thorine une destruction complexe qui n'a pas été précisée[2].

801. Sabatier et Mailhe ont étudié dans un grand nombre de cas l'action de divers oxydes catalyseurs sur des éthers-sels de natures variées, et indiqué quelles sont les conditions générales qui règlent le dédoublement[3].

[1] Colson, *C. R.*, **147**, 1054 ; 1908.

[2] Senderens, *Bull. Soc. Chim.*, (4), **5**, 482 ; 1909.

[3] P. Sabatier et Mailhe, *C. R.*, **152**, 669 ; 1912. — **154**. 49 et 175 ; 1912.

Les *éthers formiques* méritent une place séparée, et seront étudiés à la suite des éthers-sels des autres acides.

802. Soit un éther-sel issu d'un alcool primaire forménique et d'un acide organique monobasique, autre que l'acide formique. Mis en présence d'un oxyde catalyseur MO, issu d'un hydrate $M(OH)^2$ à fonction mixte, il fournira de suite la réaction :

$$2\,(R\,.\,CO\,.\,OC^nH^{2n+1}) + 2\,MO = (R\,.\,COO)^2M + (C^nH^{2n+1}O)^2M.$$
éther-sel

Le sel $(RCO\,O)^2M$ et le dérivé alcoolique $(C^nH^{2n+1}O)^2M$ sont tous deux instables, si l'oxyde choisi est à la fois catalyseur des acides et des alcools à la température où l'on opère.

803. *Premier cas.* — Si l'instabilité des deux composés temporaires est de même ordre, ils se détruisent simultanément, et le dédoublement devient alors :

$$(1) \qquad 2\,(RCO\,OC^nH^{2n+1}) + 2\,MO = \begin{Bmatrix} \dfrac{R\,.\,CO\,.\,R + CO^2}{\text{cétone}} \\ \dfrac{2\,C^nH^{2n} + H^2O}{\text{carbure}} \end{Bmatrix} + 2\,MO$$

Il se produit *l'acétone symétrique*, et un carbure éthylénique qui, s'il est gazeux (éthylène, propylène, butylène), a un volume double de l'anhydride carbonique dégagé. C'est ce qui a lieu avec l'alumine d'après le résultat cité plus haut (800).

Si l'éther-sel est *méthylique*, il n'y a pas séparation d'eau, mais formation d'*oxyde de méthyle* $(CH^3)^2O$.

804. *Deuxième cas.* — Si le catalyseur est plus actif vis-à-vis des acides que des alcools, le dédoublement du composé $(RCO\,O)^2M$ est plus rapide que celui du composé alcoolique. L'eau formée dans la réaction (1) a le temps de réagir sur une dose équivalente de ce dernier, qu'elle détruit en régénérant l'alcool :

$$(C^nH^{2n+1}O)^2M + H^2O = MO + \underbrace{2\,(C^nH^{2n+1}\,.\,OH)}_{\text{alcool}}.$$

Combinée avec la précédente, cette réaction fournit :

$$(2) \quad 4\,(RCO\,OC^nH^{2n+1})^2 = \underbrace{2\,(RCOR)}_{\text{cétone}} + 2\,CO^2 + C^nH^{2n} + 2\,(C^nH^{2n+1}\,.\,OH).$$

Il y a formation simultanée d'acétone, d'alcool, et de volumes égaux d'anhydride carbonique et de carbure éthylénique (s'il est gazeux). Tel est le cas ordinaire des dédoublements provoqués par la thorine, par exemple, à 310° avec l'*acétate d'éthyle*, l'*acétate de propyle*, le *propionate de propyle*, l'*acétate d'isobutyle*, le *caproate d'éthyle*.

805. L'élévation de température accélère le dédoublement des composés intermédiaires instables, et tend à faire revenir à la réaction (1). C'est ce qui a lieu pour l'*acétate d'isobutyle* sur la thorine au-dessus de 350°, pour le *caproate d'éthyle* vers 360°. D'ailleurs la température étant devenue assez haute, les alcools formés subissent plus ou moins la destruction partielle en hydrogène et *aldéhydes* faciles à constater, celles-ci pouvant elles-mêmes être partiellement scindées en hydrocarbures et oxyde de carbone.

806. *Troisième cas.* — Si le catalyseur employé est moins actif vis-à-vis des acides que des alcools, le composé temporaire $(RCOO)^2M$ ne sera dédoublé que lentement. L'eau issue du dédoublement rapide du composé alcoolique agira sur le premier pour le détruire en régénérant l'acide libre :

$$(R.COO)^2M + H^2O = MO + \underset{\text{acide}}{2(RCOOH)}.$$

Dans ce cas, la formation d'acétone et le dégagement d'anhydride carbonique sont peu importants : il y a surtout production de carbure éthylénique et mise en liberté d'acide.

C'est ce qui a lieu avec l'*oxyde titanique* opposé aux acides acétique, propionique, butyrique, valérique, etc., qu'il dédouble bien plus lentement que les alcools.

807. *Quatrième cas.* — L'exagération du cas précédent correspond aux oxydes qui, aptes à catalyser les alcools, sont incapables de dédoubler les acides. C'est ce qui a lieu avec les divers oxydes catalyseurs, thorine, oxyde titanique, vis-à-vis de l'*acide benzoïque* ou des *acides toluiques*. C'est également ce qui a lieu vis-à-vis des acides forméniques, avec les catalyseurs tels que l'*anhydride borique*, qui ne peuvent contracter qu'une combinaison temporaire alcoylée. Dans ce cas, on pourrait interpréter la réaction comme il suit :

$$2(RCOOC^nH^{2n+1}) + MO = M(OC^nH^{2n+1})^2 + \underset{\text{anhydride}}{(RCO)^2O}$$
$$= MO + 2C^nH^{2n} + H^2O + (RCO)^2O$$
$$= MO + 2C^nH^{2n} + \underset{\text{acide}}{2(RCO^2H)}.$$

Il y aura régénération de la totalité de l'acide avec formation exclusive de carbure éthylénique. On constate en effet que le *benzoate d'éthyle* est catalysé par la thorine au-dessus de 400° en acide benzoïque et éthylène, comme dans le tube scellé de Colson.

De même le *valérate d'éthyle,* catalysé par l'anhydride borique au-

dessus de 400°, fournit exclusivement l'éthylène et l'acide valérique.

808. Les *éthers méthyliques*, qui ne peuvent donner que de l'oxyde
de méthyle, sont difficiles à dédoubler : la réaction, qui exige une
température plus haute, fournit exclusivement de l'anhydride carbonique, de l'*oxyde de méthyle*, et de l'*acétone*, déjà atteints le plus
souvent par une certaine décomposition, et l'eau qui en provient
peut saponifier une partie de l'éther en acides et méthanol libres.

DÉDOUBLEMENT CATALYTIQUE DES ÉTHERS FORMIQUES

809. En l'absence de catalyseurs, les éthers formiques présentent
une stabilité assez grande : quand on dirige dans un tube de verre
vide, maintenu à 400°, les vapeurs de *formiate d'éthyle*, on n'observe
aucun dédoublement appréciable. La destruction est au contraire
très rapide au contact des divers catalyseurs de l'acide formique
(764), et elle commence à se produire à des températures moins
élevées que pour les éthers des autres acides forméniques, mais plus
hautes que pour l'acide formique libre.

810. Sabatier et Mailhe ont établi que cette destruction a lieu
simultanément selon deux réactions, l'une semblable à celle que
fournissent le plus souvent les éthers-sels des acides forméniques :

$$(1) \qquad 2\,(H\,CO^2C^nH^{2n+1}) = \underbrace{H\,.\,CO\,.\,H}_{\text{méthanal}} + CO^2 + \underbrace{(C^nH^{2n+1})^2O}_{\text{éther oxyde}}$$

ce dernier ne subsistant que dans le cas de l'éther méthylique, et
se scindant généralement en $(H^2O + 2C^nH^{2n})$; l'autre prédominante
dans tous les cas, et *spéciale aux éthers formiques* :

$$(2) \qquad H\,.\,CO^2C^nH^{2n+1} = CO + \underbrace{C^nH^{2n+1}\,.\,OH}_{\text{alcool.}}$$

Une portion de cet alcool est catalysée à la température de la réaction, soit en aldéhyde et hydrogène (cas des métaux ou de l'oxyde
manganeux), soit en carbure éthylénique et eau (cas de la thorine,
ou de l'alumine), soit des deux manières à la fois (oxydes à action
mixte) (646). L'eau provenant de la réaction (1) ou du dédoublement
de l'alcool issu de la réaction (2) peut d'ailleurs saponifier immédiatement une partie de l'éther en alcool et *acide formique* libre, qui est
alors détruit par le catalyseur selon un mode déjà décrit (764) [1].

[1] P. SABATIER et MAILHE. *C. R.*, **154**, 49 ; 1912.

811. Métaux. — Les métaux divisés catalysent facilement les éthers formiques, au-dessus de 220° pour le *nickel*, de 270° pour le *platine*, de 350° pour le *cuivre*. La réaction (2) est très prépondérante, et fournit, à côté d'oxyde de carbone, l'alcool, sur lequel le métal agit pour le déshydrogéner en aldéhyde. Celui-ci survit assez bien dans le cas du cuivre, ou du nickel à température basse, mais il est en majeure partie dédoublé avec le platine, ou avec le nickel à température élevée (511 et 509).

812. Oxyde titanique. — La réaction (2) est à peu près exclusive. Avec le *formiate de méthyle*, on obtient du méthanol, ainsi que de l'oxyde de méthyle, issu de sa déshydratation partielle. Le gaz recueilli sur l'eau est de l'oxyde de carbone sensiblement pur, sans anhydride carbonique, parce que la destruction de l'acide formique libéré ne donne ici que de l'oxyde de carbone et de l'eau (767).

813. Oxyde de zinc. — C'est encore la réaction (2) qui prédomine : mais l'acide formique que libère l'eau de déshydratation de l'alcool est détruit par le catalyseur en hydrogène et anhydride carbonique, qu'on trouve mélangés en certaine proportion à l'oxyde de carbone.

814. Oxyde de thorium. — La réaction (2) qui domine toujours est accompagnée de la réaction (1), qui fournit une certaine proportion de méthanal, mais dont l'importance diminue à mesure que la température s'élève.

§ 2. — ÉTHERS-SELS D'ACIDES BIBASIQUES

815. Les dédoublements catalytiques des éthers-sels d'acides bibasiques n'ont été jusqu'à présent étudiés que d'une façon assez incomplète.

Les oxydes catalyseurs tels que l'*alumine* ou la *thorine* réalisent facilement ces dédoublements. Si on étend aux éthers d'acides bibasiques forméniques l'interprétation admise plus haut pour le rôle de ces oxydes, on peut prévoir qu'un oxyde tel que MO fournira la réaction :

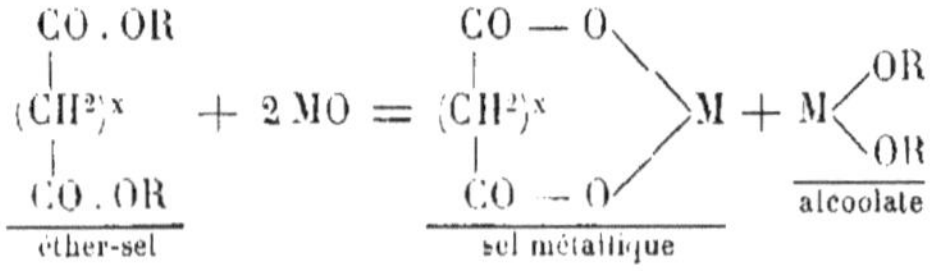

$$\underbrace{\begin{matrix} CO.OR \\ | \\ (CH^2)^x \\ | \\ CO.OR \end{matrix}}_{\text{éther-sel}} + 2\,MO = \underbrace{\begin{matrix} CO-O \\ | \qquad\quad \diagdown \\ (CH^2)^x \qquad\quad M \\ | \qquad\quad \diagup \\ CO-O \end{matrix}}_{\text{sel métallique}} + \underbrace{M\diagup^{OR}_{\diagdown OR}}_{\text{alcoolate}}$$

Si l'oxyde est à la fois catalyseur des acides et des alcools, les deux composés ainsi engendrés seront instables, et donneront respectivement :

$$\begin{array}{c} CO-O \\ | \\ (CH^2)^x \\ | \\ CO-O \end{array}\Big\rangle M = MO + \begin{array}{c} CO \\ | \\ (CH^2)^x \\ | \\ CO \end{array}\Big\rangle O$$
anhydride

et :

$$M\Big\langle\begin{array}{c} OR \\ OR \end{array} = MO + \begin{array}{c} R \\ R \end{array}\Big\rangle O$$
oxyde

L'oxyde MO régénéré tout entier peut réitérer indéfiniment la réaction. On obtiendra donc comme résultat de la catalyse *l'anhydride de l'acide*, ou ses débris, s'il est instable, et *l'éther-oxyde* ou dans presque tous les cas, le produit de la catalyse exercée sur cet éther-oxyde, c'est-à-dire de l'eau ou de l'alcool et du *carbure éthylénique*.

816. Ces prévisions ont été vérifiées par Sabatier et Mailhe, dans le cas des éthers neutres *oxaliques, maloniques, succiniques*, sur la thorine [1].

L'*anhydride oxalique* $\begin{array}{c} CO \\ | \\ CO \end{array}\Big\rangle O$ est inconnu ; on obtient à sa place le mélange $CO^2 + CO$.

L'*anhydride malonique* $\begin{array}{c} CO \\ | \\ CH^2 \\ | \\ CO \end{array}\Big\rangle O$, est également instable, et se détruit en eau et *sous-oxyde de carbone* $CO = C = CO$, qui se polymérise en produits rougeâtres, et se décompose en partie en oxyde de carbone, anhydride carbonique et charbon.

L'*anhydride succinique* est stable si la température n'est pas trop haute, et peut être recueilli en cristaux fondant à 177°. Si la température est élevée, vers 350°, il se détruit en oxyde de carbone, anhydride carbonique, éthylène et produits condensés.

817. Ces résultats ont été vérifiés pour les éthers *éthyliques, propyliques, isobutyliques, isoamyliques* des trois acides : on a obtenu dans tous les cas, sauf pour les premiers où *l'oxyde d'éthyle* peut être recueilli, les débris de l'éther-oxyde, alcool, eau et carbure éthylénique [2].

[1] P. Sabatier et Mailhe, *Bull. Soc. Chim.*, (4), **11**, 360, 1912.
[2] P. Sabatier et Mailhe, *loc. cit.* et *Résultats inédits.*

La catalyse commence à température très peu élevée pour les éthers *oxaliques,* où elle est déjà rapide à 220° ; plus haute pour les *maloniques,* et surtout les *succiniques.*

818. Une décomposition de cette nature avait été indiquée dans le cas particulier de l'*oxalate d'éthyle* sur l'*alumine* : à 200°, on obtient de l'oxyde d'éthyle avec de l'oxyde de carbone et de l'anhydride carbonique. A 360°, l'oxyde d'éthyle est remplacé par de l'éthylène [1].

819. La catalyse du *succinate d'éthyle* sur l'*alumine* à 400° donnerait, d'après Senderens, un dégagement d'éthylène et d'anhydride carbonique, et une production de *paracyclohexadione* [2]. Mais Sabatier et Mailhe n'ont pu dans aucun cas constater une telle formation [3].

[1] Senderens, *Bull. Soc. Chim.,* (4). **3**, 826 : 1908.

[2] Senderens, *Bull. Soc. Chim.,* (4). **5**, 485 : 1909.

[3] P. Sabatier et Mailhe, *Résultats inédits.*

CHAPITRE XX

MÉCANISME DE LA CATALYSE

820. L'extrême diversité des réactions catalytiques laisse prévoir qu'on éprouvera des difficultés pour en donner une explication générale, capable de s'adapter à tous les cas.

La nature du catalyseur et l'état du système où s'exerce son activité permettent une classification grossière de ces diverses réactions.

821. Un premier cas est fourni par les catalyses en système homogène, où un mélange intime subsiste entre les divers constituants, ou tout au moins entre l'un d'eux et le catalyseur qui provoque la réaction ou l'accélère. Il en est ainsi pour les *ferments solubles* dont l'étude a été laissée de côté dans cet ouvrage ; c'est aussi ce qui a lieu pour la *vapeur d'eau* dans les mélanges gazeux ; pour l'*iode*, le *soufre*, et divers *chlorures métalliques* employés pour activer les chlorurations ; pour les acides minéraux dans l'aldolisation ou la crotonisation, ainsi que dans la formation ou la saponification des éthers-sels ; pour les alcalis, dans cette dernière réaction ; pour les *sels ferreux* ou *manganeux,* dans les oxydations ; pour le *chlorure de zinc,* dans les déshydratations d'alcools ; pour le *sulfate mercurique* dans la sulfonation des composés aromatiques ; pour l'*éther anhydre*, dans la préparation des organo-magnésiens mixtes ; et même sans doute, dans la méthode de Friedel et Crafts, pour le *chlorure d'aluminium,* partiellement soluble dans les liquides mis en œuvre.

822. Un deuxième cas est celui des *systèmes hétérogènes,* où, par exemple, un catalyseur solide est mis au contact des systèmes gazeux ou liquides capables de réagir. Il intervient seulement par sa surface, s'il est compact et demeure tel pendant la réaction ; par toute sa masse, s'il est poreux, sa surface étant alors extrêmement grande par rapport à son poids. L'influence de cette extension presque indéfinie de la surface dans l'état pulvérulent est telle qu'on est

tenté de rapporter exclusivement à cet état l'activité catalytique que possède la matière.

823. Systèmes homogènes. — L'intervention utile du catalyseur ne peut guère être interprétée que par la production de formations chimiques temporaires, rendues possibles par sa présence dans le système. La création des composés intermédiaires ainsi engendrés, puis leur destruction ultérieure, correspondent le plus souvent l'une et l'autre à une diminution d'énergie libre du système ; et cette dégradation par échelons est fréquemment bien plus facile que la dégradation directe immédiate, de la même manière que l'usage d'un escalier facilite la descente. Ordinairement ces chutes successives ont lieu très vite, la rapidité n'étant pas pourtant une condition nécessaire de la catalyse.

Ces combinaisons intermédiaires peuvent être isolées dans un nombre de cas assez grand pour qu'on puisse généraliser le principe de leur formation, quand il n'est pas possible d'arriver à fournir la preuve complète de leur existence réelle.

824. Pour faciliter la chloruration directe d'une matière organique liquide, on y dissout un peu d'*iode*. Le chlore s'unit à l'iode pour donner du trichlorure ICl³, que l'on isolerait si l'iode était seul, mais qui, se trouvant au contact de la substance, cède son chlore pour revenir à l'état d'iode ou de *protochlorure d'iode*, que le chlore gazeux transforme de nouveau en réitérant indéfiniment la même succession de réactions :

$$ICl^3 + MH = HCl + MCl + ICl$$
$$ICl + Cl^2 = ICl^3.$$

On peut constater effectivement l'aptitude du trichlorure d'iode à chlorer proportionnellement à son poids une matière organique : quand on opère dans un courant continu de chlore, il se régénère constamment, et il y a catalyse (114).

825. Le mécanisme est sans doute de même genre pour tous les *chlorures métalliques anhydres*, usités comme catalyseurs de chloruration (117. Le produit intermédiaire est facile à apercevoir pour les chlorures d'antimoine, de thallium, de molybdène, etc., où existent plusieurs étapes de chloruration, dont la plus élevée est fournie par l'action directe du chlore, et produit la chloruration de la matière en revenant au chlorure inférieur, qui renouvelle la fixation.

Il est moins visible pour le *chlorure d'aluminium* pour lequel, par analogies, on est conduit à admettre la production d'un chlorure supérieur qui serait dû aux valences supplémentaires des atomes de chlore.

826. La préparation industrielle de *l'acide sulfurique* dans les chambres de plomb emploie comme catalyseur *l'oxyde azotique*, qui intimement mélangé aux éléments gazeux utiles (anhydride sulfureux, oxygène de l'air, et vapeur d'eau) permet de rendre très rapide la réaction lente que ces corps, maintenus seuls, seraient capables de fournir. La production d'un composé intermédiaire nitrosulfurique n'est pas douteuse, bien qu'on ne soit pas tout à fait d'accord sur la vraie nature de ce corps.

827. L'action de *l'acide sulfurique concentré* sur *l'alcool éthylique* est un exemple bien caractéristique de ce genre de réactions (599). Produite à froid, elle engendre *l'acide éthylsulfurique*, qui est stable vis-à-vis d'une nouvelle proportion d'alcool. Mais si, la température étant voisine de 140°, on fait arriver ce dernier corps, il réagit sur l'acide éthylsulfurique pour donner de *l'oxyde d'éthyle*, en régénérant l'acide sulfurique, qui recommence rapidement la première réaction, et comme l'eau produite est éliminée par volatilité en même temps que l'oxyde d'éthyle, la transformation pourrait théoriquement être renouvelée indéfiniment : elle finit dans la pratique par n'être plus réalisable, parce que l'alcool réduit lentement l'acide sulfurique, avec formation de produits charbonneux et dégagement d'anhydride sulfureux.

A température plus haute, vers 160° 170°, l'acide éthylsulfurique se scinde tout seul en *éthylène* et acide sulfurique, capable de réitérer l'action sur l'alcool, et qui sera donc un catalyseur de formation de l'éthylène à partir de doses illimitées d'alcool, tant qu'il ne sera pas trop atteint par la réduction en anhydride sulfureux.

828. Dans les destructions catalytiques de *l'eau oxygénée* par les bases alcalines ou alcalino-terreuses, interviennent des produits temporaires, qui ont pu être isolés par Schöne[1] et par Berthelot[2].

829. Les oxydations provoquées dans les dissolutions par de faibles doses de *sels manganeux* sont, comme il a été dit (110), facilement interprétées par la formation de produits intermédiaires.

830. Toutefois, dans beaucoup de cas importants de catalyse en système homogène, il n'est pas possible de définir exactement la

<hr>

[1] Schöne, *Lieb. Ann.*, **192**, 257 ; 1878. — **193**, 241 ; 1878.
[2] Berthelot, *Ann. Chim. Phys.*, (5), **21**, 153 : 1880.

nature exacte des échelons qui facilitent la transformation, par exemple dans les dédoublements par *hydrolyse*, saponification des éthers-sels par les acides ou les bases, interversion du saccharose, ou inversement production des éthers-sels ou des acétals en présence de petites doses d'acides minéraux. L'activité de ces agents paraît étroitement liée à la valeur de leur *dissociation électrolytique* au sein des dissolutions, c'est-à-dire au nombre d'ions disponibles.

831. Dans la saponification catalysée par les bases solubles, les facteurs actifs sont les *ions-oxhydriles* issus de la dissociation électrolytique de la base (150), et on est fondé à penser[1] que l'attaque de la molécule d'*éther-sel* ROA issu de l'oxacide AOH est l'œuvre des ions OH issus de la base. Ainsi avec la potasse, on aurait :

$$\underset{\text{éther}}{\text{ROA}} + \left\{\begin{array}{c}\left(\overline{\text{OH}}\right)\\\left(\overset{+}{\text{K}}\right)\end{array}\right\} = \underset{\text{alcool}}{\text{ROH}} + \left\{\begin{array}{c}\left(\overline{\text{OA}}\right)\\\left(\overset{+}{\text{K}}\right)\end{array}\right\}$$

Le sel ionisé AOK est engendré dans la dissolution ; mais comme l'acide organique AOH correspondant n'est que très peu dissocié en ions, l'eau réagit sur les éléments ionisés du sel pour donner :

$$\left\{\begin{array}{c}\left(\overline{\text{OA}}\right)\\\left(\overset{+}{\text{K}}\right)\end{array}\right\} + H^2O = \underset{\text{acide}}{\text{AOH}} + \left\{\begin{array}{c}\left(\overline{\text{OH}}\right)\\\left(\overset{+}{\text{K}}\right)\end{array}\right\}$$

L'acide AOH se trouve ainsi libéré, ainsi que les ions libres de la potasse primitive, qui recommencent leur action catalytique.

832. Dans la saponification des éthers-sels par les acides, ce sont les *ions-hydrogène* qui sont les agents utiles. Ainsi avec l'acide chlorhydrique on aura :

$$\underset{\text{éther}}{\text{ROA}} + \left\{\begin{array}{c}\left(\overset{+}{\text{H}}\right)\\\left(\overset{+}{\text{Cl}}\right)\end{array}\right\} = \underset{\text{alcool}}{\text{ROH}} + \left\{\begin{array}{c}\left(\overset{+}{\text{A}}\right)\\\left(\overline{\text{Cl}}\right)\end{array}\right\}$$

Mais il y a de suite réaction sur l'eau pour donner la réaction :

$$\left\{\begin{array}{c}\left(\overset{+}{\text{A}}\right)\\\left(\overline{\text{Cl}}\right)\end{array}\right\} + H^2O = \underset{\text{acide}}{\text{AOH}} + \left\{\begin{array}{c}\left(\overset{+}{\text{H}}\right)\\\left(\overline{\text{Cl}}\right)\end{array}\right\}$$

Les ions régénérés de la molécule initiale d'acide chlorhydrique peuvent réitérer leur action, et cela indéfiniment.

[1] VAN T'HOFF, *Leçons Chim. Phys.*, 1898. III. 140.

833. La vitesse des hydrolyses réalisées de la sorte est proportionnelle au nombre d'ions actifs qui sont chargés de les produire. Avec divers acides forts assez étendus pour que la dissociation électrolytique puisse être regardée comme totale, l'effet sera indépendant de la nature de l'acide, et seulement proportionnel à sa concentration. C'est ce qu'on a vérifié pour les acides chlorhydrique, bromhydrique, iodhydrique, azotique, chlorique [1]. Il en est de même pour les diverses bases solubles fortes, potasse, soude, baryte, chaux, considérées en solutions suffisamment diluées [2].

834. Systèmes hétérogènes. — Les difficultés d'interprétation, et par conséquent les divergences entre les explications proposées, sont plus importantes pour les systèmes, où le catalyseur n'est pas intimement mélangé aux constituants, ou tout au moins à l'un des constituants. Si dans quelques cas il est impossible de contester la production d'un corps intermédiaire qui sert d'échelon à la réaction, le mécanisme étant alors assimilable à celui des systèmes homogènes, dans d'autres cas bien plus nombreux le catalyseur ne paraît subir aucune modification.

835. Le mécanisme par échelons est bien caractérisé dans la *méthode de Squibb*, pour préparer l'acétone ordinaire.

Si, sur du carbonate de calcium, chauffé à 400°, on fait arriver des vapeurs d'acide acétique, il se produit de l'acétate de calcium, avec dégagement d'anhydride carbonique. Si, ayant cessé d'envoyer l'acide, on élève la température vers 500°, l'acétate de calcium se détruit en régénérant le carbonate et dégageant l'acétone :

$$\text{A } 400°. \quad 2\,(CH^3CO^2H) + CaCO^3 = CO^2 + H^2O + (CH^3CO^2)^2Ca$$
$$\text{A } 500°. \quad (CH^3CO^2)^2Ca = CaCO^3 + CH^3.CO.CH^3.$$

Si on envoie l'acide acétique sur le carbonate de calcium à 500°, il est évident que la première réaction tend à se produire et à fournir de l'acétate, mais celui-ci se détruit de suite pour donner l'acétone : le carbonate de chaux est alors un catalyseur (779), la réaction étant :

$$2\,(CH^3.CO^2H) = CO^2 + H^2O + CH^3.CO.CH^3.$$

836. Si sur du cuivre chauffé à 250° on dirige un courant d'oxygène, il se recouvre d'une couche d'oxyde ; si, au lieu d'oxygène, on

[1] Ostwald, *J. prakt. Chem.*, (2), **28**. 549 ; 1883.

[2] Reicher, *Lieb. Ann.*, **228**, 273 ; 1885. — Ostwald, *J. prakt. Chem.*, (2), **35**. 112 ; 1887. — Arrhénius, *Z. phys. Chem.*, **1**. 110 : 1887. — Bugarsky, *Z. phys. Chem.*, **8**, 418 : 1891.

envoie sur le cuivre oxydé les vapeurs d'une matière organique volatile, telles que celles d'un hydrocarbure forménique, elles sont immédiatement oxydées avec production d'eau, d'anhydride carbonique, etc., et régénération du cuivre métallique. Si on envoie à la même température à la fois l'oxygène et les vapeurs d'hydrocarbure, il y a production d'oxyde aussitôt réduit par la matière organique, et le cuivre fonctionne comme catalyseur, la chaleur dégagée par la réaction totale d'oxydation pouvant même porter à l'incandescence le métal sur la surface duquel elle a lieu[1]. L'échelon intermédiaire qui est ici facile à apercevoir, est l'oxyde cuivrique.

837. Un autre exemple du même genre, mais un peu plus complexe, est offert par l'action du nickel sur l'*oxyde de carbone*.

L'oxyde de carbone, agissant vers 100° sur le nickel réduit, donne du *nickel-carbonyle* $Ni(CO)^4$. Mais ce dernier, chauffé vers 150°, se détruit complètement en oxyde de carbone et nickel, tandis qu'amené de suite vers 250° ou 300°, il fournit une destruction très différente en nickel, charbon et anhydride carbonique :

$$Ni(CO)^4 = Ni + 2\,C + 2\,CO^2.$$

Si on fait passer l'oxyde de carbone sur le nickel à 150°, on n'aura aucune action, parce que le nickel-carbonyle se forme et se détruit de suite sur place en nickel et oxyde de carbone. Si on opère à 300° il y aura bien encore production de nickel-carbonyle, mais celui-ci se détruit alors en anhydride carbonique, charbon, et nickel régénéré qui peut recommencer indéfiniment cette transformation de l'oxyde de carbone (506).

838. Contrairement aux exemples qui viennent d'être examinés, l'échelon intermédiaire n'apparaît pas dans le cas des *métaux divisés catalyseurs*, comme le *noir de platine*, où on ne distingue aucune modification visible, à un moment quelconque des réactions, de quelque nature que soit le travail effectué, hydrogénation, déshydrogénation, oxydation, dédoublement.

839. L'état poreux semble être, à première vue tout au moins, la cause fondamentale de l'activité catalytique, et on est amené nécessairement à rapprocher ces effets du noir de platine de ceux que fournit le *charbon de bois*.

Les propriétés absorbantes du charbon de bois pour les gaz sont connues depuis longtemps et ont donné lieu à une multitude de tra-

[1] P. Sabatier et Mailhe, C. R., **142**, 1394 ; 1905.

vaux. 1,57 gr. de charbon de noix de coco, correspondant à 1 centimètre cube de charbon compact, absorbe à froid (à 15° et sous 760 millimètres) quand il a été rougi et refroidi sous le mercure, des volumes de gaz très variables, allant de 2 centimètres cubes pour l'argon à 178 centimètres cubes pour le gaz ammoniac. Ces volumes augmentent à peu près proportionnellement à la pression du gaz, et diminuent au contraire beaucoup, quand la température s'élève.

840. Le volume inscrit plus haut pour le gaz ammoniac montre que ce gaz supposé contraint à occuper le volume entier du charbon, serait ainsi amené à une pression de 178 atmosphères, et comme l'état liquide est atteint à 15° déjà sous 5,5 atm., il faut admettre que le gaz ammoniac existe liquéfié dans les pores du charbon, où il occuperait un volume d'environ 0,2 cm.³ (d'après la densité connue du gaz liquéfié).

841. L'absorption du gaz par le charbon dégage beaucoup de chaleur, et cette chaleur est bien supérieure à celle qui est procurée par la liquéfaction du gaz. Ainsi les chaleurs sont comparativement par centimètre cube de gaz absorbé [1] :

	ABSORPTION par le charbon.	LIQUÉFACTION
SO^2	0,61 à 0,47 cal.	0,26 cal.
NH^3	0,45 à 0.33 —	0,20 —

La chaleur d'absorption est, pour l'ammoniac, peu différente de la chaleur de dissolution dans l'eau : elle lui est bien supérieure dans le cas de l'anhydride sulfureux [2].

Pour l'hydrogène, la chaleur d'absorption par le charbon est sextuple de la chaleur de liquéfaction (Dewar).

842. Si on cherche, de ces phénomènes singuliers, une interprétation basée sur les analogies, on est conduit à deux explications différentes :

1° L'attraction énorme exercée par la surface des cavités du charbon de bois, détermine l'accumulation des gaz dans ces cavités à des pressions qui ne sont pas très élevées pour les gaz difficiles à liquéfier (argon, hydrogène, azote) et dépassant pourtant 35 atmosphères pour l'oxygène, mais qui sont très hautes pour les gaz aisément liquéfiables, et généralement très supérieures aux pressions

[1] Favre, Ann. Chim. Phys., (3), 37, 465 ; 1853. — Regnault, Ann. Chim. Phys., (4). 24. 247 ; 1871.

[2] Favre, Ann. Chim. Phys., (5), 1, 209 ; 1874.

nécessaires pour amener la liquéfaction ; cette liquéfaction aurait réellement lieu et serait accompagnée d'une compression importante de la couche mince liquide ainsi réalisée sur les parois de charbon. C'est à cette compression que serait dû l'excès de la chaleur d'absorption sur celle de liquéfaction.

843. Un échauffement analogue peut du reste être observé, lorsqu'on imbibe d'un liquide quelconque un solide de très grande surface, tel qu'une poudre fine : c'est ce qu'on nomme *chaleur d'imbibition*.

La poudre de *quartz* à grains moyens de 0,005 mm. de diamètre, dégage par gramme quand on l'imbibe :

Avec l'eau. . . . . 14 calories.
Avec la benzine 4   —

En tenant compte de la surface des grains, on est ainsi conduit à une chaleur d'humectation par l'eau de 0,00105 cal. par centimètre carré de surface du quartz à 7°.

On constate de même que l'imbibition par l'eau de 1 gramme d'amidon dégage 22 calories, de 1 gramme de charbon de bois, 7 calories ; de 1 gramme d'alumine, 2 calories [1].

844. 2° On peut admettre que le charbon se laisse pénétrer dans sa masse jusqu'à une certaine distance de la surface, par la substance du gaz fixé, le phénomène étant alors une vraie *dissolution*, comparable à la pénétration de l'hydrogène dans le *palladium*, et *assimilable en quelque manière à une combinaison instable ;* cette conception du phénomène est dans une certaine mesure corroborée par les propriétés absorbantes que le charbon, surtout celui qui provient de la calcination des tissus animaux ou des os, possède vis-à-vis des matières salines (chaux, acétate de plomb) dissoutes dans l'eau.

845. Quelle que soit l'interprétation adoptée pour ces propriétés du charbon de bois, dont les causes fondamentales nous sont encore tout à fait inconnues, l'absorption des gaz dans ses pores équivaut à une compression de ces gaz à pression plus ou moins haute, en même temps qu'à un échauffement considérable provenant de l'absorption, et on conçoit que cette double condition permette d'opérer des combinaisons directes. L'hydrogène et le chlore peuvent s'unir à froid, en se rencontrant ainsi dans les pores du charbon, et il en

---

[1] LE CHATELIER, *Leçons sur le carbone*, Paris. 1908, 133.

est de même de l'oxyde de carbone et du chlore, de l'acide sulfhydrique et de l'oxygène.

L'oxygène fixé se combine peu à peu à froid avec le charbon pour donner de l'anhydride carbonique : quand on extrait par le vide les gaz contenus dans le charbon de bois qui a séjourné à l'air, on n'y trouve guère que de l'azote et de l'anhydride carbonique.

846. Le charbon poreux semblerait donc devoir être un catalyseur universel de toutes les réactions gazeuses, dont il permettrait d'abaisser beaucoup la température. Pourtant, sauf pour le cas de la formation de l'*oxychlorure de carbone* (116), le charbon constitue un catalyseur médiocre et peu avantageux, sans doute parce que les échanges gazeux ne s'y produisent pas assez vite.

847. Les divers corps pulvérulents jouissent plus ou moins de propriétés absorbantes pour les gaz, mais généralement, surtout pour les oxydes et les matières salines, beaucoup moins importantes.

Les métaux divisés sont capables d'absorber dans certains cas des doses très importantes de gaz, mais cette aptitude est tout à fait spécifique et limitée à un petit nombre de gaz. Contrairement au charbon, où l'aptitude à la condensation est grossièrement en relation avec la facilité de liquéfaction, la condensation par les métaux est caractérisée par une sorte d'affinité élective très marquée.

848. C'est l'un des gaz les plus difficiles à liquéfier, l'*hydrogène*, qui est absorbé le plus aisément par les poussières métalliques. Le maximum de cette absorption, qu'on désigne alors par le terme spécial d'*occlusion*, est offert par le *palladium* qui, à l'état de mousse, peut fixer 680 à 852 volumes d'hydrogène, quelle que soit la pression de ce dernier gaz, pourvu qu'elle ne soit pas trop faible : car le vide enlève à froid la presque totalité du gaz [1]. Ces dernières conditions sont tout à fait favorables à l'idée d'une combinaison régulière, ne possédant à froid qu'une tension faible de dissociation, et Dewar a indiqué Pd^2H^2 pour la formule de ce composé.

849. Le *noir de platine* fixe à 20° 110 volumes d'hydrogène, quelle que soit la pression de ce gaz, pourvu qu'elle soit supérieure à 200 millimètres, et ici encore presque tout le gaz peut être éliminé par le vide [2].

Le *cobalt réduit* peut fixer jusqu'à 153 volumes d'hydrogène, l'*or*

[1] MOND, RAMSAY et SHIELDS, *Ph. T. Roy. Soc.*, **186**, 657 ; 1896. — *Proc. Roy. Soc.*, **62**, 50 et 290 ; 1897. — DEWAR, *Chem. News.*, **76**, 274 : 1897.
[2] RAMSAY et SHIELDS, *Ph. Trans. Roy. Soc.*, **186**, 675 ; 1896.

divisé en fixe 46, le *fer réduit* ou le *nickel réduit,* jusqu'à 19 volumes, le *cuivre réduit,* seulement 4 volumes [1].

850. Une aptitude analogue, quoique moins énergique, existe vis-à-vis de l'oxygène dans les métaux précieux. Ainsi le *noir de platine* absorbe à froid jusqu'à 100 volumes d'oxygène, et ici encore cette dose n'est pas accrue par l'augmentation de pression du gaz, que l'on peut pourtant éliminer tout entier dans le vide.

L'*or* et l'*argent* divisés peuvent également fixer des proportions plus ou moins grandes d'oxygène [2].

851. L'hydrogène occlus par les métaux, et particulièrement par le palladium, est plus actif que le gaz libre. Il s'unit à froid et à l'obscurité avec le chlore et avec l'iode, ainsi qu'avec l'oxygène [3]. Il réduit les chlorates en chlorures, les nitrates en nitrites, les sels mercuriques en sels mercureux, les sels ferriques en sels ferreux, le ferricyanure de potassium ou ferrocyanure, l'indigo bleu en indigo blanc, l'anhydride sulfureux en acide sulfhydrique, l'anhydride arsénieux en arsenic [4]. Il transforme le chlorure de benzoyle en aldéhyde benzoïque, le nitrobenzène en aniline [5].

852. L'hydrogène occlus par le platine produit des effets analogues [6].

Ainsi quand, sur du *noir de platine* préalablement chargé d'hydrogène, on dirige des vapeurs de nitrobenzène, tout l'hydrogène qui s'y trouvait accumulé est utilisé pour donner de l'aniline. Si à ce moment on en introduit une nouvelle proportion, une nouvelle fixation a lieu, et peut être suivie d'une nouvelle réduction de nitrobenzène.

Si on fait arriver simultanément l'hydrogène et les vapeurs de nitrobenzène, on constate qu'il y a réduction continue de ce dernier. Le platine est dit catalyseur d'hydrogénation.

853. La catalyse paraît donc être une conséquence de l'occlusion d'hydrogène, c'est-à-dire de la formation d'une sorte de combinaison de l'hydrogène et du métal, et l'emploi du platine comme catalyseur est avantageux parce que les échanges gazeux y sont très rapides.

---

[1] Moissan, *Traité de Chim. Minér.,* 1, 13.

[2] Neumann, *Monatsh.,* **13**, 40, 1892. — Mond, Ramsay et Shields, *Proc. Roy. Soc.,* **62**, 50 ; 1897 et *Z. Physik. Chem.,* **25**, 657 ; 1898. — Ramsay et Shields, *Philos. Trans.,* **186**, 657 ; 1896. — Engler et Wochler, *Z. anorg. Chem.,* **29**, 1 ; 1901.

[3] Böttger, *Ber.,* **6**, 1396 ; 1873.

[4] Gladstone et Tribe, *Chem. News,* **37**, 68 ; 1878.

[5] Kolbe et Saïtzeff, *J. prakt. Chem.,* (2), **4**, 418 ; 1871.

[6] Gladstone et Tribe, *loc. cit.* — Cooke, *Chem. News,* **58**, 103 ; 1888.

Le palladium, quoiqu'il se charge de beaucoup plus d'hydrogène, est, comme catalyseur, généralement inférieur au platine, sans doute parce que l'hydrogène ne s'en dégage pas assez vite pour se porter sur les molécules hydrogénables.

854. Le *cuivre*, le *fer*, le *cobalt*, et surtout le *nickel*, réduits de leurs oxydes, sont encore bien plus avantageux, quoique, vis-à-vis de l'hydrogène seul, ils ne puissent en retenir que des doses bien moindres, parce que probablement la formation et le dédoublement du composé d'occlusion sont bien plus rapides.

855. Tout se passe comme si, sur la surface du nickel, se produisait un véritable hydrure instable, capable de dégager de l'hydrogène *atomique*, par conséquent plus actif que l'hydrogène moléculaire primitif. Les faits conduiraient même à penser qu'il peut exister deux étapes de la fixation d'hydrogène, telles que $Ni - H$

$$puis\ Ni\!\!<^{\displaystyle H}_{\displaystyle H}\ ;\qquad \overset{\textstyle |}{Ni} - H$$

cette dernière plus active serait fournie par le métal obtenu par réduction de l'oxyde au-dessous de 300°, et serait capable d'effectuer toutes sortes de travaux. La première, moins active, serait fournie par le nickel obtenu par réduction de l'oxyde au-dessus de 350°, ou préparé à partir du chlorure : elle pourrait hydrogéner les composés éthyléniques, les nitriles, les dérivés nitrés, mais non le noyau aromatique.

Le schéma de l'hydrogénation catalytique d'un carbure éthylénique serait par exemple :

$$H^2 + Ni^2 = Ni^2H^2$$
$$Ni\cdot H^2 + C^2H^4 = C^2H^6 + Ni^2.$$

Le nickel régénéré reproduit indéfiniment le même effet, si on fait arriver simultanément l'éthylène et l'hydrogène.

856. La réalité d'une formation temporaire d'hydrures instables par le platine ou le nickel, catalyseurs d'hydrogénation, ou d'oxyde temporaire instable pour le platine catalyseur d'oxydation, est contestée par quelques chimistes, qui ne veulent voir dans l'effet de ces métaux divisés que des phénomènes de condensation, semblables à ceux que procure le charbon de bois : la compression et l'échauffement local provenant de la condensation simultanée de l'hydrogène ou de l'oxygène et de la vapeur qui leur est associée réaliseraient la réaction, qui sans leur secours, n'aurait été produite

qu'à une température beaucoup plus haute, généralement trop élevée pour respecter la stabilité des produits.

857. L'état pulvérulent ou poreux serait une condition suffisante pour produire de tels effets, parce qu'un corps, constitué par l'association d'une infinité de très petites cavités, donne la possibilité de réaliser simultanément toutes les températures et toutes les pressions, permettant ainsi de réaliser par condensation et échauffement un grand nombre de réactions [1]. A cette pression locale, s'ajoute aussi, dans le cas des *métaux*, l'effet du voisinage immédiat d'un corps bon conducteur, et par suite, d'influences électriques qui peuvent être efficaces [2].

858. Mais cette interprétation ne paraît guère pouvoir se concilier avec les réactions où la fixation directe d'hydrogène a lieu en milieu liquide, par l'intermédiaire de *noir de platine* maintenu en suspension, ou bien du *platine* et du *palladium colloïdaux* : car il est bien difficile d'admettre dans de tels cas, le développement local de pressions et de températures très hautes.

859. D'ailleurs la conception purement physique des causes de la réaction ne pourrait en aucune manière rendre compte de la *spécificité des catalyseurs* et de la diversité remarquable des effets qu'ils produisent.

A la même température de 300°, les vapeurs d'un alcool, tel que l'*alcool isobutyrique*, se dédoublent exclusivement :

en présence du *cuivre*, en aldéhyde et hydrogène ;

en présence d'*alumine*, en isobutylène et eau.

En présence d'*oxyde uraneux*, l'action est intermédiaire, et donne à la fois de l'aldéhyde et du carbure éthylénique.

L'*oxyde manganeux* donnerait lentement le même dédoublement que le cuivre.

En admettant que le caractère métallique et conducteur puisse être une cause de la différence fondamentale du cuivre avec l'alumine, il serait impossible de rendre compte en aucune manière de la différence des effets que produisent l'alumine, l'oxyde manganeux, l'oxyde uraneux, si la condensation physique dans les pores du catalyseur était la seule origine de la catalyse.

860. La décomposition de l'acide formique (765) fournit un autre exemple non moins net de cette spécificité des catalyseurs. Les

<hr>

[1] J. Duclaux, *C. R.*, **142**, 1176 ; 1911.

[2] Van t'Hoff, *Leçons de Chim. Phys.*, 1898, I, 216.

métaux divisés, et comme eux, l'*oxyde de zinc*, dédoublent exclusivement cet acide en hydrogène et anhydride carbonique ; au contraire, aux mêmes températures, l'*oxyde titanique* donne seulement de l'oxyde de carbone et de l'eau ; tandis que certains oxydes, comme la *thorine*, fournissent une réaction mixte, plus ou moins compliquée par la production de méthanal et même de méthanol.

861. Aussi pensons-nous que, même dans le cas des catalyseurs pulvérulents, métaux divisés ou oxydes, il convient d'expliquer leur activité par la production de combinaisons temporaires du catalyseur, soit avec l'un des constituants du système primitif, soit avec l'un des produits qui sont engendrés dans la réaction, et par conséquent que leur action ne diffère en aucune manière essentielle des cas de catalyse où les composés intermédiaires sont visibles et peuvent être isolés.

862. Dans l'exemple examiné plus haut de l'acide formique, cette production aurait lieu soit à partir de l'hydrogène (se portant sur les métaux), soit à partir de l'anhydride carbonique (fixé sur l'oxyde de zinc), soit à partir de l'acide formique lui-même, donnant avec l'oxyde un formiate destructible de façon variable selon sa nature. La molécule de l'acide est un édifice peu stable qui tend à se dédoubler vers les deux systèmes $CO+H^2O$ et CO^2+H^2 : l'affinité du catalyseur donnant un composé temporaire oriente la décomposition.

863. Dans le dédoublement catalytique des acides forméniques, tels que l'*acide acétique*, par les oxydes anhydres, la production intermédiaire du sel dont le dédoublement fournit l'acétone peut, comme on l'a vu (785), être visible dans plusieurs cas, en opérant à température inférieure à celle de la catalyse. Elle cesse d'être apparente, si on envoie l'acide sur l'oxyde à température plus haute, parce que la formation du sel est alors équilibrée par sa destruction rapide. Pour certains oxydes, comme la *thorine*, l'*oxyde titanique*, elle ne peut pas être aperçue, parce que sans doute la formation ne commence pas plus bas que la destruction. Mais l'analogie est trop étroite pour qu'on ne puisse pas conclure à une similitude du mécanisme vis-à-vis de tous les oxydes.

864. Cette conception de la catalyse se trouve d'ailleurs légitimée dans une certaine mesure par les conséquences utiles qu'elle a permis de déduire.

Si les métaux catalyseurs, nickel, cuivre, etc., tendent à donner avec l'hydrogène des produits intermédiaires comparables à de vrais hydrures, ils doivent aussi être capables de prendre l'hydrogène aux matières qui peuvent en céder par dédoublement, et, par conséquent, ils doivent être des *catalyseurs de déshydrogénation*.

C'est conduits par cette idée que Sabatier et Senderens ont été amenés à appliquer ces métaux comme catalyseurs pour le dédoublement des alcools primaires ou secondaires en hydrogène et aldéhydes ou acétones, le nickel y étant moins avantageux que le cuivre, parce que la tendance qu'il possède à fournir avec l'oxyde de carbone un composé temporaire instable à la température de réaction, le conduit à provoquer la scission des aldéhydes et des acétones.

865. De même Sabatier et Mailhe ont expliqué l'activité déshydratante exclusive de certains oxydes, alumine, thorine, oxyde bleu de tungstène, opposés aux alcools, en assimilant leur rôle à celui de l'acide sulfurique dans le mécanisme dit de Williamson, que nous avons décrit (599) : la thorine fournit une sorte de thorinate alcoolique, que la chaleur dédouble en carbure éthylénique et thorine régénérée, capable de reproduire indéfiniment le même effet. S'il en est ainsi, cette sorte d'*éther-sel* est susceptible de réagir chimiquement sur divers corps mis en présence, et l'expérience a pleinement confirmé les prévisions que Sabatier et Mailhe avaient formulées sur ce point [1].

Au contact de thorine, les vapeurs d'alcool réagissent directement sur l'acide sulfhydrique pour donner des *thiols* (657), sur le gaz ammoniac pour engendrer des *amines* (643), sur les phénols pour fournir des *oxydes mixtes* (710), sur les acides forméniques, pour produire des *éthers-sels* (691).

866. Ostwald a critiqué la conception des formations intermédiaires, parce qu'elle ne repose pas sur une connaissance suffisamment précise des réactions, pour lesquelles il faudrait d'ailleurs prouver que l'action directe va moins vite que la succession des échelons qui sont supposés utiles pour l'accomplir, et il ajoute que toutes les théories sont sans valeur en l'absence de mesures précises.

867. La théorie de la catalyse par les réactions intermédiaires a le défaut de s'appuyer quelquefois sur la considération de composés hypothétiques ; mais en dehors d'elle, il est impossible de donner aucune explication générale des actions catalytiques.

En ce qui me concerne, cette explication par des combinaisons

---

[1] P. SABATIER et MAILHE, *C. R.*, **150**, 823 ; 1910.

temporaires instables a été le phare directeur de tous mes travaux sur la catalyse : sa lueur s'éteindra peut-être dans l'avenir, parce que des clartés encore insoupçonnées se lèveront plus puissantes dans le champ mieux défriché de nos connaissances chimiques [1]. Actuellement telle qu'elle est, malgré ses imperfections et ses lacunes, la théorie nous paraît bonne parce qu'elle est féconde et permet de prévoir utilement des réactions.

[1] P. Sabatier, *Ber.*. **44**, 2001 (1911).

EVREUX, IMPRIMERIE CH. HÉRISSEY, PAUL HÉRISSEY, SUCC^r